오르비학원은

모든 시스템이 수험생 중심으로 더 강화됩니다.

모든 시설이 최고의 결과가 나올 수 있도록 설계됩니다.

집중을 위해 오르비학원이 수험생 옆으로 다가갑니다.

오르비학원과 시작하면

원하는 대학문이 가장 빠르게 열립니다.

출발의 습관은 수능날까지 계속됩니다.
형식적인 상담이나
관리하고 있다는 모습만 보이거나
학습에 전혀 도움이 되지 않는
보여주기식의 모든 것을 배척합니다.

쓸모없는 강좌와 할 수 없는 계획을 강요하거나
무모한 혹은 무리한 스케줄로
1년의 출발을 무의미하게 하지 않습니다.
형식은 모방해도 내용은 모방할 수 없습니다.

smart is sexy

Orbi.kr

개인의 능력을 극대화 시킬 모든 계획이 오르비학원에 있습니다.

랑데뷰
N 제

킬러극킬
수 학 II

랑데뷰세미나

저자의
수업노하우가 담겨있는
고교수학의 심화개념서

★ 2022 개정교육과정 반영

랑데뷰 기출과 변형 (총 5권)

최신 개정판

- 1~4등급 추천(권당 약 400~600여 문항)

Level 1 - 평가원 기출의 쉬운 문제 난이도
Level 2 - 준킬러 이하의 기출+기출변형
Level 3 - 킬러난이도의 기출+기출변형

모든 기출문제 학습 후 효율적인 복습
재수생, 반수생에게 효율적

〈랑데뷰N제 시리즈〉

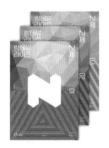

라이트N제 (총 3권)

- 2~5등급 추천

수능 8번~13번 난이도로 구성

총 30회분의 시험지 타입
- 회차별 공통 5문항, 선택 각 2문항
총 11문항으로 구성

독학용 일일학습지
또는 과제용으로 적합

랑데뷰N제 쉬사준킬 최신 개정판

- 1~4등급 추천(권당 약 240문항)

쉬운4점~준킬러 문항 학습에 특화
실전개념 및 스킬 등이 포함된
문제와 해설로 구성

기출문제 학습 후 독학용
또는 학원교재로 적합

랑데뷰N제 킬러극킬 최신 개정판

- 1~2등급 추천(권당 약 120문항)

준킬러~킬러 문항 학습에 특화
실전개념 및 스킬 등이 포함된
문제와 해설로 구성

모의고사 1등급 또는 1등급 컷에
근접한 2등급학생의 독학용

랑데뷰 폴포 수학1,2

- 1~3등급 추천(권당 약 120문항)

공통영역 수1,2에서 출제되는
4점 유형 정리

과목당 엄선된 6가지 테마로 구성
테마별 고퀄리티 20문항

독학용 또는 학원교재로 적합

〈랑데뷰 모의고사 시리즈〉 1~4등급 추천

최신 개정판

싱크로율 99% 모의고사

싱크로율 99%의 변형문제로 구성되어
평가원 모의고사를 두 번 학습하는 효과

랑데뷰☆수학모의고사 시즌1~2

매년 8월에 출간되는 봉투모의고사

실전력을 높이기 위한
100분 풀타임 모의고사 연습에 적합

랑데뷰 시리즈는 **전국 서점** 및 **인터넷서점**에서 구입이 가능합니다.

수능 대비 수학 문제집 **랑데뷰N제 시리즈**는 다음과 같은 난이도 구분으로 구성됩니다.

1단계 – 랑데뷰 쉬삼쉬사 [pdf : 아톰에서 판매]

⇨ 기출 문제 [교육청 모의고사 기출 3점 위주]와 자작 문제로 구성되었습니다.
어려운 3점, 쉬운 4점 문항

교재 활용 방법

① 오르비 아톰의 전자책 판매에서 pdf를 구매한다.
② 3점 위주의 교육청 모의고사의 기출 문제와 조금 어렵게 제작된 자작문제를 푼다.
③ 3~5등급 학생들에게 추천한다.

2단계 – 랑데뷰 쉬사준킬 [종이책]

⇨ 변형 자작 문항(100%)
쉬운 4점과 어려운 4점, 준킬러급 난이도 변형 자작 문항 (쉬사준킬의 모든 교재의 문항수가 200문제
이상)이 출제유형별로 탑재되어 있음

교재 활용 방법

① 랑데뷰 [기출과 변형] 문제집과 같은 순서로 유형별로 정리되어 기출과 변형을 풀어본 후 과제용으로
   풀어보면 효과적이다.
② [기출과 변형]과 병행해도 좋다. [기출과 변형]의 단원별로 Level1, level2까지만 완료 한 후 쉬사준킬의
   해당 단원 풀기
③ 준킬러 문항을 풀어내는 시간을 단축시키기 위한 교재이다. N회독 하길 바란다.
④ 학원 교재로 사용되면 효과적이다.
⑤ 1~4등급 학생들에게 추천한다.

3단계 – 랑데뷰 킬러극킬 [종이책]

⇨ 변형 자작 문항(100%)
킬러급 난이도 변형 자작 문항(킬러극킬의 모든 교재의 문항수가 100문제 이상)이 탑재되어 있음

교재 활용 방법

① 랑데뷰 [기출과 변형]의 Level3의 문제들을 완벽히 완료한 후 시작하도록 하자.
② 킬러 문항의 해결에 필요한 대부분의 아이디어들이 킬러극킬에 담겨 있다.
③ 1등급 학생들과 그 이상

조급해하지 말고 자신을 믿고 나아가세요. 길은 있습니다. [휴민고등수학 김상호T]

출제자의 목소리에 귀를 기울이면, 길이 보입니다. [이호진고등수학 이호진T]

부딪혀 보세요. 아직 오지 않은 미래를 겁낼 필요 없어요. [평촌다수인수학학원 도정영T]

괜찮아, 틀리면서 배우는거야 [반포파인만고등관 김경민T]

해뜨기전이 가장 어둡잖아. 조금만 힘내자! [한정아수학학원 한정아T]

하기 싫어도 해라. 감정은 사라지고, 결과는 남는다. [떠매수학 박수혁T]

Step by step! 한 계단씩 밟아 나가다 보면 그 끝에 도달할 수 있습니다. [가나수학전문학원 황보성호T]

너의 死活걸고. 수능수학 잘해보자. 반드시 해낸다. [오정화대입전문학원 오정화T]

넓은 하늘로의 비상을 꿈꾸며 [장선생수학학원 장세완T]

괜찮아 잘 될 거야~ 너에겐 눈부신 미래가 있어!!! [수지 수학대가 김영식T]

진인사대천명(盡人事待天命) : 큰 일을 앞두고 사람이 할 수 있는 일을 다한 후에 하늘에 결과를 맡기고 기다린다. [수학만영어도학원 최수영T]

자신의 능력을 믿어야 한다. 그리고 끝까지 굳세게 밀고 나아가라. [오라클 수학교습소 김 수T]

그래 넌 할 수 있어! 네 꿈은 이루어 질거야! 끝까지 널 믿어! 너를 응원해! [수학공부의장 이덕훈T]

Do It Yourself [강동희수학 강동희T]

인내는 성공의 반이다 인내는 어떠한 괴로움에도 듣는 명약이다 [MQ멘토수학 최현정T]

계속 하다보면 익숙해지고 익숙해지면 쉬워집니다. [혁신청람수학 안형진T]

남을 도울 능력을 갖추게 되면 나를 도울 수 있는 사람을 만나게 된다. [최성훈수학학원 최성훈T]

지금 잠을 자면 꿈을 꾸지만 지금 공부 하면 꿈을 이룬다. [이미지매쓰학원 정일권T]

1등급을 만드는 특별한 습관 랑데뷰수학으로 만들어 드립니다. [이지훈수학 이지훈T]

지나간 성적은 바꿀 수 없지만 미래의 성적은 너의 선택으로 바꿀 수 있다. 그렇다면 지금부터 열심히 해야 되는 이유가 충분하지 않은가? [칼수학학원 강민구T]

작은 물방울이 큰바위를 뚫을수 있듯이 집중된 노력은 수학을 꿰뚫을수 있다. [제우스수학 김진성T]

자신과 타협하지 않는 한 해가 되길 바랍니다. [답길학원 서태욱T]

무슨 일이든 할 수 있다고 생각하는 사람이 해내는 법이다. [대전오엠수학 오세준T]

부족한 2% 채우려 애쓰지 말자. 랑데뷰와 함께라면 저절로 채워질 것이다. [김이김학원 이정배T]

네가 원하는 꿈과 목표를 위해 최선을 다 해봐! 너를 응원하고 있는 사람이 꼭 있다는 걸 잊지 말고~ [매천필즈수학학원 백상민T]

'새는 날아서 어디로 가게 될지 몰라도 나는 법을 배운다'는 말처럼 지금의 배움이 앞으로의 여러분들 날개를 펼치는 힘이 되길 바랍니다. [가나수학전문학원 이소영T]

꿈을향한 도전! 마지막까지 최선을... [서영만학원 서영만T]

앞으로 펼쳐질 너의 찬란한 이십대를 기대하며 응원해. 이 시기를 잘 이겨내길 [굿티쳐강남학원 배용제T]

괜찮아 잘 될 거야! 너에겐 눈부신 미래가 있어!! 그대는 슈퍼스타!!! [수지 수학대가 김영식T]

"최고의 성과를 이루기 위해서는 최악의 상황에서도 최선을 다해야 한다!!" [샤인수학학원 필재T]

랑데뷰
N 제

하루 중 90%는 겸손하게 10%는 자신있게...

목차

랑데뷰
N 제

하루 중 90%는 겸손하게 10%는 자신있게...

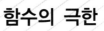

함수의 극한

1

01 최고차항의 계수가 1이고 다음 조건을 만족시키는 모든 사차함수 $f(x)$에 대하여 $f(0)$의 최댓값과 최솟값의 합을 구하시오. [4점]

(가) $t \neq 1$, $t \neq 2$인 모든 실수 t에 대하여 $\displaystyle\lim_{x \to t}\dfrac{f(x-2)}{f(x)}$의 값이 존재한다.

(나) 방정식 $f(x)=0$의 서로 다른 실근의 개수는 3이상이다.

02

함수

$$f(x)=\begin{cases} x^3 & (x < a) \\ 4x & (x \geq a) \end{cases}$$

에 대하여

$$\lim_{x \to t-} f(x) - \lim_{x \to t+} f(x) = (t-2)(5t+1)(t+1)$$

을 만족시키는 서로 다른 실수 t의 개수가 짝수가 되도록 하는 모든 상수 a의 값의 합은? [4점]

① $-\dfrac{7}{10}$ ② $-\dfrac{6}{5}$ ③ $-\dfrac{17}{10}$ ④ $-\dfrac{11}{5}$ ⑤ $-\dfrac{27}{10}$

03 최고차항의 계수가 1이고 다음 조건을 만족시키는 모든 삼차함수 $f(x)$를 $f_1(x)$, $f_2(x)$, $\cdots$, $f_m(x)$라 할 때, $\displaystyle\sum_{n=1}^{m} f_n(\alpha_n + 1)$의 값은? (단, k는 정수이고 n은 자연수이다.) [4점]

(가) 방정식 $f(x) = 0$의 서로 다른 실근의 개수는 2 이상이다.

(나) 삼차함수 $f_n(x)$는 오직 한 점 $t = \alpha_n$을 제외한 모든 실수 t에 대하여

$$\lim_{x \to t} \frac{f_n(x+k)}{f_n(x)} \text{의 값이 존재하도록 하는 모든 } k \text{의 곱은 } 1 \text{이다.}$$

---

① 9   ② 8   ③ 7   ④ 6   ⑤ 5

04

함수

$$f(x) = \begin{cases} 1 & (-1 < x \le 1) \\ -1 & (x \le -1 \ \text{또는} \ x > 1) \end{cases}$$

에 대하여 함수 $\dfrac{f(x)}{f(x-2)}$ 가 $x=a$ 에서 불연속이 되도록 하는 a의 값을 작은 순서대로 차례로 $a_1 , a_2 , a_3 , \cdots\cdots , a_n$ 이라 할 때, $S = a_1 + a_2 + \cdots\cdots + a_n$ 이라고 하자. $n+S$의 값을 구하시오. [4점]

킬러극킬 – 수학 Ⅱ

05 최고차항의 계수가 1인 이차함수 $f(x)$와 세 실수 p, q, r이 다음 조건을 만족시킨다.

(가) 함수 $g(x) = \dfrac{2x^2}{f(x^2+8)}$ 는 $x = p$에서만 불연속이다.

(나) 함수 $h(x) = \dfrac{f(-x+2)}{f(x^3)}$ 는 $x = q$, r $(q < r)$에서 불연속이다.

$\lim\limits_{x \to r} h(x)$의 값이 존재할 때, $\lim\limits_{x \to p} g(x) + \lim\limits_{x \to r} h(x)$의 값은? [4점]

① $\dfrac{1}{2}$ ② $\dfrac{1}{3}$ ③ $\dfrac{1}{4}$ ④ $\dfrac{1}{5}$ ⑤ $\dfrac{1}{6}$

06 함수 $f(x) = \dfrac{ax+b}{x+2}$ 와 실수 t에 대하여 x에 대한 방정식 $|f(x)| = t$의 서로 다른 실근의 개수를 $g(t)$라 하고 x에 대한 방정식 $|f(x)| = tx$의 서로 다른 실근의 개수를 $h(t)$라 할 때, 두 함수 $g(t)$, $h(t)$가 다음 조건을 만족시킨다.

(가) 함수 $g(t)$는 $t = 0$과 $t = b$에서만 불연속이다.
(나) 함수 $h(t)$는 $t = 0$에서만 불연속이다.

$p = \lim\limits_{t \to f(-1)+} g(t)$, $q = \lim\limits_{t \to 0-} h(t) - \lim\limits_{t \to 0+} h(t)$ 라 할 때, $p + q$의 값을 구하시오. (단, a, b는 상수이고 $-2a + b \neq 0$, $b > 0$) [4점]

07

$a > 3 \, (a \neq 5)$인 상수 a에 대하여 함수 $f(x)$를

$$f(x) = \begin{cases} x(x-1)(x-4) & (x \leq 3) \\ x^2 - ax & (x > 3) \end{cases}$$

라 하고 최고차항의 계수가 1인 사차함수 $g(x)$와 상수 k에 대하여 함수 $h(x)$를 $x \neq a$일 때,

$$h(x) = \begin{cases} \dfrac{g(x)}{f(x)} & (x \neq 0, \, x \neq 1) \\ k & (x = 0) \\ \dfrac{2}{3}k & (x = 1) \end{cases}$$

라 하자. 함수 $h(x)$는 실수 전체의 집합에서 연속일 때, $h(a)$의 값을 구하시오. [4점]

실수 전체의 집합에서 정의된 함수

$$f(x)=\begin{cases} 2x & (x < 2) \\ 2 & (x = 2) \\ -\dfrac{1}{2}x+2 & (x > 2) \end{cases}$$

가 있다. 두 상수 a, b와 함수 $f(x)$에 대하여 함수 $||f(x)+a|+b|$가 실수 전체의 집합에서 연속이다. $a+b$의 값으로 가능한 모든 값 중 최솟값을 m이라 할 때, $|10m|$의 값을 구하시오. [4점]

최고차항의 계수가 1인 이차함수 $f(x)$에 대하여 함수 $g(x)=(x^2-1)f(x)$라 할 때,

$$\lim_{h\to 0-}\frac{|f(a+h)|-|f(a)|}{h}\times \lim_{h\to 0+}\frac{|f(a+h)|-|f(a)|}{h}<0$$

을 만족하는 모든 a의 값의 합이 0이고 모든 a의 값의 곱이 -4이다.

$$\lim_{h\to 0-}\frac{|g(b+h)|-|g(b)|}{h}\times \lim_{h\to 0+}\frac{|g(b+h)|-|g(b)|}{h}\le 0$$

을 만족하는 모든 b의 값을 크기순으로 나타내면 $b_1, b_2, \cdots, b_n$이다. $f(n)+\sum_{k=1}^{n}|b_k|$의 값은? [4점]

① $45+\sqrt{5}$　　② $51+\sqrt{5}$　　③ $51+\sqrt{10}$　　④ $45+\sqrt{15}$　　⑤ $45+\dfrac{\sqrt{10}}{2}$

10 자연수 n에 대하여 양의 실수 전체의 집합에서 정의된 함수 $f(x)$가 다음 조건을 만족시킨다.

> (가) 함수 $f(x)$는 열린구간 $(n,\ n+1)$에서 연속이다.
>
> (나) 두 수 n과 10이 서로소가 아니면
> $\displaystyle\lim_{x \to n-} f(x) = f(n)$이고 두 수 n과 10이 서로소이면 $\displaystyle\lim_{x \to n-} f(x) \neq f(n)$이다.
>
> (다) n이 소수가 아니면 $\displaystyle\lim_{x \to n+} f(x) = f(n)$이고, n이 소수이면 $\displaystyle\lim_{x \to n+} f(x) \neq f(n)$이다.

20이하의 자연수 m에 대하여 함수 $f(x)$가 닫힌구간 $[m,\ m+2]$에서 연속일 때, m의 값을 구하시오. [4점]

11 집합 A는

$$A = \{x \mid x \text{는 } 100\,\text{보다 작은 자연수}\}\text{이다.}$$

$a \in A$, $b \in A$, $c \in A$인 a, b, c에 대하여

$$\lim_{x \to c} \frac{|x-a| - |a-c|}{x-c} = b$$

가 성립한다. $a+b$ 의 최댓값이 77이 되게 하는 c의 값을 구하시오. [4점]

12 2보다 큰 실수 t에 대하여 그림과 같이 곡선 $y = \dfrac{1}{|x|}$ 와 이차함수 $y = -|x| + t$의 네 교점을 꼭짓점으로 하는 사각형 ABCD의 넓이를 $f(t)$라 하고 선분 AD의 길이를 $g(t)$라 하자. $\displaystyle\lim_{t \to \infty} \dfrac{f(t)g(t)}{t^3} = k$일 때, k^4의 값을 구하시오. [4점]

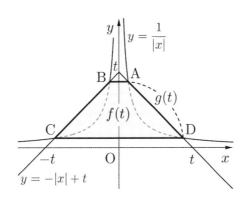

13 원점에 대칭인 함수 $y = f(x)$의 그래프가 그림과 같다.

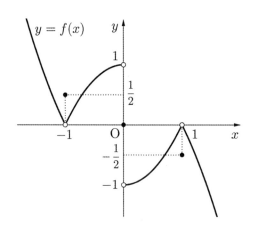

$g(x) = f(f(x))$라 할 때, $g(g(-1)) + g(g(1)) + \lim_{x \to -1-} g(x) + \lim_{x \to 1+} g(x)$의 값은? [4점]

① 0   ② 1   ③ 2   ④ 3   ⑤ 4

14 열린구간 $(-\infty, 4)$에서 정의된 함수 $y = g(x)$의 그래프가 다음 그림과 같다.

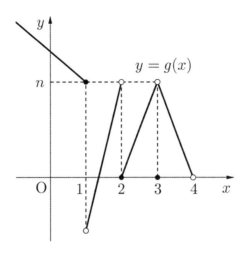

삼차함수 $f(x) = x^3 - 3x^2 + a$에 대하여 함수 $(g \circ f)(x)$가 $x = 0$에서 연속이 되도록 하는 정수 a의 최댓값을 m이라 하자. 함수 $(f \circ g)(x)$가 $x = 2$에서 연속일 때, $m^2 + n^2$의 값을 구하시오. (단, $g(1) = n > 0$) [4점]

15 실수 a에 대하여 이차방정식 $2x^2 - ax + a = 0$의 실근의 개수를 $f(a)$라 할 때, a에 대한 연속함수 $g(a)$는 다음 조건을 만족시킨다.

> (가) 함수 $g(a)$의 치역은 $\{g(a) \mid 0 < g(a) \le 10\}$이다.
> (나) 함수 $f(a)\sin\left\{\dfrac{g(a)}{3}\pi\right\}$가 $a = 8$에서 연속이다.

$g(8)$의 값으로 가능한 모든 값의 합은? [4점]

① 9   ② 12   ③ 15   ④ 18   ⑤ 21

16 0이 아닌 실수 a와 자연수 b, c에 대하여 연속함수 $f(x)$는

$$f(x)=\begin{cases} -\,|x+2|+1 & (x<-1) \\ ax^2+b & (-1\le x<1) \\ c|\,|x-2|-1\,| & (x\ge 1) \end{cases}$$

이다. 실수 t에 대하여 $f(x)=t$인 모든 x를 작은 수부터 크기순으로 나열한 것을

x_1, x_2, x_3, $\cdots$, x_m

(m은 자연수)라 할 때, 함수 $g(t)$를 $g(t)=x_1$이라 하자. 함수 $g(t)$가 다음 조건을 만족시킨다.

함수 $g(t)$의 불연속인 t값은 3개이고 그 값의 곱은 36이다.

---

b가 최대일 때, $-100\times g\!\left(f\!\left(\dfrac{10}{3}\right)\right)$의 값을 구하시오. [4점]

17   도형 $A : |x| + |y| = 1$의 그래프가 그림과 같다. 실수 a에 대하여 도형 A와 원 $(x-a)^2 + (y-a)^2 = 1$이 만나는 서로 다른 점의 개수를 $f(a)$라 하고 $g(t) = \lim\limits_{a \to t+} f(a) - f(t)$라 하자.

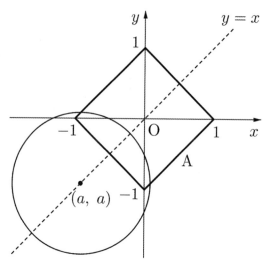

$g(t) = -1$을 만족하는 t의 최댓값을 M, $g(t) = 1$을 만족하는 t의 최댓값을 N이라 하자. $M + N$의 값은? [4점]

① 1

② $2 - \sqrt{2}$

③ $-1 + \sqrt{2}$

④ $\sqrt{2}$

⑤ $\dfrac{5 + 2\sqrt{2}}{2}$

18 실수 m에 대하여 점 $P(3, 2)$를 지나고 기울기가 m인 직선이 함수

$$f(x)= \begin{cases} \sqrt{1-x^2} & (-1 \le x \le 1) \\ 0 & (x < -1, \, x > 1) \end{cases}$$

와 만나는 점의 개수를 $g(m)$이라 하자. 함수 $g(x)f(x-t)$가 $x = k$에서 불연속인 실수 k의 개수가 1이 되도록 하는 실수 t의 범위가 $a < t \le b$, $c \le t < d$ 일 때, $ab+c-d$의 값은? (단, $a < 0$, $b < 0$, $c > 0$, $d > 0$) [4점]

① $\dfrac{1+\sqrt{3}}{16}$ ② $\dfrac{3}{16}$ ③ $\dfrac{1}{4}$ ④ $\dfrac{3}{8}$ ⑤ $\dfrac{1}{2}$

19

$f(x) = \left[-\sqrt{-x^2 + 2kx + 13 - k^2}\right]$ 에 대하여 함수 $g(x)$를

$$g(x) = \begin{cases} 0 & (x < k-\sqrt{13},\ x > k+\sqrt{13}) \\ f(x) & (k-\sqrt{13} \le x \le k+\sqrt{13}) \end{cases}$$

이라 할 때, 함수 $g(x)$의 불연속인 점의 개수를 a라 하고, $g(x)$의 불연속인 점의 x좌표들의 합을 b라 할 때, $a+b=32$를 만족하는 정수 k의 값을 구하시오. (단, $[x]$는 x보다 크지 않은 최대 정수이다.) [4점]

20 그림과 같이 좌표평면의 제1사분면 위에 반지름의 길이가 $\sqrt{5}\,t$인 사분원이 있다. 사분원위의 점 A, B의 x좌표가 각각 $t-1$, t이고 점 A에서 x축에 내린 수선의 발을 C라 하자. 선분 CB를 2 : 1로 내분하는 점을 D라 하고 점 $\left(0,\ \sqrt{5}\,t\right)$와 점 D를 지나는 직선 l이 선분 AC와 만나는 점을 E라 하자. 삼각형 CDE의 넓이가 $S(t)$일 때, $\displaystyle\lim_{t\to\infty}\frac{S(t)}{t}$의 값은? (단, $t > 1$) [4점]

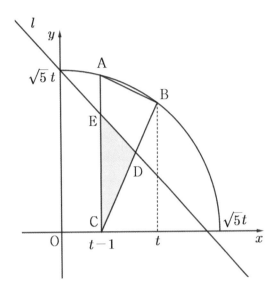

① $\dfrac{2}{9}$ ② $\dfrac{1}{3}$ ③ $\dfrac{4}{9}$ ④ $\dfrac{5}{9}$ ⑤ $\dfrac{2}{3}$

랑데뷰
N 제

하루 중 90%는 겸손하게 10%는 자신있게...

미분법

2

21 최고차항의 계수가 $\dfrac{4}{27}$인 삼차함수 $f(x)$가 $x=a$ $(a>0)$, $x=0$에서 극값을 갖는다. $\mathrm{A}(a, f(a))$에서 곡선 $y=f(x)$에 그은 두 접선과의 교점 중 A가 아닌 점을 각각 B, C, 직선 AB 위의 임의의 점 P라 하자. 삼각형 APC가 이등변삼각형이 될 때 가능한 모든 이등변삼각형 중 가장 작은 이등변삼각형의 넓이가 12이다. 이때 삼각형 APC가 이등변삼각형이 되게 하는 점 P의 x좌표의 합을 $\dfrac{p}{q}$라 할 때 $p-q$의 값은? (단, 점 B의 x좌표가 점 C의 x좌표보다 크다.) [4점]

① 192   ② 194   ③ 196   ④ 198   ⑤ 200

22 최고차항의 계수가 1인 사차함수 $f(x)$에 대하여 실수 전체의 집합에서 정의된 두 함수 $g(x)$, $h(x)$가 다음 조건을 만족시킨다.

(가) 모든 실수 x에 대하여 $f(x) = g(x)(x-1)(x-5) = h(x)(x-3)(x-5)$이다.

(나) 함수 $i(x) = g(x)h(x)$와 $y = m(x-1)$의 교점의 개수를 $k(m)$라 할 때

$$k(m) = \begin{cases} 1 & (m = m_2) \\ 2 & (m \le i'(1),\ 0 < m < 4,\ 4 < m < m_1,\ m > m_1) \\ 3 & (m = 0,\ m = 4) \\ 4 & (i'(1) < m < 0) \end{cases}$$

이다. (단, $m_1 > 4$)

$g(5) = h(5)$이고, 함수 $g(x) - h(x)$가 $x \ne 5$인 모든 실수에서 연속일 때, $g(1) + h(3)$의 값을 구하시오. [4점]

23 최고차항의 계수가 1이고 $f(a) = a$인 삼차함수 $f(x)$가 모든 실수 x에 대하여

$$f(x) + f(-x) = 0$$

을 만족시킨다.

최고차항의 계수가 1인 삼차함수 $g(x)$에 대하여 부등식

$$f(g(x) - 2x) \leq g(x) - 2x$$

의 해가 $x \leq -a$ 또는 $0 \leq x \leq a$일 때, $g(3)$의 최솟값은? (단, a는 양의 상수이다.) [4점]

① 29   ② 30   ③ 31   ④ 32   ⑤ 33

24 최고차항의 계수가 1인 삼차함수 $f(x)$와 실수 t에 대하여 곡선 $y = f(x)$ 위의 점 $(t, f(t))$ 에서의 접선의 방정식을 $y = g(x)$라 하자. 함수 $g(x)$에 대하여 함수 $h(x)$를 $h(x) = \dfrac{g(x) - |g(x)|}{2}$ 라 할 때, 두 함수 $y = f(x)$와 $y = h(x)$가 한 점 $(1, 0)$에서만 만나도록 하는 실수 t의 값의 범위가 $1 \le t \le 4$이다. $f(2) = 5$일 때, $f(5)$의 값은? [4점]

① 14   ② 12   ③ 10   ④ 8   ⑤ 6

25 함수 $f(x)=\left|x^3-3x^2+4\right|$ 과 실수 t에 대하여 닫힌구간 $[t,\,t+2]$에서의 함수 $f(x)$의 최솟값을 $g(t)$라 하자. 함수 $g(t)$의 극댓값의 최댓값은 $p+q\sqrt{6}$ 이다. $\left|\dfrac{p}{q}\right|$ 의 값을 구하시오. (단, p와 q는 유리수이다.) [4점]

26 $f'(0) \neq 0$이고 실수 전체의 집합에서 미분가능한 함수 $f(x)$가 다음 조건을 만족시킨다.

(가) $x \geq 0$에서 함수 $f(x)$는 최고차항의 계수가 1인 삼차함수이다.

(나) 모든 실수 x에 대하여 $\{f(x)\}^2 = \{f(-x)\}^2$이다.

$x \geq 0$에서 함수 $f(x) - f(-x)$가 $x = 1$에서 최댓값을 가질 때, 함수 $f(x)$의 최솟값은? [4점]

① -8 ② -6 ③ -4 ④ -2 ⑤ 0

27 $f(0)=0$이고 최고차항의 계수가 양수인 사차함수 $f(x)$에 대하여 방정식 $f(x)=0$의 모든 실근의 합이 정수이다. 실수 t에 대하여 닫힌구간 $[t,\ t+1]$에서의 함수 $f(x)$의 최댓값과 최솟값의 합을 $g(t)$라 하자. 사차함수 $f(x)$의 최솟값을 m, 극댓값을 M이라 할 때, 함수 $g(t)$는 다음 조건을 만족시킨다.

> (가) $g(0)=m$, $g(1)=M$
> (나) t에 대한 방정식 $g(t)=M$의 실근의 개수는 무수히 많다.

$g(2)=12$일 때, $f(-1)$의 값을 구하시오. [4점]

28 최고차항의 계수가 1인 삼차함수 $f(x)$가 다음 조건을 만족시킬 때, 함수 $f(x)$ 중 극댓값이 최대인 함수를 $f_1(x)$, 극댓값이 최소인 함수를 $f_2(x)$라 하자.

(가) 곡선 $y = f(x)$와 직선 $y = -8x + 3$이 만나는 점의 개수는 2이다.

(나) $\lim\limits_{x \to 0} \dfrac{f(x) - 3}{x} = -7$

두 함수 $f_1(x)$, $f_2(x)$에 대하여 함수 $g(x)$를

$$g(x) = \begin{cases} f_2(x) \ (x < 0) \\ f_1(x) \ (x \geq 0) \end{cases}$$

라 하자. 곡선 $y = g(x)$의 그래프와 함수 $g(x)$의 두 극점을 지나는 직선으로 둘러싸인 부분의 넓이는? [4점]

① 1   ② $\dfrac{7}{6}$ ③ $\dfrac{4}{3}$ ④ $\dfrac{3}{2}$ ⑤ $\dfrac{5}{3}$

29 최고차항의 계수가 양수인 사차함수 $g(x)$에 대하여 실수 전체의 집합에서 정의된 함수 $f(x)$가

$$f(x) = \begin{cases} g(x) & (x \neq 0) \\ f(0) & (x = 0) \end{cases}$$

일 때, 다음 조건을 만족시킨다.

(가) $g'(x) = 0$을 만족시키는 x의 값은 0과 $k(k > 0)$뿐이고 $g(k) + k = g(0)$이다.

(나) 함수 $|f(x) - f(\alpha)|$가 실수 전체 집합에서 연속이 되도록 하는 실수 α의 값은 2뿐이다.

$f(2) = 1$일 때, $f(-2)$의 값은? [4점]

① 15   ② 16   ③ 17   ④ 18   ⑤ 19

30 x축과 만나는 점의 개수가 홀수이고 최고차항의 계수가 1인 삼차함수 $f(x)$에 대하여 함수 $g(x)$를

$$g(x)= \begin{cases} f(x)+2x \ (f(x) \geq 0) \\ 2f(x) \qquad (f(x)< 0) \end{cases}$$

라 하자. 함수 $g(x)$는 불연속인 점의 개수가 2이고 $\lim\limits_{x \to a-} g'(x) \neq \lim\limits_{x \to a+} g'(x)$인 실수 a의 개수는 1일 때, $f(3)$의 최댓값을 M, 최솟값을 m이라 하자. $M+m$의 값을 구하시오. [4점]

31 삼차함수 $f(x) = x^3 - 3x^2 + 2$와 실수 t에 대하여 함수

$$g(x) = \begin{cases} f(x) - f(t) & (x \leq t) \\ f(t) - f(x) & (x > t) \end{cases}$$

의 최댓값을 $h(t)$라 할 때, 방정식 $h(x) = mx$의 실근의 개수가 2이기 위한 모든 m의 값의 합은? [4점]

① $\dfrac{11}{4}$ ② $\dfrac{13}{4}$ ③ $\dfrac{15}{4}$ ④ $\dfrac{17}{4}$ ⑤ $\dfrac{19}{4}$

32 상수 a에 대하여 다항함수 $f(x)$가 다음 조건을 만족시킬 때, $f\left(\dfrac{4}{3}a\right)$의 값은? [4점]

> (가) $\displaystyle\lim_{x\to\infty}\dfrac{f(x)}{x^4+1}=\lim_{x\to 0}\dfrac{af(x)}{x^3}=3$
>
> (나) 방정식 $(f\circ f)(x)=f(x)$의 서로 다른 실근의 개수는 홀수이다.

① 3 　　　② 5 　　　③ 7 　　　④ 9 　　　⑤ 11

33 최고차항의 계수가 양수이고 $f'(4) = -3$인 삼차함수 $f(x)$에 대하여 실수 전체의 집합에서
미분가능한 함수 $g(x)$가 모든 실수 x에 대하여 $|g(x) - 3x| = |f(x)|$을 만족시킨다.

$g'(-2) = g'(3) = 0$일 때, $g'(0) = \dfrac{q}{p}$이다. $p + q$의 값을 구하시오.

(단, p와 q는 서로소인 자연수이다.) [4점]

34 두 함수

$$f(x) = \log_2(|\sin x| + a), \quad g(x) = \log_{(|\sin x| + b)} 2$$

이 다음 조건을 만족시킨다.

(가) 함수 $4^{f(x)} \times 2^{\frac{1}{g(x)}}$ 의 최댓값은 200이다.

(나) 모든 실수 x에 대하여 $2^{f(x)+1} + 2^{\frac{1}{g(x)}} \le 30$이다.

두 자연수 a, b의 모든 순서쌍 (a, b)에 대하여 $2a + b$의 최댓값을 구하시오. (단, $|\sin x| \ne 0$)
[4점]

35

$ab < 0$, $|c| \leq 10$인 세 정수 a, b, c에 대하여 함수 $f(x)$는

$$f(x) = \begin{cases} -(x+2a)^2(x-a) & (x < 0) \\ (x+b)(x-2b)^2 + c & (x \geq 0) \end{cases}$$

이다. 실수 t에 대하여 함수 $y = f(x)$의 그래프와 직선 $y = f(t)$가 만나는 점의 개수를 $g(t)$라 하자. 함수 $g(t)$가 $t = k$에서 불연속인 실수 k의 개수가 4가 되도록 하는 c의 최댓값과 최솟값의 곱은? [4점]

① -8 ② -16 ③ -32 ④ -64 ⑤ -81

36 $f(0)=0$이고 최고차항의 계수가 1인 삼차함수 $f(x)$가 다음 조건을 만족시킨다.

(가) $\lim\limits_{x \to a} \dfrac{f(x)}{x-a} = 0 \ (a > 0)$

(나) 함수 $||f(x)|-k|$ (k는 실수)가 미분가능하지 않은 실수 x의 개수는 3이다.

(다) 방정식 $4|f(x)|+f(-1)=0$의 서로 다른 실근의 개수는 3이다.

---

k의 최솟값을 m이라 할 때, $f(m)$의 값을 구하시오. [4점]

37 양의 실수 a에 대하여 이차함수 $f(x) = (x+a)^2$가 있다. 함수 $f(x)$와 음이 아닌 실수 b에 대하여 함수 $g(x)$를

$$g(x) = \begin{cases} -f(x) - b & (x < 0) \\ f(x) & (x \geq 0) \end{cases}$$

라 하자. $x \geq 0$일 때, $(g \circ g)(x) = f(-f(x) - b)$을 만족시키는 b의 값을 $h(a)$라 하자. $h(2) + h'(2)$의 값은? [4점]

① 6　　　　　② 9　　　　　③ 11　　　　　④ 14　　　　　⑤ 15

38 최고차항의 계수가 1인 사차함수 $f(x)$가 다음 조건을 만족시킨다.

(가) $f(-1) < 0$, $f(0) = 0$

킬러극킬 – 수학 II

(나) $f'(-1) = f'(2) = 0$

방정식 $f(x) = 0$의 서로 다른 실근의 개수를 m, 방정식 $f'(x) = 0$의 서로 다른 실근의 개수를 n이라 할 때, $m+n$의 값은 짝수이다. $f'(0)$의 최댓값은? [4점]

① $\dfrac{32}{5}$ ② 8 ③ 16 ④ $8 + 8\sqrt{7}$ ⑤ $8 + 8\sqrt{13}$

orbi.kr

킬러극킬 – 수학 II   **49**

39 최고차항의 계수가 1인 사차함수 $f(x)$는 원점을 지나고 최솟값이 -11이다. 사차함수 $f(x)$와 양의 실수 p에 대하여 함수 $g(x)$가

$$g(x) = \begin{cases} f(x-p) - f(-p) & (x < 0) \\ -f(x+2p) + f(2p) & (x \geq 0) \end{cases}$$

일 때, $g'(0) = 0$이다. $x \geq -p$인 실수 x에 대하여 $f'(x) \geq 0$일 때, $g(-2) + g(1)$의 값을 구하시오. [4점]

40 최고차항의 계수가 1인 삼차함수 $f(x)$가 다음 조건을 만족시킨다.

(가) 함수 $|f(x) - f(0)|$은 $x = a\ (a \neq 0)$에서만 미분가능하지 않다.

(나) 곡선 $y = f(x)$위의 점 $x = a$에서의 접선이 곡선 $y = f(x)$와 만나는 점 중 x좌표가 a가 아닌 값을 b라 하면 $|f(a)| = |f(b)| = 1$이다.

$f(2)$의 최댓값은? [4점]

① 5   ② 7   ③ 9   ④ 11   ⑤ 13

41 최고차항의 계수가 a $(a > 0)$인 삼차함수 $f(x)$에 대하여 함수

$$g(x) = \lim_{h \to 0} \frac{|f(x+h)| - |f(x-h)|}{h}$$

가 있다. 함수 $f(x)$와 함수 $g(x)$는 다음 조건을 만족시킨다.

(가) 함수 $|f(x) - a|$는 실수 전체의 집합에서 미분가능하다.

(나) 방정식 $g(x + g(x)) = 0$은 서로 다른 두 실근을 갖는다.

---

a가 최대일 때, $f(1) = \dfrac{1}{6}$이고 $f(3) = \dfrac{q}{p}$이다. $p + q$의 값을 구하시오. (단, p와 q는 서로소인 자연수이다.) [4점]

42

이차함수 $f(x)=-x^2+2$에 대하여 함수 $g(x)$가

$$g(x)=|f(x)+x|-|f(x)-x|+f(x)-2x$$

이다. 함수 $g(x)$에 대하여 함수 $h(x)$가

$$h(x)=\lim_{k\to 0}\frac{g(x+k)-g(x-k)}{k}$$

일 때, 함수 $|h(x)|$의 모든 극값의 개수를 n, 모든 극값의 합을 S라 하자. $n+S$의 값을 구하시오. [4점]

43

최고차항의 계수가 1인 이차함수 $f(x)$와 양수 a , 실수 b 에 대하여 함수

$$g(x) = \begin{cases} (x-1)f(x) & (x \geq 0) \\ (x-a)f(-x+b) & (x < 0) \end{cases}$$

이 실수 전체의 집합에서 연속이고 다음 조건을 만족할 때, $h(1) - 16g(-1)$의 값을 구하시오. [4점]

(가) $g(-4) = 0$

(나) 모든 실수 t에 대하여 $h(t) = \lim\limits_{x \to 1} \dfrac{\sqrt{(x-1)g(x) + \{f(t)\}^2} - |f(t)|}{(x-1)^2}$ 가 존재한다.

---

44 함수 $f(x)=|x-1|$와 실수 t에 대하여 함수 $g(x)=|f(x)-tx|$ $(-1 \leq x \leq 2)$의 최댓값과 최솟값의 차를 $h(t)$라 할 때, 함수 $h(t)$가 미분가능하지 않은 점을 선분으로 연결한 도형의 넓이는 S이다. $6S$의 값을 구하시오. [4점]

45 최고차항의 계수가 1인 삼차함수 $f(x)$는 극댓값이 양수이고 함수 $y = f(x)$의 그래프가 x축과 서로 다른 두 점에서만 만나고 두 점 사이 거리는 3이다. 함수 $f(x)$에 대하여 함수 $g(x)$가

$$g(x) = \begin{cases} \dfrac{f(x) + f'(x)}{x} & (x \neq 0) \\ k & (x = 0) \end{cases}$$

일 때 함수 $g(x)$는 실수 전체의 집합에서 연속이다. $k < 0$일 때 $\left\{ g'\left(\dfrac{3}{2}\right) \right\}^2$의 값을 구하시오.
[4점]

46

최고차항의 계수가 1인 사차함수 $f(x)$와 실수 t가 다음 조건을 만족시킨다.

등식 $f'(a)(a-t)=f(a)$를 만족시키는 실수 a의 값이 -2 하나뿐이기 위한 필요충분조건은 $k < t < 2$이다.

$k \times f(1)$의 값은? (단, $k < 2$) [4점]

① 54   ② 42   ③ 39   ④ 33   ⑤ 27

47 최고차항의 계수가 음수인 사차함수 $f(x)$와 실수 t에 대하여 $x \leq t$일 때, 함수 $f(x)$의 최댓값을 M_1이라 하고, $x \geq t$일 때, 함수 $f(x)$의 최댓값을 M_2라 할 때,

$$g(t) = M_1 + M_2$$

라 하자. 함수 $g(t)$가 다음 조건을 만족시킨다.

(가) 함수 $g(t)$는 $t \neq 2$인 모든 실수 t에 대하여 미분가능하다.

(나) $g'(t) > 0$을 만족시키는 t의 범위는 $t < 0$, $2 < t < 4$이다.

$g(4) - g(1) = 4$일 때, $f(5) - f(-3)$의 값을 구하시오. [4점]

48　실수 t에 대하여 직선 $y = t$가 삼차함수 $y = f(x)$의 그래프와 만나는 점의 개수를 $g(t)$라 하자. 함수 $f(x)g(x)$는 실수 전체의 집합에서 연속이고 $x \neq 3$ 인 모든 실수에서 미분가능할 때, 양수 k에 대하여 방정식 $f(kx - f(x)) = 0$의 서로 다른 실근의 개수는 3이다. k의 값이 $\dfrac{q}{p}$ 일 때, $p + q$의 값을 구하시오. (단, p와 q는 서로소인 자연수이다.) [4점]

49

함수 $f(x)=(x+5)|x+a|$ 와 이차함수 $g(x)$에 대하여 함수 $h(x)$가

$$h(x)=\begin{cases} f(x) & (x \le 0) \\ g(x) & (x > 0) \end{cases}$$

이다.

함수 $h(x)$는 실수 전체에서 미분가능하고 다음 조건을 만족시킬 때, $f(-4)+g(1)$의 값을 구하시오. [4점]

(가) 함수 $f(x)$는 극댓값 9를 갖는다.
(나) $f'(-1)+g'(1)=-2$

---

50 이차함수 $g(x) = x^2 - 2x + 4$에 대하여 사차함수 $f(x)$가 다음 조건을 만족시킨다.

(가) $f(-x) = f(x)$이고 방정식 $f(x) = 1$의 해가 존재한다.

(나) 함수 $(g \circ f)(x)$의 최솟값을 m이라 할 때, 방정식 $g(f(x)) = m$의 서로 다른 실근의 개수는 3이다.

(다) 방정식 $g(f(x)) = 12$은 서로 다른 네 실근을 갖는다.

함수 $f(x)$의 극댓값과 극솟값의 합을 P라 할 때, P의 값으로 가능한 모든 값의 합을 구하시오. [4점]

51 함수 $f(x)=x^2(x-3)+a$와 실수 t에 대하여 x에 대한 방정식 $f(x)=f(t)$의 서로 다른 실근의 개수를 $g(t)$라 하자. 다음 조건을 만족시키는 실수 a의 최솟값은? [4점]

$f(k)+g(k)=0$을 만족시키는 실수 k가 존재하지 않는다.

---

① -2 ② -1 ③ 0 ④ 1 ⑤ 2

52 첫째항이 0이 아닌 두 수열 $\{a_n\}$, $\{b_n\}$과 이차함수 $f(x)=-3x^2+3$에 대하여 함수 $g(x)$가 다음 조건을 만족시킨다.

(가) 모든 자연수 n에 대하여 $n-1 \le x < n$에서 $g(x)=(-1)^n f(x-a_n)+b_n$이다.

(나) 함수 $g(x)$는 구간 $(0, \infty)$에서 미분가능하다.

(다) 함수 $g(x)$의 최댓값과 최솟값의 합은 1이다.

$x > 0$에서 방정식 $g(x)-kx=0$의 실근의 개수가 4일 때, 가장 큰 근을 α라 하자. $\dfrac{3\alpha^2}{a_{21}-b_{21}}$의 값을 구하시오. (단, $k > 0$) [4점]

53 사차함수 $f(x) = -\dfrac{1}{4}x^4 - \dfrac{1}{3}x^3 + x^2$ 와 실수 t, 양수 k에 대하여 함수 $g(x)$를

$$g(x) = \begin{cases} f(x) & (x \geq t) \\ f(x) - k & (x < t) \end{cases}$$

라 할 때, 함수 $g(x)$의 최댓값을 $h(t)$라 하자. 함수 $h(t)$가 $t = \alpha$에서 미분가능하지 않는다. 함수 $h(t)$가 미분가능하지 않는 t의 개수가 1일 때, α의 최댓값은? [4점]

① $\dfrac{-5 + \sqrt{10}}{3}$ ② $\dfrac{-5 + \sqrt{5}}{3}$ ③ $\dfrac{-4 + \sqrt{5}}{3}$

④ $\dfrac{-4 + \sqrt{10}}{3}$ ⑤ $\dfrac{-2 + \sqrt{10}}{3}$

54 최고차항의 계수가 1인 사차함수 $f(x)$와 이차함수 $g(x)$가 다음 조건을 만족시킨다.

> (가) $f(\alpha) = g(\alpha) + k$, $f'(\alpha) = g'(\alpha)$인 실수 α가 존재한다.
> (나) $f(\alpha+1) = g(\alpha+1) + k$, $f'(\alpha+1) = g'(\alpha+1)$인 실수 α가 존재한다.

닫힌구간 $[\alpha, \alpha+1]$에서 함수 $f(x) - g(x)$의 최댓값이 $\dfrac{65}{16}$일 때, 함수 $f(x) - g(x)$의 최솟값을 구하시오. (단, k는 상수이다.) [4점]

55 두 함수 $f(x)=x^3-x^2+x$, $g(x)=2x-1$가 있다. $t>-1$인 실수 t에 대하여 함수 $y=f(x)$의 그래프 위의 점 $P(t, f(t))$를 지나고 y축에 수직인 직선을 그었을 때, 이 직선이 $y=g(x)$의 그래프와 만나는 점을 Q라 하고, 점 P를 지나고 x축에 수직인 직선을 그었을 때, 이 직선이 함수 $y=g(x)$의 그래프와 만나는 점을 R이라 하자. 선분 PQ의 길이를 $h(t)$, 선분 PR의 길이를 $k(t)$라 할 때, 보기에서 옳은 것만을 있는 대로 고른 것은? [4점]

─── | 보기 | ───

ㄱ. $k(t)=2h(t)$

ㄴ. 두 함수 $h(t)$와 $k(t)$의 최솟값은 모두 0이다.

ㄷ. $-1<t<2$에서 $h(t)$의 값 또는 $k(t)$의 값이 정수가 되도록 하는 모든 t의 개수는 6이다.

① ㄱ   ② ㄱ, ㄴ   ③ ㄱ, ㄷ

④ ㄴ, ㄷ   ⑤ ㄱ, ㄴ, ㄷ

56

0이상의 실수 t와 최고차항의 계수가 1인 사차함수 $f(x)$에 대하여 함수

$$tg(t) - f(t) = 0$$

이라 하자. 두 함수 $f(x)$와 $g(t)$가 다음 조건을 만족시킨다.

(가) 함수 $g(t)$의 최솟값은 0이다.

(나) x에 대한 방정식 $f'(x) = g(k)$를 만족시키는 x의 값은 0와 2와 k이다. (단, $k > 2$인 상수이다.)

실수 α에 대하여 집합 A_α을

$$A_\alpha = \{x \mid g(x) = f'(\alpha), \, 0 < x \leq \alpha\}$$

이라 할 때, $n(A_\alpha) = 2$을 만족시키는 α의 범위는 $p < \alpha < q$이다. $p + q$의 최댓값이 $m + \sqrt{n}$일 때, $m + n$의 값을 구하시오. (단, p와 q는 실수이고 m과 n은 유리수이며 $\sqrt{n}$은 무리수이다.)
[4점]

57 다항함수 $f(x)$와 이차함수 $g(x)$에 대하여 함수 $h(x)$가

$$h(x)= \begin{cases} f(x)\,(0 \leq x \leq 3) \\ g(x)\,(3 < x \leq 5) \end{cases}$$

일 때, 다음 조건을 만족시키는 모든 함수 $h(x)$에 대하여 $\dfrac{h(2)+h(4)}{h'(2)+h'(4)}$의 최솟값은? [4점]

(가) 함수 $h(x)$는 닫힌구간 $[0,\,5]$에서 연속이고 열린구간 $(0,\,5)$에서 미분가능하다.

(나) $h(0)=12$, $h(3)=3$

(다) $0 < c < 5$인 모든 실수 c에 대하여 $-3 \leq h'(c) \leq -1$이다.

① $-\dfrac{13}{10}$ ② $-\dfrac{7}{2}$ ③ $-\dfrac{5}{3}$

④ $-\dfrac{16}{5}$ ⑤ $-\dfrac{17}{10}$

58   두 삼차함수 $y = f(x)$, $y = g(x)$가 다음 조건을 만족시킨다.

(가) $x \geq 0$일 때, $g(x) \leq x \leq f(x)$

(나) $x < 0$일 때, $g(x) \geq f(x)$

(다) $f(3) = g(3) = 3$

구간 $[0,\ 3]$에서 함수 $f(x) - g(x)$는 $x = \alpha$에서 최댓값을 갖고 두 점 $(\alpha,\ f(\alpha))$, $(3,\ f(3))$을 지나는 직선이 구간 $(\alpha, 3)$에서 $y = f(x)$와 만날 때, 교점의 x좌표를 β라 하자. $\alpha + \beta$의 값을 구하시오. (단, $0 < \alpha < \beta < 3$) [4점]

59　두 점 A, B가 수직선 위의 원점을 동시에 출발한 뒤 t초 후의 위치가 각각

$$f(t)= 3t^3 - 6t^2 + 12t, \; g(t)= 2t^3 + 6t^2 - 20t$$

이다. 두 함수 $f(t)$, $g(t)$에 대하여 집합 C가
C $= \{x \mid x$는 두 점 A, B 사이의 거리가 줄어드는 시간 $\}$일 때, 집합 C의 원소 중 모든 정수의 합을 구하시오. [4점]

60 함수

$$f(x) = \begin{cases} 2x+1 & (x \geq 0) \\ x^3 + 2x + 1 & (x < 0) \end{cases}$$

에 대하여 이차함수 $g(x)$와 실수 k는 다음 조건을 만족시킨다.

함수 $h(x) = |g(x) - f(x-k)|$는 $x = k$에서 최솟값 $\dfrac{g(k)}{2}$를 갖고,

닫힌구간 $[k-1, \, k+1]$에서 최댓값 7을 갖는다.

$g'\left(k + \dfrac{1}{2}\right)$의 값을 구하시오. [4점]

61 음의 실수 k와 함수 $f(x) = ax(x+b)$ (a, b는 자연수)에 대하여 함수 $g(x)$를

$$g(x) = \begin{cases} f(x) & (x < 0) \\ kf(x-b) & (x \geq 0) \end{cases}$$

라 하자. 함수 $g(x)$가 다음 조건을 만족시킨다.

(가) $g(3) = 6$
(나) 방정식 $|g(x)| = b$의 서로 다른 실근의 개수는 5이다.

음의 실수 m에 대하여 직선 $y = mx + 9$가 함수 $y = |g(x)|$의 그래프와 세 점에서 만날 때 m의 값을 큰 수부터 크기순으로 나열하면 m_1, m_2, m_3, $\cdots$이다. $m_1 + m_2 = p - q\sqrt{6} - r\sqrt{2}$이다. $p + q + r$의 값을 구하시오. (단, p, q, r은 자연수이다.) [4점]

62 그림과 같이 곡선 $y = (x+2)(x-2)^2$와 곡선 $y = -x^2 + 4$는 점 $(-2, 0)$, 점 $(2, 0)$와 점 $P(1, 3)$에서 만난다. $-2 < t < 1$인 실수 t에 대하여 직선 $x = t$가 곡선 $y = (x+2)(x-2)^2$와 만나는 점을 A라 하고, 곡선 $y = -x^2 + 4$와 만나는 점을 B라 하자. 삼각형 PAB의 넓이는 $t = a$일 때 최대이다. a의 값은? [4점]

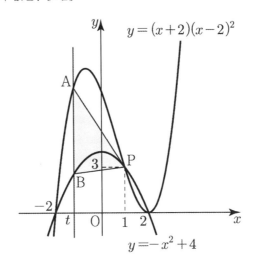

① $\dfrac{1 - \sqrt{33}}{4}$ ② $\dfrac{1 - \sqrt{30}}{4}$ ③ $\dfrac{3 - \sqrt{33}}{2}$

④ $\dfrac{3 - \sqrt{30}}{4}$ ⑤ $\dfrac{1 + \sqrt{33}}{8}$

63 최고차항의 계수가 -1인 이차함수 $f(x)$와 상수 a에 대하여 함수

$$g(x)=|f(x)-a|+a$$

이 $x=0$에서 미분가능하지 않고 곡선 $y=g(x)-f(x)$와 x축이 만나는 점을 $(b,\,0)$이라 할 때, b의 최댓값은 2이다. 양의 실수 t에 대하여 함수 $h(x)$를

$$h(x)=|g(x)-g(t)|$$

이라 할 때, 함수 $h(x)$가 $x=k$에서 미분가능하지 않은 실수 k의 개수가 4가 되도록 하는 자연수가 아닌 양수 t의 최솟값은? [4점]

① $2-\sqrt{2}$ ② $1+\sqrt{2}$ ③ $1+\sqrt{3}$

④ $3-\sqrt{2}$ ⑤ $2+\sqrt{2}$

64 두 다항함수 $f(x)$, $g(x)$가 다음 조건을 만족시킨다.

> (가) 모든 실수 x에 대하여 $f(x)g(x) = (x+1)(x-2)(x^2+1)$이다.
>
> (나) $\lim\limits_{x \to \infty} \dfrac{g'(x)}{x^2}$의 값은 0과 3이 아닌 정수이다.
>
> (다) 모든 실수 x에 대하여 $g'(f'(x)) = \dfrac{11}{2}$이다.

$f(0) + g(0)$의 값은? [4점]

① $\dfrac{1}{2}$ ② 1   ③ $\dfrac{3}{2}$ ④ 2   ⑤ $\dfrac{5}{2}$

65 최고차항의 계수가 1인 삼차함수 $f(x)$에 대하여 $|f(x)+x|$는 $x=0$에서만 미분가능하지 않는다. x에 대한 방정식 $f(x)-mx=0$의 서로 다른 실근의 개수를 $g(m)$이라 하자. $g(0)=2$을 만족하는 함수 $f(x)$를 $f_1(x)$, $f_2(x)$라 하자. 모든 실수 x에 대해 $f_1(x) \le f_2(x)$일 때, 함수 $f_1(2x+t)g(x)$와 함수 $f_2(-2x+s)g(x)$는 실수 전체의 집합에서 미분가능하다. t^2+s^2의 값을 구하시오. [4점]

66 최고차항의 계수가 -1이고 $f'(0) = 0$인 사차함수 $f(x)$가 있다. 실수 전체의 집합에서 정의된 함수 $g(t)$가 다음 조건을 만족시킨다.

(가) 방정식 $f(x) = t$의 실근이 존재하지 않을 때, $g(t) = 0$이다.

(나) 방정식 $f(x) = t$의 실근이 존재할 때, $g(t)$는 $f(x) = t$의 실근의 최솟값이다.

함수 $g(t)$가 $t = k$, $t = 12$에서 불연속이고

$$\lim_{t \to k-} g(t) = -1, \quad \lim_{t \to 12-} g(t) = 2$$

일 때, 실수 k의 값을 구하시오. (단, $k < 12$) [4점]

67 최고차항의 계수가 1인 사차함수 $f(x)$에 대하여 함수 $g(x)$를

$$g(x)= |f'(x)| - f(x)$$

라 할 때, 두 함수 $f(x)$, $g(x)$가 다음 조건을 만족시킨다.

(가) $f(0)= g(0)= 0$

(나) 방정식 $f(x)= 0$은 두 실근을 갖고 그 중 하나는 양수이다.

(다) 방정식 $|f(x)| = \dfrac{1}{3}$의 서로 다른 실근의 개수는 3이다.

함수 $f(x)$중 $f(1)$의 값이 최소일 때, $g(3)$의 값을 구하시오. [4점]

68

닫힌구간 $[-1,\ n^2+n]$에서 정의된 함수 $f(x)$는 다음과 같다.

$$f(x)=\begin{cases} \dfrac{1}{x-1} & (-1\le x<1) \\[2mm] \left(x-\dfrac{n}{3}\right)^2-n & (1\le x<n) \\[2mm] \sqrt{x-n}+n & (n\le x\le n^2+n) \end{cases}$$

함수 $f(x)$가 극댓값이 3개, 극솟값이 2개 존재할 때의 $f(x)$를 $g(x)$라 하자. 방정식 $|g(x)|=t$의 실근의 개수를 $h(t)$라 할 때, $\displaystyle\lim_{t\to n-}h(t)=\alpha$, $\displaystyle\lim_{t\to 2n+}h(t)=\beta$ 이다. $\alpha-\beta=2$을 만족하는 n의 범위는? (단, $n>1$, $f(1)<-3$이고 함수 $f(x)$가 정의되는 구간의 양끝에서 극댓값을 갖는다.) [4점]

① $\dfrac{9}{2}<n<3$ ② $n>\dfrac{9}{2}$ ③ $2<n<\dfrac{9}{2}$

④ $\dfrac{9}{2}<n<\dfrac{27}{4}$ ⑤ $\dfrac{27}{4}<n<12$

69

$0 \le x \le 4$에서 함수

$$f(x) = x^3 - 2ax^2 + a^2x \ (2 < a < 4)$$

의 최댓값을 $g(a)$라 하자.

$g\left(\dfrac{5}{2}\right) + g(3) + g(\sqrt[3]{28})$의 값은? [4점]

① $\dfrac{455}{27}$　　　② $\dfrac{457}{27}$　　　③ 17　　　④ $\dfrac{461}{27}$　　　⑤ $\dfrac{463}{27}$

70 최고차항의 계수가 1인 사차함수 $g(x)$와 실수 a, b에 대하여 함수 $f(x)$는

$$f(x) = \begin{cases} -x^2 + ax + b & (x < -1) \\ g(x) & (x \geq -1) \end{cases}$$

이고 다음 조건을 만족시킨다.

(가) 함수 $f(x)$는 $x = -1$에서 미분가능하다.

(나) 함수 $|f(x)|$는 $x = p$ $(p < -1)$에서만 미분가능하지 않다.

(다) 함수 $|f(x) - f(-1)|$은 $x = q$ $(q > -1)$에서만 미분가능하지 않다.

$f(0)$의 값이 최소일 때, $f(-2) + f(1)$의 최솟값을 구하시오. [4점]

자연수 n에 대하여 양의 실수 전체에서 정의된 함수 $f(x)$를

$$f(x) = (-1)^{n-1}\left\{x^2 - (2n-1)x + n^2 - n\right\} \quad (n-1 < x \leq n)$$

이라 하자. 함수 $g(x) = f(x) - |f(x)|$에 대하여 함수 $h(x)$를

$$h(x) = \lim_{h \to 0+}\left|\frac{g(x+h) - g(x)}{h}\right|$$

이라 할 때, 함수 $h(x)$가 $x = a$에서 미분가능하지 않은 a의 값 중에서 열린구간 $(0, 8)$에 속하는 모든 값을 작은 수부터 크기순으로 나열한 것을 $a_1, a_2, \cdots, a_p$ $(p$는 자연수$)$라 하자.

$p + \displaystyle\sum_{k=1}^{p} k\,h(a_k)$의 값을 구하시오. [4점]

72 최고차항의 계수가 1인 삼차함수 $f(x)$가 다음 조건을 만족시킨다.

(가) $\lim\limits_{x \to 1} \dfrac{f(x)}{x-1} = 0$

(나) $\alpha < t < 1$인 모든 실수 t에 대하여 $f'(t+3)f'(5-t) < 0$이다. (단, $\alpha < 1$)

α의 최솟값을 m이라 할 때, $m \times f(m^2 + 2m)$의 값을 구하시오. [4점]

73 최고차항의 계수가 양수인 삼차함수 $f(x)$에 대하여 방정식

$$(f \circ f)(x) = x$$

의 서로 다른 실근의 개수가 9이며 크기순으로 $\alpha_1, \alpha_2, \cdots, \alpha_9$이다.

$\alpha_3 + \alpha_7 = 0$, $\alpha_3\alpha_7 = -\dfrac{1}{2}$이고 $f'(\alpha_3) + f'(\alpha_7) = 6$ 일 때, $f(2) - f(-2)$의 값을 구하시오.

[4점]

74 함수 $f(x) = |x(x-1)(x-3)|$ 이 있다. 실수 k 에 대하여 함수 $g(x)$ 를

$$g(x) = \begin{cases} f(x) & (f(x) \geq kx) \\ kx & (f(x) < kx) \end{cases}$$

라 하자. 구간 $(-\infty, \infty)$ 에서 함수 $g(x)$ 가 미분가능하지 않은 x 의 개수를 $h(k)$ 라 할 때, 함수 $m(k)$ 에 대하여 함수 $m(k)h(k)$ 가 실수 전체의 집합에서 연속이 되도록 하는 최고차항의 계수가 1 인 사차함수 $m(k)$ 가 있다. $m(4)h(4)$ 의 값을 구하시오. [4점]

75 최고차항의 계수가 정수 a인 삼차함수 $f(x)$에 대하여 실수 전체의 집합에서 연속인 함수

$$g(x)= \begin{cases} x^2 + ax + 1 & (x \leq 0) \\ f(x) & (x > 0) \end{cases}$$

가 다음 조건을 만족시킨다.

(가) 함수 $g(x)$는 3개의 극값을 갖는다.
(나) 함수 $g(x)$는 $x = 2$에서 최솟값을 갖는다.

$y = g(x)$는 x축과 두 점에서 만날 때, $f(4)$의 값은 정수이다. 가능한 모든 정수 $f(4)$의 값의 합은? [4점]

① 50　　　　② 45　　　　③ 40　　　　④ 35　　　　⑤ 30

76 최고차항의 계수가 1인 이차함수 $f(x)$와 최고차항의 계수가 음수인 이차함수 $g(x)$에 대하여 실수 전체의 집합에서 연속인 함수 $h(x)$가

$$h(x)=\begin{cases} f(x) & (x < -2) \\ -\dfrac{1}{3}x - \dfrac{2}{3} & (-2 \le x \le 1) \\ g(x) & (x > 1) \end{cases}$$

일 때, 실수 t에 대하여 함수 $k(t)$를 $a \ge t+2$인 모든 실수 a에 대하여 $\dfrac{h(a)-h(t)}{a-t}$의 최댓값이라 하자. 방정식 $k(t)=0$의 모든 실근이 -4, -2, $\dfrac{3}{2}$일 때, $\{h(-3)+h(4)\}^2$의 값을 구하시오. [4점]

77 두 함수

$$f(x) = \begin{cases} mx+m+3 & (x \le -1) \\ nx+n+3 & (x > -1) \end{cases},$$

$$g(x) = \int_0^x (t^3 - 3t)f(t)\,dt$$

가 다음 조건을 만족시킨다.

(가) 함수 $g(x)$는 오직 한 개의 극값을 갖는다.

(나) 함수 $|f(x) - x^3 + 3x|$의 미분가능하지 않은 점의 개수는 3이다.

$g(1) - g(0) = \dfrac{q}{p}$ 일 때 $p+q$의 값을 구하시오. (단, p와 q는 서로소인 자연수이다.) [4점]

78 열린구간 $(-1, 5)$에서 정의된 함수

$$f(x) = \begin{cases} x^2 + 1 & (-1 < x < 1) \\ \dfrac{2}{3}(x-2)^3 + \dfrac{8}{3} & (1 \le x < 3) \\ -\dfrac{5}{3}(x-5) & (3 \le x < 5) \end{cases}$$

가 있다. 실수 t에 대하여 다음 조건을 만족시키는 모든 실수 k의 개수를 $g(t)$라 하자.

(가) $-1 < k < 5$

(나) 함수 $|f(x) - t|$는 $x = k$에서 미분가능하지 않다.

함수 $g(t)$에 대하여 합성함수 $(h \circ g)(t)$가 실수 전체의 집합에서 연속이 되도록 하는 최고차항의 계수가 1인 사차함수 $h(x)$가 있다. $g(1) = a$, $g\left(\dfrac{8}{3}\right) = b$, $g(3) = c$라 할 때, $h(a+3) - h(b+2) + 100c$의 값을 구하시오. [4점]

79

함수 $g(x)=\begin{cases} -\dfrac{1}{x+1}+k & (x \geq 0) \\ -\dfrac{1}{-x+1}+k & (x < 0) \end{cases}$ 에 대하여 함수 $f(x)$를

$$f(x)= x^2 + g(t)$$

라 하자. 모든 실수 t에 대하여 방정식 $f(f(x))= x$의 실근의 개수가 2일 때, $100k$의 값을 구하시오. [4점]

80 최고차항의 계수가 1이고 $f'(0)=0$, $f(0)=2$인 삼차함수 $f(x)$에 대하여 함수

$$g(x)=\begin{cases} f(x) & (x \le 4) \\ \dfrac{ax+7}{x-4} & (x > 4) \end{cases}$$

이 다음 조건을 만족시킨다.

함수 $y=g(x)$의 그래프와 직선 $y=t$가 서로 다른 두 점에서만 만나도록 하는 모든 실수 t의 값의 집합은 $\{t \mid t=2 \text{ 또는 } t \le -2\}$이다.

$a \times (g \circ g)(5)$의 값을 구하시오. (단, a는 상수이다.) [4점]

81 모든 자연수 n과 이차함수 $f(x)= x^2 - x$에 대하여 구간 $[0,\ \infty)$에서 정의된 함수 $g(x)$가 다음 조건을 만족시킨다.

(가) $0 \leq x < 1$일 때 $g(x)= f(x)$
(나) $n \leq x < n+1$일 때, $g(x)= f(x-n)$이다.

양수 k와 함수 $g(x)$에 대하여

$$\left| \lim_{h \to 0+} \frac{g(t+2h) - g(t-h)}{h} \right| = k$$

를 만족시키는 양수 t를 작은 수부터 크기순으로 나열하면 등차수열을 이루게 하는 모든 k의 값의 합은? [4점]

① $\dfrac{5}{2}$ ② $\dfrac{13}{4}$ ③ 4 ④ $\dfrac{17}{4}$ ⑤ $\dfrac{9}{2}$

82 사차함수 $f(x)$와 두 양수 a, b에 대하여 실수 전체의 집합에서 연속인 함수 $g(x)$를

$$g(x) = \begin{cases} x^2(ax+b) & (x \le 0) \\ |f(x)| & (x > 0) \end{cases}$$

이라 할 때, 함수 $g(x)$가 다음 조건을 만족시킨다.

(가) 방정식 $g(x) = 2$는 서로 다른 두 실근을 갖고 두 실근의 합은 0이다.
(나) 함수 $|g(x) - 2|$는 실수 전체의 집합에서 미분가능하다.
(다) 방정식 $(g \circ g)(x) = g(x)$의 서로 다른 실근의 개수는 9이다.

$g(-1) + f(4)$의 최댓값을 구하시오. [4점]

랑데뷰
N 제

하루 중 90%는 겸손하게 10%는 자신있게...

적분법

3

83 최고차항의 계수가 1인 삼차함수 $f(x)$의 그래프와 직선 $y=x$가 만나는 점 $\mathrm{P}(\alpha,\ f(\alpha))$에서의 접선의 방정식을 $y=l(x)$라 하자. 두 함수 $f(x)$와 $l(x)$에 대하여 실수 전체의 집합에서 증가하는 함수 $p(x)$를

$$p(x)=\begin{cases}f(x)\ (x \geq \alpha)\\ l(x)\ (x < \alpha)\end{cases}$$

라 하자. 실수 전체의 집합에서 연속인 함수 $g(x)$는

$$|g(x)|=|x(x-1)|\ (0 \leq x \leq 1)$$

이고, 함수 $g(x)$와 x축이 이루는 부분의 넓이가 최소일 때의 $g(x)$를 두 함수 $h(x)$, $k(x)$라 할 때, 모든 실수 x에 대하여

$$\int_1^x p(t)h(t)dt \geq 0,\ \int_0^x k(t-1)p(t)dt \leq 0$$

을 만족시킨다. $f'(\alpha)=2$일 때, $p(3)$의 최솟값은? (단, $f(1) \neq 0$, $h(x) \geq k(x)$) [4점]

① $9-\sqrt{6}$ ② $8-\sqrt{6}$ ③ $7-\sqrt{6}$

④ $6-\sqrt{6}$ ⑤ $5-\sqrt{6}$

84 $f(0)= 0$이고 도함수가 실수 전체의 집합에서 연속인 함수 $f(x)$와 함수 $g(x)$가 모든 실수 x에 대하여 다음 조건을 만족시킨다.

(가) $f'(x)=\begin{cases} ax+1 & (x < -1) \\ g(x) & (-1 \leq x \leq 1) \\ -ax^2 + x & (x > 1) \end{cases}$

(나) $-1 \leq x_1 < x_2 \leq 1$인 임의의 두 실수 x_1, x_2에 대하여 $g(x_1) \leq g(x_2)$이다.

$\displaystyle\int_{-2}^{1} f(x)dx = \frac{11}{6}$ 일 때, $f(2)$의 값은? (단, a는 상수이다.) [4점]

① -4 ② $-\dfrac{25}{6}$ ③ $-\dfrac{13}{3}$ ④ $-\dfrac{9}{2}$ ⑤ $-\dfrac{14}{3}$

85 실수 전체의 집합에서 연속인 함수 $f(x)$가 다음 조건을 만족시킬 때, $\displaystyle\int_{-2}^{2} f(x)dx$의 최솟값은 $-\dfrac{q}{p}$이다. $p+q$의 값을 구하시오. (단, p와 q는 서로소인 자연수이다.) [4점]

(가) 모든 실수 x에 대하여 $\big[\{f(x)\}^2 + 2x^2 f(x) - 3x^4\big]\big[\{f'(x)\}^2 - 1\big] = 0$이다.
(나) $f(1) = 1$

86 최고차항의 계수가 1인 삼차함수 $f(x)$와 실수 t에 대하여 방정식 $f(x) = f(t)$의 서로 다른 실근의 개수가 2이상이면 가장 큰 실근과 가장 작은 실근의 합을 $g(t)$라 하고, 서로 다른 실근의 개수가 1이면 $g(t) = 1$이라 하자. 실수 $a (a \geq 0)$에 대하여 함수 $g(t)$가 다음 조건을 만족시킬 때, $\int_0^6 f'(x)dx$의 값을 구하시오. [4점]

(가) $\lim\limits_{t \to a-} g(t) = 1$, $\lim\limits_{t \to a+} g(t) = 2a + 3$

(나) $g(a+2) = 6$

---

87 최고차항의 계수가 양수인 이차함수 $f(x)$가 다음 조건을 만족시킨다.

> (가) $f(3)=0$
>
> (나) 부등식 $\displaystyle\int_3^x f(t)dt \le 0$의 실근은 $x \le 3$이다.

함수 $y=f(x)$와 x축 및 y축으로 둘러싸인 부분의 넓이가 18일 때, $f(5)$의 값을 구하시오. [4점]

88   시각 $t = 0$일 때 동시에 원점을 출발하여 수직선 위를 움직이는 두 점 P, Q의 시각 t
$(0 \leq t \leq 2)$에서의 속도가 각각 $v_1(t) = at(t-2)$ $\left(-1 < a < -\dfrac{1}{2} \right)$, $v_2(t) = -|t-1| + 1$
이다. $0 < t \leq 2$에서 두 점 P, Q가 두 번 만나도록 하는 모든 실수 a의 값의 범위는? [4점]

① $\dfrac{-4-\sqrt{3}}{6} < a \leq -\dfrac{2}{3}$ 　② $\dfrac{-4-\sqrt{3}}{6} < a \leq -\dfrac{3}{4}$ ③ $\dfrac{-3-\sqrt{3}}{6} < a \leq -\dfrac{2}{3}$

④ $\dfrac{-3-\sqrt{3}}{6} < a \leq -\dfrac{3}{4}$ 　⑤ $-1 < a \leq -\dfrac{3}{4}$

89   함수 $f(x) = \left| x^4 - ax^2 \right|$ $(-1 \leq x \leq 1)$의 최댓값을 $g(a)$라 하자. $12 \times \displaystyle\int_1^2 g(a)da$의 값을 구하시오. [4점]

90 자연수 n에 대하여 함수

$$f(x)=\int_a^x t(t-n)(t-7)dt$$

가 다음 조건을 만족시킬 때, 함수 $f(x)$의 극댓값 중 최댓값은? [4점]

> (가) $f'(2)\times f'(4)\times f'(6)< 0$
> (나) 함수 $f(x)$의 최솟값은 0이다.

① 50　　　② $\dfrac{160}{3}$　　　③ $\dfrac{335}{4}$　　　④ $\dfrac{375}{4}$　　　⑤ 144

91 최고차항의 계수가 1인 일차함수 $f(x)$와 실수 전체의 집합에서 연속이고 최솟값이 0이상인 함수 $g(x)$가 모든 실수 x에 대하여 부등식

$$f(x)g(x) \geq f(x)\int_1^x f(t)dt$$

을 만족시킨다. $\displaystyle\int_{-2}^2 g(x)dx$의 최솟값은? [4점]

① 1   ② $\dfrac{2}{3}$ ③ $\dfrac{1}{2}$ ④ $\dfrac{1}{3}$ ⑤ $\dfrac{1}{6}$

92

최고차항의 계수가 양수인 사차함수 $f(x)$에 대하여 실수 전체의 집합에서 미분가능한 함수

$$g(x)=\begin{cases} f(x) & (x < 3) \\ -f(x-3)+3 & (x \geq 3) \end{cases}$$

이 다음 조건을 만족시킨다.

(가) 방정식 $g'(x)=0$의 해는 a, 3, b $(a < 3 < b)$이다.

(나) 모든 양의 실수 x에 대하여 $g(x) \leq g(3)$이다.

$f(6)=9$일 때, $\displaystyle\int_a^b g(x)dx$의 값은? [4점]

① 10　　　　② 9　　　　③ 8　　　　④ 7　　　　⑤ 6

93 실수 전체의 집합에서 미분가능한 함수 $f(x)$가 모든 실수 x에 대하여

$$f'(x) \geq 0, \ f'(-x) = f'(x), \ f(x) = f(x-2) + 4$$

를 만족시킨다. $\displaystyle\int_{-1}^{1} f(x)dx = 4$일 때, $\displaystyle\int_{-2}^{6} f(x)dx$의 값을 구하시오. [4점]

94 최고차항의 계수가 1인 삼차함수 $f(x)$가

$$f(0)=1, \ f'(-x)=f'(x)$$

을 만족시킨다. 함수 $g(x)$를

$$g(x)=\begin{cases} 1 & (f(x)<1) \\ f(x) & (f(x)\geq 1) \end{cases}$$

이라 할 때, $\displaystyle\int_0^3 g(x)dx = \frac{37}{4}$ 이다. $f(3)$의 값을 구하시오. [4점]

95 삼차함수 $f(x)$가 다음 조건을 만족시킨다.

> (가) 모든 실수 x에 대해 $f'(x) \geq 0$이다.
>
> (나) $\displaystyle\lim_{x \to \infty} \frac{3f(x) - xf'(x)}{x^2} = 9$
>
> (다) $\displaystyle\lim_{x \to 0} \frac{f'(f^{-1}(x)) - f'(0)}{x} = 18$

이때 $y = f(x)$와 $y = f^{-1}(x)$로 둘러싸인 부분의 넓이의 최댓값은 $\dfrac{q}{p}$이다. $p + q$의 값을 구하시오. (단, f^{-1}은 f의 역함수이고 p와 q는 서로소인 자연수이다.) [4점]

96 구간 $(0, 3)$에서 미분 가능한 함수 $f(x)$가 다음 조건을 만족시킨다.

(가) 구간 $[0, 2]$에서 $f(x) = (x-1)^2$이다.

(나) $0 < x < 2$일 때, $f'\left(2 + \dfrac{1}{2}x\right) = f'(2-x)$이다.

$\displaystyle\int_0^3 f(x)\,dx$의 값은? [4점]

① $\dfrac{1}{3}$ ② $\dfrac{2}{3}$ ③ 1 ④ 2 ⑤ $\dfrac{7}{3}$

97

연속함수 $f(x)$가

$$f(-x)= f(x),\ \lim_{h\to 0}\frac{1}{h^2}\int_{-1}^{h}(h^2-x^2)f(x)dx= 1$$

을 만족시킬 때, $\int_{-1}^{1}(x+1)^2 f(x)dx$의 값은? [4점]

① 2　　　　② 3　　　　③ 4　　　　④ 5　　　　⑤ 6

98 양수 a에 대하여 함수 $f(x)$가 $f(x)=\displaystyle\int_{1}^{x}(t-a)(2t-a)dt$이라 할 때, 함수 $g(x)=(2x-a)f(x)$가 다음 조건을 만족시킨다.

(가) $\displaystyle\lim_{x\to\alpha}\dfrac{g(x)}{x-\alpha}=0$을 만족하는 실수 α가 존재한다.

(나) 방정식 $|g(x)|=k$의 실근의 개수를 $h(k)$라 할 때, $h(k)$의 최댓값은 4이다.

$g(0)$의 최댓값을 M, 최솟값을 m이라 할 때, $M\times m=\dfrac{q}{p}$이다. $p+q$의 값을 구하시오. (단, p와 q는 서로소인 자연수이다.) [4점]

99 최고차항의 계수가 4인 삼차함수 $f(x)$와 실수 a에 대하여 함수 $g(x)$를

$$g(x) = \int_a^x f(t)dt$$

라 하자. 함수 $f(x)$와 함수 $g(x)$는 다음 조건을 만족시킨다.

(가) $f(1+x) + f(1-x) = 0$

(나) 함수 $y = g(x)$의 그래프가 x축과 만나는 서로 다른 점의 개수가 2가 되도록 하는 a의 개수는 2이다.

함수 $|g(x) - t|$의 미분가능하지 않은 점의 개수를 $h(t)$라 할 때, 함수 $h(t)$는 $\lim\limits_{t \to 1-} h(t) - \lim\limits_{t \to 1+} h(t) = 2$을 만족시킨다. $f(3)$의 값을 구하시오. [4점]

100 양의 실수 전체에서 증가하고 미분 가능한 함수 $f(x)$와 점 $P\,(t,\,f(t))$에 대하여 점 P를 지나고 점 P에서의 함수 $f(x)$의 접선에 수직인 직선 l은 다음 조건을 만족한다.

(가) $f'(1)=\dfrac{1}{4}$, $f'(2)=2$

(나) 원점 O와 점 P를 y축으로 a만큼 평행이동한 점 Q에서 직선 l까지의 거리는 같다.

$\displaystyle\int_1^2 f'(x)dx$의 값은? (단, $a>0$, $t>0$, $f(t)>0$이다.) [4점]

① 3   ② 4   ③ 5   ④ 6   ⑤ 7

101 최고차항의 계수가 1인 사차함수 $f(x)$에 대하여 방정식 $f'(x)=0$의 서로 다른 세 실근을 x_1, x_2, x_3 $(0 < x_1 < x_2 < x_3)$라 할 때, 함수 $f'(x)$는 다음 조건을 만족시킨다.

(가) $\displaystyle\int_0^{x_2} |f'(x)|\,dx = \frac{3}{2}\int_0^{x_2} f'(x)\,dx$

(나) $\displaystyle\int_0^{x_3} |f'(x)|\,dx = -11\int_0^{x_3} f'(x)\,dx$

$x_3 - x_1 = 6$이고 $f(0) = 0$일 때, $f(x_2) = \dfrac{q}{p}$이다. $p+q$의 값을 구하시오. (단, p, q는 서로소인 자연수이다.) [4점]

102 실수 a $(a \geq 1)$에 대하여 함수 $f(x)$를

$$f(x) = \begin{cases} -x - a - a^2 & (x < -a) \\[2mm] \dfrac{x^3}{a} & (-a \leq x \leq a) \\[2mm] -x + a + a^2 & (x > a) \end{cases}$$

라 하자. 함수 $y = f(x)$의 그래프와 x축 및 $x = 2$, $x = -2$으로 둘러싸인 부분의 넓이가 4가 되도록 하는 모든 a^2의 값의 합은? [4점]

① $\dfrac{20}{3}$　　　② 7　　　③ $\dfrac{22}{3}$　　　④ $\dfrac{23}{3}$　　　⑤ 8

103 실수 전체의 집합에서 연속인 함수 $f(x)$와 최고차항의 계수가 $\dfrac{1}{25}$ 이고 $g(5a) = 0$인 사차함수 $g(x)$가 있다. 양의 상수 a에 대하여 두 함수 $f(x)$, $g(x)$가 다음 조건을 만족시킨다.

> (가) 함수 $g(x)$의 극솟값은 음수이다.
>
> (나) 모든 실수 x에 대하여 $(x-5a)|g(x)| = \displaystyle\int_{0}^{x}(t-3a)f(t)dt$이다.
>
> (다) 방정식 $g(3a - f(x)) = 0$의 서로 다른 실근의 개수는 3이다.

$-100 \times f\left(-\dfrac{5}{9}a\right)$의 값을 구하시오. [4점]

104 실수 전체의 집합에서 연속인 함수 $f(x)$가 다음 조건을 만족시킨다.

(가) 구간 $[0, 3)$에서 $f(x)= ax(x-4)$이다.

(나) $x \geq 3$인 모든 실수 x에 대하여 $f(x)= f(x-3)+1$이다.

(다) 모든 실수 x에 대하여 $f(-x)= f(x)$이다.

양의 실수 x에서 $g(x) \geq f(x)$인 직선 $g(x)= mx+n$와 함수 $f(x)$에 대하여 $h(x)= |f(x)- g(|x|)|$일 때, 함수 $h(x)$는 $x \neq 3k$인 모든 실수 x에 대해 미분가능하다. m이 최소일 때, $\int_{-12}^{12} h(x)dx$의 최솟값을 구하시오. (단, a, m, n은 상수이고 k는 정수이다.) [4점]

105 함수 $f(x)=x^2-x$ $(0 \le x \le 1)$와 음이 아닌 정수 n에 대하여 함수 $g(x)$를

$$g(x)=(-1)^n f(x-n)$$

라 하자. 함수 $h(x)$가

$$h(x)= \begin{cases} g(x)-|g(x)| & (0 \le x \le 4) \\ |g(x)|-g(x) & (4 \le x \le 8) \end{cases}$$

일 때, 닫힌구간 $[0,\ 8]$ 의 모든 실수 x 에 대하여 $\displaystyle\int_\alpha^x h(t)dt \le 0$ 이 되도록 하는 실수 α의 최솟값을 a, 최댓값을 A 라 하고, $\displaystyle\int_\beta^x h(t)dt \ge 0$ 이 되도록 하는 실수 β의 최솟값을 b, 최댓값을 B 라 하자. $\dfrac{\text{A}+\text{B}}{a+b}$의 값을 구하시오. (단, $0 \le \alpha \le 8$, $0 \le \beta \le 8$) [4점]

106 양수 a와 일차함수 $f(x)$에 대하여 실수 전체의 집합에서 정의된 함수

$$g(x)= \int_1^x f(t+a)\,f(t-a)\{\,|\,f(t)\,|-2a\}dt$$

가 다음 조건을 만족시킨다.

> (가) 함수 $g(x)$는 극값을 갖지 않는다.
> (나) $g(1-x)+g(1+x)=0$
> (다) $|\,g(0)\,|+|\,g(2)\,|= \dfrac{20}{3}$

$f(3a)$의 최댓값을 M, 최솟값을 m이라 할 때, M^2+m^2의 값을 구하시오. [4점]

107 양수 a와 최고차항의 계수가 1인 삼차함수 $f(x)$에 대하여 함수

$$g(x) = \int_k^x \{f'(t+3a) \times f'(t-a)\} dt$$

가 $x=1$과 $x=9$에서만 극값을 갖는다. 모든 실수 α에 대하여 $\displaystyle\int_{-\alpha}^{\alpha} g(x+k)\,dx = 0$일 때,

$\{f'(k)\}^2$의 값을 구하시오. (단, k는 상수이다.) [4점]

108 $x \geq 1$에서 정의된 함수 $f(x)$가 $x > 1$인 모든 실수 x에 대하여 미분 가능하고 다음 조건을 만족시킨다.

(가) $1 \leq x < 2$일 때 $f(x) = (x-1)(x-2)$이다.

(나) 자연수 n에 대하여 $f(2a + 2^n) = k \times f(a + 2^{n-1})$ (단, k는 상수이고 $0 \leq a < 2^{n-1}$)

$1 < s \leq 2^{10}$인 실수 s에 대하여 $\int_t^s f(x)dx = 0$인 양수 s의 개수가 b가 되도록 하는 t의 최솟값을 t_b이라 하자. $p > 1$인 실수 p에 대하여 $F(p) = \int_1^p f(x)dx$라 할 때, $\left| \dfrac{F(t_8)}{F(t_9)} \right|$의 값을 구하시오. (단, $t > 1$이고 b는 자연수이다.) [4점]

109 실수 전체의 집합에서 연속인 함수 $f(x)$의 한 부정적분을 $F(x)$라 할 때, 두 함수 $f(x)$, $F(x)$가 다음 조건을 만족시킨다.

> (가) $0 \leq x \leq 2$일 때, $f(x) = x^2 - 2x + a$이다.
>
> (나) 모든 실수 x에 대하여 $\dfrac{d}{dx}\displaystyle\int_0^x F(t+2)dt = \lim_{h \to 0} \dfrac{1}{h}\int_x^{x+h} F(t)dt$이다.

$0 \leq x \leq 2$에서 곡선 $y = F(x)$와 $y = t$의 교점의 개수를 $g(t)$라 할 때, 함수 $g(t)$는 $t = \alpha$, $t = \beta$, $t = \gamma$에서 불연속이다. $\alpha + \beta + \gamma = 3$일 때, $\displaystyle\sum_{n=1}^{10}\int_0^{2n} F(x)dx$의 값을 구하시오. (단, $\alpha < \beta < \gamma$이고 n은 자연수이다.) [4점]

110 그림과 같이 함수 $f(x) = (x+2)^2(x-2)$와 최고차항의 계수가 양수인 이차함수 $g(x)$에 대하여 곡선 $y = f(x)$와 곡선 $y = g(x)$는 x축 위의 점 A$(-2, 0)$, B$(2, 0)$와 점 C$(t, \, g(t))(-1 \leq t \leq 1)$에서 만난다. 두 곡선 $y = f(x)$, $y = g(x)$로 둘러싸인 두 부분의 넓이의 합이 최대가 되도록 하는 함수 $g(x)$를 $g_1(x)$라 하고 최소가 되도록 하는 함수 $g(x)$를 $g_2(x)$라 할 때, $g_1(1) + g_2(1)$의 최솟값은? [4점]

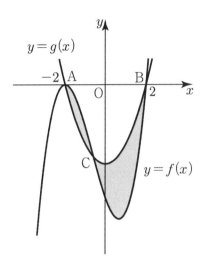

① -18 ② -15 ③ -12 ④ -9 ⑤ -6

111 실수 전체의 집합에서 연속인 함수 $f(x)$와 최고차항의 계수가 1인 삼차함수 $g(x)$가 있다. 양의 실수 k에 대하여 두 함수 $f(x)$, $g(x)$가 다음 조건을 만족시킨다.

(가) 모든 실수 x에 대하여 $(x-k)g(x) = \left| \int_{3k}^{x} (t-k)f(t)dt \right|$ 이다.

(나) 방정식 $g(f(x)) = 0$ 은 서로 다른 7개의 실근을 갖는다.

$f(5) + f(7) + f(10)$의 값을 구하시오. [4점]

112 정의역이 $\{x \,|\, x > -1\}$인 함수 $f^{-1}(x)$에 대하여 $f^{-1}(x) = \dfrac{1}{4}x^2 + \dfrac{1}{2}x$이고, 함수 $g(x)$가 $0 \le x \le 2$인 모든 실수 x에 대하여

$$g(x) = (x-1)f(x) - \int_0^x f(t)\,dt$$

를 만족시킨다. 닫힌구간 $[0, 2]$에서 방정식 $g(x) - mx = 0$이 서로 다른 두 실근을 갖도록 하는 실수 m의 최댓값은? (단, $f^{-1}(x)$는 $f(x)$의 역함수이다.) [4점]

① $-\dfrac{1}{6}$ ② $-\dfrac{1}{3}$ ③ $-\dfrac{1}{2}$ ④ $\dfrac{1}{3}$ ⑤ $\dfrac{1}{2}$

113 최고차항의 계수가 1인 이차함수 $f(x)$와 양의 정수 a에 대하여 함수 $g(x)$를

$$g(x) = \int_a^x |f'(t)|\, dt$$

라 할 때, 두 함수 $f(x)$와 $g(x)$는 다음 조건을 만족시킨다.

(가) 방정식 $f(x)g(x) = 0$의 서로 다른 실근의 개수는 2이고 두 실근의 합은 0이다.
(나) $10 \leq g(2a) - g(-a) \leq 20$

$f(3)$의 값은? [4점]

① 3　　　　② $\dfrac{7}{2}$　　　　③ 4　　　　④ $\dfrac{9}{2}$　　　　⑤ 5

114 삼차함수 $f(x)$에 대하여 함수 $g(x)$가

$$g(x) = \begin{cases} f(x) & (x < -2) \\ -\dfrac{1}{2}\displaystyle\int_1^x |f'(t)|\,dt & (x \geq -2) \end{cases}$$

일 때, 함수 $g(x)$는 다음 조건을 만족시킨다.

(가) $g(-2) = 4$
(나) 함수 $g(x)$는 실수 전체의 집합에서 미분가능하고 $g(x) \leq 4$이다.
(다) $g'(a) = 0$, $g(a) = 2$

$\displaystyle\int_a^{-2}\left\{\dfrac{1}{2}f(x) - g(x)\right\}dx + \int_a^5\left\{\dfrac{1}{2}f(x) + g(x)\right\}dx$ 의 값을 구하시오. (단, $a > -2$) [4점]

115 실수 전체의 집합에서 미분 가능한 함수 $f(x)$가 상수 $a\,(a>0)$와 모든 실수 x에 대하여 다음 조건을 만족시킨다.

> (가) $f(x)=f(-x)$
>
> (나) $\displaystyle\int_x^{x+a} f(t)dt = -3x^2-6x$

닫힌구간 $\left[0,\ \dfrac{a}{2}\right]$에서 두 실수 $b,\ c$에 대하여 $f(x)=bx^2+c$ 일 때, $f(x)$의 구간 $(-\infty,\ \infty)$에서 최댓값을 M이라 하자. $M-abc$의 값을 구하시오. [4점]

116 그림과 같이 곡선 $y = -x^2 + 2x$와 두 직선 $y = mx + n$, $x = 0$으로 둘러싸인 부분의 넓이를 S_1, 곡선 $y = -x^2 + 2x$와 직선 $y = mx + n$으로 둘러싸인 부분의 넓이를 S_2, 곡선 $y = -x^2 + 2x$와 두 직선 $y = mx + n$, $x = 2$로 둘러싸인 부분의 넓이를 S_3이라고 하자. 직선 $y = mx + n$이 두 실수 m, n에 값에 관계없이 $S_2 \geq S_1 + S_3$을 만족시키면서 $(1, b)$을 지날 때, 양수 b의 최댓값은? [4점]

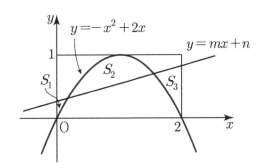

① $\dfrac{1}{5}$　　　② $\dfrac{3}{10}$　　　③ $\dfrac{2}{3}$　　　④ $\dfrac{3}{4}$　　　⑤ $\dfrac{4}{5}$

117 실수 전체의 집합에서 연속인 두 함수 $f(x)$와 $g(x)$가 다음 조건을 만족시킨다.

(가) 모든 실수 t에 대하여 x에 대한 이차방정식
$$x^2 + 3(t^2+t+2)x - 9(t+1)^2(t-1) = 0$$의 두 실근은 $f(t)$, $g(t)$이다.
(나) 함수 $f(x)$는 극솟값을 가진다.

$\displaystyle\int_{-4}^{0} g(x)\,dx$의 최솟값은? [4점]

① $-\dfrac{85}{2}$ 　　② -42 　　③ $-\dfrac{83}{2}$ 　　④ -41 　　⑤ $-\dfrac{81}{2}$

118 다항함수 $f(x)$에 대하여 함수 $g(x)$를

$$g(x) = x\,f'(x) - 4f(x)$$

라 하자. 모든 실수 t에 대하여 $g(t+1) - g(t) = \dfrac{\sqrt{2}}{3}t^2 + 2t + \dfrac{\sqrt{3}}{2}$이고,

$\displaystyle\int_0^1 f(x)\,dx = \dfrac{5}{2} - \dfrac{5\sqrt{2}}{18}$, $f(1) = \dfrac{\sqrt{3}}{4} + 5$일 때, $f(5) + f(-5) - \displaystyle\int_{-5}^5 f(x)\,dx$의 값을

구하시오. [4점]

119 모든 실수에서 연속인 두 함수 $f(x)$와 $g(x)$는 다음 조건을 만족시킨다.

(가) $f(x) = \begin{cases} x^2 & (0 \le x < 1) \\ (ax+b)^2 & (1 \le x \le 2) \end{cases}$ 이고 $f(x) = f(x+2)$이다.

(나) 모든 실수 x에 대하여 $g'(x) \ge 0$이고 $g(x) + g\left(\dfrac{2}{3} - x\right) = 2$이다.

함수 $h(x) = f(x) \times \displaystyle\int_c^x g(t)dt$가 열린구간 $(-3, 3)$에서 미분가능하다. $g(1) = 4$일 때,

$\displaystyle\int_1^{\frac{5}{3}} h(x)dx = \dfrac{q}{p}$이다.

$p+q$의 값을 구하시오. (단, a, b, c는 상수이고 p, q는 서로소인 자연수이다.) [4점]

120 최고차항의 계수가 1인 삼차함수 $f(x)$에 대하여 실수 전체의 집합에서 미분가능한 함수

$$F(x) = \int_0^{|x|} f(t)dt$$

가 다음 조건을 만족시킬 때, $f(4)$의 최댓값을 구하시오. [4점]

(가) 함수 $F(x)$는 $x = -2$에서 극솟값을 갖는다.

(나) 방정식 $F(x) = 0$의 서로 다른 실근의 개수는 방정식 $F'(x) = 0$의 서로 다른 실근의 개수보다 작다.

121 함수 $f(x) = ax^3 + bx^2$과 양의 실수 t에 대하여 닫힌구간 $[-t, t]$에서 함수 $f(x)$의 최댓값을 $M(t)$, 최솟값을 $m(t)$라 할 때, 두 함수 $M(t)$, $m(t)$는 다음 조건을 만족시킨다.

(가) 모든 양의 실수 t에 대하여 $m(t) = f(-t)$이다.

(나) 양수 k에 대하여 닫힌구간 $[0, k]$에 있는 임의의 실수 t에 대해서만 $M(t) = 0$이 성립한다.

(다) $\displaystyle\int_0^k \frac{f(t)}{t^2} dt = -\frac{9}{2}$

$f'(1) = -3$일 때, $M(4) - m(4)$의 값을 구하시오. (단, a와 b는 0이 아닌 상수이다.) [4점]

122 함수 $f(x)$는 다음 조건을 만족시킨다.

> (가) $f(x) = f(x+2)$
> (나) $f(x) = |x-1| + 1 \ (0 \le x \le 2)$

에 대하여 열린구간 $(0, \infty)$에서 정의된 함수

$$g(x) = \int_0^x |f(x) - f(t)| \, dt$$

의 극댓값을 갖는 x값을 작은 수부터 크기순으로 나열한 것을 $\alpha_1, \alpha_2, \cdots, \alpha_n$

극솟값을 갖는 x값을 작은 수부터 크기순으로 나열한 것을 $\beta_1, \beta_2, \cdots, \beta_n$이라 하자.

$\{g(\alpha_{22})\}^2 g(\beta_5)$의 값을 구하시오. [4점]

123 두 이차함수 $f(x)$, $g(x)$에 대하여 실수 전체의 집합에서 정의된 함수 $h(x)$가 $0 \leq x < 5$에서

$$h(x) = \begin{cases} f(x) & (0 \leq x < 2) \\ \dfrac{1}{2}(x-3)^2 + \dfrac{1}{2} & (2 \leq x < 4) \\ g(x) & (4 \leq x < 5) \end{cases}$$

이고, 다음 조건을 만족시킨다.

(가) 모든 실수 x에 대하여 $h(x) = h(x-5) + k$ (k는 상수)이다.

(나) 함수 $h(x)$는 실수 전체의 집합에서 미분가능하다.

(다) $\displaystyle\int_0^5 h(x)dx = \dfrac{35}{6}$

$a_n = \displaystyle\int_{5n}^{5n+5} h(x)dx$ 일 때, $h\left(\displaystyle\sum_{n=1}^{12} a_n\right) = \dfrac{q}{p}$ 이다. $p+q$의 값을 구하시오.(단, p와 q는 서로소인 자연수이다.) [4점]

124 $x \geq 1$에서 정의된 함수 $f(x)$가 $x > 1$인 모든 실수 x에 대하여 미분가능하고 다음 조건을 만족시킨다.

> (가) $1 \leq x < 2$일 때 $f(x) = (x-1)(x-2)$이다.
>
> (나) 자연수 n에 대하여 $f(2a + 2^n) = k \times f(a + 2^{n-1})$이다.
>
> (단, k는 상수이고 $0 \leq a < 2^{n-1}$)

$\displaystyle\int_1^{\alpha} f(x)\,dx = 0$을 만족시키는 α $(\alpha \neq 1)$의 값을 크기가 작은 순으로 나타내면 α_1, α_2, α_3,

$\cdots$이다. $\displaystyle\int_{32}^{\alpha_5} f(x)\,dx = \dfrac{q}{p}$일 때, $p+q$의 값을 구하시오. (단, p, q는 서로소인 자연수이다.)

[4점]

125 $[0, 1]$에서 정의된 $g(x) = -2x^3 + 3x^2$에 대하여 함수 $g(x)$의 역함수를 $g^{-1}(x)$라 하자. 구간 $[0, 1]$에서 정의된 함수 $f(x)$를

$$f(x) = \int_0^1 \left| x - g^{-1}(t) \right| dt$$

와 같이 정의한다. 함수 $f(x)$에 대하여 다음과 같은 닫힌구간

$0 \le t < \dfrac{1}{2}$일 때, 닫힌구간 $\left[t, t + \dfrac{1}{2} \right]$

$\dfrac{1}{2} \le t \le 1$일 때, 닫힌구간 $[t, 1]$

에서의 최솟값은 $m(t)$, 최댓값을 $M(t)$라 하자.

$$\int_0^1 \{m(t) + M(t)\}\,dt + 2\int_{\frac{1}{4}}^{\frac{1}{2}} f(x)\,dx = \frac{q}{p} \text{이다.}$$

$p + q$의 값을 구하시오. (단, p, q는 서로소인 자연수) [4점]

랑데뷰 N제

수능 수학 킬러 문항 대비를 위한 필독서

수학II - 킬러극킬 해설편

smart is sexy

Orbi.kr

황보백 지음

orbibooks

랑데뷰
N 제

킬러극킬
수 학 II

랑데뷰
N   제

하루 중 90%는 겸손하게 10%는 자신있게...

빠른 정답

함수의 극한

1	54	2	③	3	②	4	4	5	②
6	4	7	3	8	45	9	③	10	14

11	77	12	4	13	①	14	10	15	④
16	50	17	①	18	⑤	19	3	20	③

미분법

21	①	22	15	23	⑤	24	⑤	25	9
26	③	27	36	28	②	29	③	30	66

31	④	32	③	33	17	34	19	35	②
36	4	37	①	38	⑤	39	147	40	④

41	5	42	4	43	154	44	56	45	27
46	⑤	47	45	48	43	49	8	50	4

51	④	52	2	53	①	54	4	55	②
56	10	57	①	58	3	59	12	60	7

61	20	62	①	63	②	64	②	65	8
66	3	67	27	68	⑤	69	⑤	70	5

71	47	72	11	73	52	74	168	75	①
76	4	77	17	78	324	79	25	80	104

81	①	82	17						

| 83 | ⑤ | 84 | ② | 85 | 25 | 86 | 36 | 87 | 8 |
| 88 | ④ | 89 | 7 | 90 | ⑤ | 91 | ⑤ | 92 | ② |

| 93 | 48 | 94 | 16 | 95 | 19 | 96 | ④ | 97 | ① |
| 98 | 289 | 99 | 24 | 100 | ① | 101 | 329 | 102 | ① |

| 103 | 25 | 104 | 6 | 105 | 4 | 106 | 32 | 107 | 81 |
| 108 | 3 | 109 | 110 | 110 | ② | 111 | 40 | 112 | ① |

| 113 | ⑤ | 114 | 14 | 115 | 8 | 116 | ③ | 117 | ③ |
| 118 | 2 | 119 | 35 | 120 | 24 | 121 | 128 | 122 | 165 |

| 123 | 8 | 124 | 211 | 125 | 287 | | | | |

랑데뷰
N 제

하루 중 90%는 겸손하게 10%는 자신있게...

상세 해설

01 정답 54

(가)에서

$t=1$일 때, $\lim\limits_{x\to 1}\dfrac{f(x-2)}{f(x)}$의 값이 존재하지 않기 위해서는

$f(1)=0$, $f(-1)\neq 0$이다. …… ㉠

$t=2$일 때, $\lim\limits_{x\to 2}\dfrac{f(x-2)}{f(x)}$의 값이 존재하지 않기 위해서는

$f(2)=0$, $f(0)\neq 0$이다. …… ㉡

㉠, ㉡에서 사차함수

$f(x)=(x-1)(x-2)(x-p)(x-q)$꼴이다. (단, p와 q는

-1과 0은 아니다.) …… ㉢

(나)에서 1, 2, p, q중 같은 것이 있을 수 있다.

(i) 실근의 개수가 3일 때,

① $f(x)=(x-1)^2(x-2)(x-p)$ $(p\neq 1, p\neq 2)$

(가)에서 $\lim\limits_{x\to t}\dfrac{(x-3)^2(x-4)(x-2-p)}{(x-1)^2(x-2)(x-p)}$에서 $t=p$일 때,

극한값이 존재하기 위해서는 $p=3$ 또는 $p=4$이다.

$f(x)=(x-1)^2(x-2)(x-3)$ 또는

$f(x)=(x-1)^2(x-2)(x-4)$

∴ $f(0)=6$ 또는 $f(0)=8$

② $f(x)=(x-1)(x-2)^2(x-p)$ $(p\neq 1, p\neq 2)$

(가)에서 $\lim\limits_{x\to t}\dfrac{(x-3)(x-4)^2(x-2-p)}{(x-1)(x-2)^2(x-p)}$에서 $t=p$일 때,

극한값이 존재하기 위해서는 $p=3$ 또는 $p=4$이다.

$f(x)=(x-1)(x-2)^2(x-3)$ 또는

$f(x)=(x-1)(x-2)^2(x-4)$

∴ $f(0)=12$ 또는 $f(0)=16$

③ $f(x)=(x-1)(x-2)(x-p)^2$ $(p\neq 1, p\neq 2)$

(가)에서 $\lim\limits_{x\to t}\dfrac{(x-3)(x-4)(x-2-p)^2}{(x-1)^2(x-2)(x-p)^2}$에서 $t=p$일 때,

극한값이 존재하기 위해서는 $p=2+p$이어야 하는데 p가

존재하지 않기 때문에 모순이다.

(ii) 실근의 개수가 4일 때,

$f(x)=(x-1)(x-2)(x-p)(x-q)$이다.

(가)에서 $\lim\limits_{x\to t}\dfrac{(x-3)(x-4)(x-2-p)(x-2-q)}{(x-1)(x-2)(x-p)(x-q)}$에서

$t=p$일 때, 극한값이 존재하기 위해서는 $p=3$ 또는 $p=4$

또는 $p=2+q$이다.

① $p=3$ 일 때,

$\lim\limits_{x\to t}\dfrac{(x-3)(x-4)(x-5)(x-2-q)}{(x-1)(x-2)(x-3)(x-q)}$으로 $t=3$일 때,

존재한다.

$t=q$일 때 존재하기 위해서는 $q=4$ 또는 $q=5$이어야 한다.

따라서 $f(x)=(x-1)(x-2)(x-3)(x-4)$ 또는

$f(x)=(x-1)(x-2)(x-3)(x-5)$이다.

∴ $f(0)=24$ 또는 $f(0)=30$

② $p=4$ 일 때,

$\lim\limits_{x\to t}\dfrac{(x-3)(x-4)(x-6)(x-2-q)}{(x-1)(x-2)(x-4)(x-q)}$으로 $t=4$일 때,

존재한다.

$t=q$일 때 존재하기 위해서는 $q=3$ 또는 $q=6$이어야 한다.

따라서 $f(x)=(x-1)(x-2)(x-3)(x-4)$(중복) 또는

$f(x)=(x-1)(x-2)(x-4)(x-6)$이다.

∴ $f(0)=24$ 또는 $f(0)=48$

③ $p=2+q$ 일 때,

$\lim\limits_{x\to t}\dfrac{(x-3)(x-4)(x-4-q)(x-2-q)}{(x-1)(x-2)(x-2-q)(x-q)}$으로 $t=2+q$일 때,

존재한다.

$t=q$일 때 존재하기 위해서는 $q=3$ 또는 $q=4$이어야 한다.

(p, q)의 값은 $(5, 3)$, $(6, 4)$

따라서 $f(x)=(x-1)(x-2)(x-3)(x-5)$(중복) 또는

$f(x)=(x-1)(x-2)(x-4)(x-6)$(중복)이다.

∴ $f(0)=30$ 또는 $f(0)=48$

(i) , (ii)에서

∴ $f(0)=6$ 또는 $f(0)=8$ 또는 $f(0)=12$ 또는 $f(0)=16$

또는 $f(0)=24$ 또는 $f(0)=30$

또는 $f(0)=48$

따라서 $f(0)$의 최솟값은 6이고 최댓값은 48이므로 합은

$6+48=54$이다.

02 정답 ③

함수 $f(x)$가 $x=a$에서 연속이기 위해서는

$\lim\limits_{x\to a-}f(x)=\lim\limits_{x\to a+}f(x)$ → $a^3=4a$ → $a=-2$ 또는 $a=0$

또는 $a=2$ 일 때다.

$\lim\limits_{x\to t-}f(x)-\lim\limits_{x\to t+}f(x)=(t-2)(5t+1)(t+1)$ …… ㉠

함수 $f(x)$가 $x=a$에서 연속이면 ㉠의 좌변의 값은 항상

0이므로 $(t-2)(5t+1)(t+1)=0$을 만족시키는 t의 값은

-1, $-\dfrac{1}{5}$, 2로 3개다. …… ㉡

실수 t의 값의 개수가 짝수이기 위해서는 함수 $f(x)$가

$x=a$에서 불연속이어야 하고 ㉡에서 다른 t의 값이

추가(i)되거나 제외(ii)되어야 한다.

(i) ㉡의 t의 값 외에 추가되는 경우

함수 $f(x)$가 $x=a$에서 불연속이고 $a=t$일 때,

$\lim\limits_{x\to t-}f(x)=t^3$, $\lim\limits_{x\to t+}f(x)=4t$이므로

$t^3-4t=(t-2)(5t+1)(t+1)$

$(t-2)(t^2+2t)-(t-2)(5t^2+6t+1)=0$

$(t-2)(t^2+2t-5t^2-6t-1)=0$

$(t-2)(2t+1)^2=0$

$t=2$ 또는 $t=-\dfrac{1}{2}$

에서 $a=-\dfrac{1}{2}$이면 ㉠을 만족시키는 t의 값은 -1, $-\dfrac{1}{5}$, 2,

$-\frac{1}{2}$로 4개다.

(ii) ㉡의 t의 값에서 제외되는 경우

① $a=t=-1$일 때,
$$f(x)=\begin{cases}x^3 \ (x<-1)\\ 4x \ (x\geq -1)\end{cases}$$
(좌변) $=\lim_{x\to -1-}f(x)-\lim_{x\to -1+}f(x)=(-1)-(-4)=3\neq 0$이고

그 외의 경우는 (좌변)$=0$이므로

$a=-1$이면 ㉡에서 t의 값은 $-\frac{1}{5}$, 2로 2개(짝수)이다.

② $a=t=-\frac{1}{5}$일 때,
$$f(x)=\begin{cases}x^3 \ \left(x<-\frac{1}{5}\right)\\ 4x \ \left(x\geq -\frac{1}{5}\right)\end{cases}$$
(좌변)
$$=\lim_{x\to -\frac{1}{5}-}f(x)-\lim_{x\to -\frac{1}{5}+}f(x)=\left(-\frac{1}{125}\right)-\left(-\frac{4}{5}\right)=\frac{99}{125}\neq 0$$이

고 그 외의 경우는 (좌변)$=0$이므로 $a=-\frac{1}{5}$이면 ㉡에서 t의

값은 -1, 2로 2개(짝수)이다.

(i), (ii)에서 조건을 만족시키는 a의 값은 -1, $-\frac{1}{2}$,

$-\frac{1}{5}$이다.

따라서 모든 a의 값의 합은 $-\frac{17}{10}$이다.

03 정답 ②

[출제자 : 이소영T]

[그림 : 최성훈T]

(가) 조건에서 방정식 $f(x)=0$의 서로 다른 실근의 개수는
2개 이상이므로 실근이 중근과 다른 한 실근, 서로 다른 세
실근의 경우로 나누어 생각한다.

(i) $y=f(x)$가 중근을 가질 경우
함수 $f(x)$가 $x=\alpha \ (\alpha=\alpha_1, \ \alpha=\alpha_2)$에서 x축에 접하고
$f(\beta)=0$이라고 하면
(나) 조건을 만족하기 위해서는 평행이동 된 함수 $f(x+k)$가
중근이 아닌 근 β를 반드시 지나야 한다.
① $t=\alpha_1$에서 극한값이 없고, $k>0$일 경우

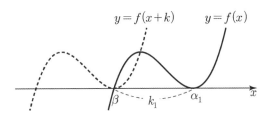

이때 x축으로 평행이동 한 값 $-k$의 크기를 k_1이라 하면
$\beta=\alpha_1-k_1$이 되고,
$$\lim_{x\to \alpha_1}\frac{f(x+k)}{f(x)}=\lim_{x\to \alpha_1}\frac{(x-\alpha_1+k_1)^2(x-\alpha_1+2k_1)}{(x-\alpha_1)^2(x-\alpha_1+k_1)}$$이므로
x는 α_1에서 극한값이 없다.
이때의 함수를 $f_1(x)$라 하면
$f_1(x)=(x-\alpha_1)^2(x-\alpha_1+k_1)$이 되고,
$f_1(\alpha_1+1)=1+k_1$ ⋯⋯ ㉠
② $t=\alpha_2$에서 극한값이 없고, $k<0$일 경우

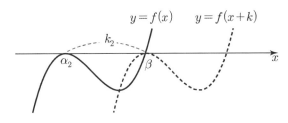

이때 x축으로 평행이동 한 값을 $-k$의 크기를 k_2이라 하면
$\beta=\alpha_2+k_2$가 되고,
$$\lim_{x\to \alpha_2}\frac{f(x+k)}{f(x)}=\lim_{x\to \alpha_2}\frac{(x-\alpha_2-k_2)^2(x-\alpha_2-2k_2)}{(x-\alpha_2)^2(x-\alpha_2-k_2)}$$이므로
x는 α_2에서 극한값이 없다.
이때의 함수를 $f_2(x)$라 하면
$f_2(x)=(x-\alpha_2)^2(x-\alpha_2-k_2)$이 되고,
$f_2(\alpha_2+1)=1-k_2$ ⋯⋯ ㉡

(ii) $y=f(x)$가 서로 다른 세 실근을 가질 경우
(나) 조건을 만족하기 위해서는 평행이동 된 함수 $f(x+k)$가
극한값이 존재하지 않는 a_n을 제외한 두 근을 지나가야 한다.
③ $t=\alpha_3$에서 극한값이 없고, $k>0$일 경우

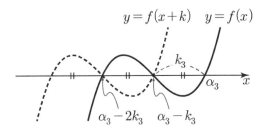

이때 x축으로 평행이동 한 값을 $-k$의 크기를 k_3이라 하면
세 실근은 α_3, α_3-k_3, α_3-2k_3이 되고,
$$\lim_{x\to \alpha_1}\frac{f(x+k)}{f(x)}$$

$$= \lim_{x \to \alpha_3} \frac{(x-\alpha_3+k_3)(x-\alpha_3+2k_3)(x-\alpha_3+3k_3)}{(x-\alpha_3)(x-\alpha_3+k_3)(x-\alpha_3+2k_3)}$$ 이므로 x는

α_3에서 극한값이 없다.

이때의 함수를 $f_3(x)$라 하면

$f_3(x) = (x-\alpha_3)(x-\alpha_3+k_3)(x-\alpha_3+2k_3)$이 되고,

$f_3(\alpha_3+1) = (1+k_3)(1+2k_3)$ $\cdots\cdots$ ㉢

④ $t = \alpha_4$에서 극한값이 없고, $k < 0$일 경우

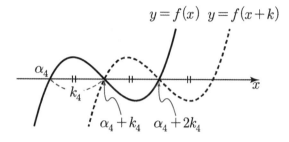

$y=f(x)$ $y=f(x+k)$

α_4 k_4 α_4+k_4 α_4+2k_4 x

이때 x축으로 평행이동 한 값을 $-k$의 크기를 k_4이라 하면

세 실근은 α_4, α_3+k_4, α_3+2k_4이 되고,

$$\lim_{x \to \alpha_4} \frac{f(x+k)}{f(x)}$$

$$= \lim_{x \to \alpha_4} \frac{(x-\alpha_4-k_4)(x-\alpha_4-2k_4)(x-\alpha_4-3k_4)}{(x-\alpha_4)(x-\alpha_4-k_4)(x-\alpha_4-2k_4)}$$ 이므로 x는

α_4에서 극한값이 없다.

이때의 함수를 $f_4(x)$라 하면

$f_4(x) = (x-\alpha_4)(x-\alpha_4-k_4)(x-\alpha_4-2k_4)$이 되고,

$f_4(\alpha_4+1) = (1-k_4)(1-2k_4)$ $\cdots\cdots$ ㉣

(나)에서 모든 정수 k의 곱이 1이라고 하였으므로 평행이동된

$-k$는 $-k_1$, k_2, $-k_3$, k_4이고 k는 k_1, $-k_2$, k_3, $-k_4$이므로

$k_1 = k_2 = k_3 = k_4 = 1$이다.

㉠, ㉡, ㉢, ㉣에서

$$\sum_{n=1}^{m} f_n(\alpha_n+1)$$

$$= \sum_{n=1}^{4} f_n(\alpha_n+1)$$

$$= f_1(\alpha_1+1) + f_2(\alpha_2+1) + f_3(\alpha_3+1) + f_4(\alpha_4+1)$$

$$= 1+k_1 + 1-k_2 + (1+k_3)(1+2k_3) + (1-k_4)(1-2k_4)$$

$$= 1+1 + 1-1 + (1+1)(1+2) + (1-1)(1-2)$$

$$= 2+6 = 8$$

이다.

04 정답 4

[출제자 : 김종렬T]

[그림 : 배용제T]

[검토 : 장세완T]

$$f(x-2) = \begin{cases} 1 & (1 < x \le 3) \\ -1 & (x \le 1 \text{ 또는 } x > 3) \end{cases}$$

(i) $x \le -1$일 때

$f(x) = -1$, $f(x-2) = -1$이므로 $\dfrac{f(x)}{f(x-2)} = \dfrac{-1}{-1} = 1$

(ii) $-1 < x \le 1$일 때

$f(x) = 1$, $f(x-2) = -1$이므로 $\dfrac{f(x)}{f(x-2)} = \dfrac{1}{-1} = -1$

(iii) $1 < x \le 3$일 때

$f(x) = -1$, $f(x-2) = 1$이므로 $\dfrac{f(x)}{f(x-2)} = \dfrac{-1}{1} = -1$

(iv) $x > 3$일 때

$f(x) = -1$, $f(x-2) = -1$이므로 $\dfrac{f(x)}{f(x-2)} = \dfrac{-1}{-1} = 1$

따라서 함수 $y = \dfrac{f(x)}{f(x-2)}$의 그래프는 그림과 같다.

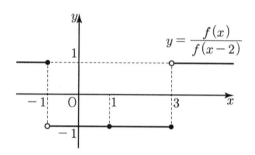

$y = \dfrac{f(x)}{f(x-2)}$

그러므로 함수 $\dfrac{f(x)}{f(x-2)}$가 불연속인 점은 $x = -1$, $x = 3$의

2개다.

$\therefore n = 2$, $S = (-1) + 3 = 2$

$\therefore n+S = 2+2 = 4$

05 정답 ②

[출제자 : 오세준T]

[검토 : 오정화T]

조건 (가)에서 $f(p^2+8) = 0$이므로

$f(x) = (x-p^2-8)(x-k)$라 하면

$f(x^2+8) = (x^2-p^2)(x^2+8-k) = 0$

$p \ne 0$이면 $f(x^2+8) = 0$을 만족하는 x가 $\pm p$이므로

성립하지 않는다.

따라서 $p = 0$이고 $8-k > 0$여야 하고

$f(x) = (x-8)(x-k)$이다.

조건 (나)에서

$f(-x+2) = (-x-6)(-x+2-k)$이고

$f(x^3) = (x^3-8)(x^3-k)$

$= (x-2)(x^2+2x+4)(x-\sqrt[3]{k})(x^2+\sqrt[3]{k}x+\sqrt[3]{k^2})$

$\lim_{x \to r} h(x)$의 값이 존재하고, $8-k > 0$이므로

$r = 2$이고 $q = k = 0$이다.

$f(-x+2) = (-x-6)(-x+2)$이고

$f(x^3) = x^3(x^3-8)$이므로

$$\lim_{x \to r} h(x) = \lim_{x \to 2} \frac{f(-x+2)}{f(x^3)}$$

$$= \lim_{x \to 2} \frac{(-x-6)(-x+2)}{x^3(x-2)(x^2+2x+4)}$$

$$= \lim_{x \to 2} \frac{(x+6)}{x^3(x^2+2x+4)}$$

$$= \frac{8}{8 \times 12} = \frac{1}{12}$$

또한

$$\lim_{x \to p} g(x) = \lim_{x \to 0} \frac{2x^2}{f(x^2+8)}$$

$$= \lim_{x \to 0} \frac{2x^2}{x^2(x^2+8)}$$

$$= \lim_{x \to 0} \frac{2}{x^2+8}$$

$$= \frac{1}{4}$$

따라서

$$\lim_{x \to p} g(x) + \lim_{x \to r} h(x) = \lim_{x \to 0} g(x) + \lim_{x \to 2} h(x)$$

$$= \frac{1}{12} + \frac{1}{4} = \frac{1}{3}$$

06 정답 4

[그림 : 이정배T]

$f(x) = \dfrac{-2a+b}{x+2} + a$에서 함수 $f(x)$의 점근선은 $x = -2$, $y = a$이다.

(i) $a = 0$일 때, 함수 $g(t)$는 $t = 0$일 때만 불연속이므로 모순이다.

(ii) $a < 0$일 때,
$y = |f(x)|$의 점근선은 $x = -2$, $y = -a$이므로 방정식 $|f(x)| = t$의 서로 다른 실근의 개수 $g(t)$는

$$g(t) = \begin{cases} 0 \ (t < 0) \\ 1 \ (t = 0) \\ 2 \ (0 < t < -a) \\ 1 \ (t = -a) \\ 2 \ (t > -a) \end{cases}$$

이다. 함수 $g(t)$는 $t = 0$과 $t = -a$에서 불연속이다.
(가)에서 $a = -b$이다.
$f(x) = \dfrac{3b}{x+2} - b \ (b > 0)$의 그래프와 $y = |f(x)|$의 그래프는 다음 그림과 같다.

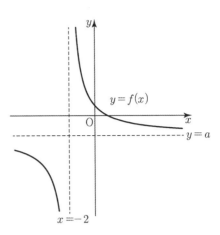

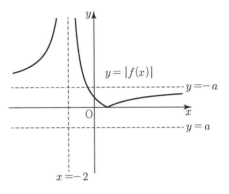

방정식 $|f(x)| = tx$의 실근의 개수 $h(t)$는 $t < 0$일 때 항상 연속이지 않다. 따라서 (나)에 모순이다.

(iii) $a > 0$일 때,
$f(x) = \dfrac{-2a+b}{x+2} + a$에서
$y = |f(x)|$의 점근선은 $x = -2$, $y = a$이고
(가)에서 $a = b$이므로 $f(x) = \dfrac{-b}{x+2} + b \ (b > 0)$의 그래프와
$y = |f(x)|$의 그래프는 다음 그림과 같다.

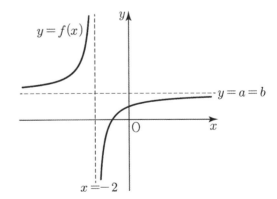

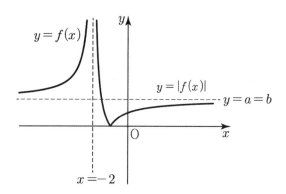

$f(-1)=0$이므로 $p=\lim\limits_{t\to f(-1)+}g(t)=\lim\limits_{t\to 0+}g(t)=2$

$h(t)=\begin{cases}3\ (t<0)\\1\ (t\geq 0)\end{cases}$ 이므로 $q=\lim\limits_{t\to 0-}h(t)-\lim\limits_{t\to 0+}h(t)=3-1=2$

따라서 $p+q=4$

07 정답 3

$f(x)=\begin{cases}x(x-1)(x-4)\ (x\leq 3)\\x(x-a)\qquad\ (x>3)\end{cases}$ 이므로

$x\neq a$일 때,

$h(x)=\begin{cases}\dfrac{g(x)}{x(x-1)(x-4)}\ (x<0,\,0<x<1,\,1<x\leq 3)\\[3mm]\dfrac{g(x)}{x(x-a)}\qquad (3<x<a,\,x>a)\\[3mm]k\qquad\qquad\ (x=0)\\[3mm]\dfrac{2}{3}k\qquad\qquad (x=1)\end{cases}$

라 할 수 있다.

함수 $h(x)$가 실수 전체의 집합에서 연속이므로 함수 $h(x)$는 $x=0$, $x=1$, $x=3$, $x=a$에서 연속이어야 한다.

따라서 최고차항의 계수가 1인 사차함수 $g(x)$는 $g(x)=x(x-1)(x-3)(x-a)$이다.

그러므로

$h(x)=\begin{cases}\dfrac{(x-3)(x-a)}{(x-4)}\ (x<0,\,0<x<1,\,1<x\leq 3)\\[3mm](x-1)(x-3)\ (3<x<a,\,x>a)\\[3mm]k\qquad\qquad (x=0)\\[3mm]\dfrac{2}{3}k\qquad\qquad (x=1)\end{cases}$

이다. $h(0)=k$, $h(1)=\dfrac{2}{3}k$이므로 $h(0)=\dfrac{3}{2}h(1)$이다.

$h(x)$가 $x=0$과 $x=1$에서 연속이므로

$h(0)=\lim\limits_{x\to 0}h(x)=\lim\limits_{x\to 0}\dfrac{(x-3)(x-a)}{(x-4)}=\dfrac{3a}{-4}$

$h(1)=\lim\limits_{x\to 1}h(x)=\lim\limits_{x\to 1}\dfrac{(x-3)(x-a)}{(x-4)}=\dfrac{-2(1-a)}{-3}=\dfrac{2-2a}{3}$

$h(0)=\dfrac{3}{2}h(1)$이므로 $\dfrac{3a}{-4}=\dfrac{3}{2}\times\dfrac{2-2a}{3}$

$\dfrac{3a}{-4}=1-a$

$3a=-4+4a$

$\therefore\ a=4$

따라서 $h(a)=h(4)=\lim\limits_{x\to 4}h(x)=\lim\limits_{x\to 4}(x-1)(x-3)=3\times 1=3$

이다.

08 정답 45

함수 $f(x)$의 그래프는 다음 그림과 같다.

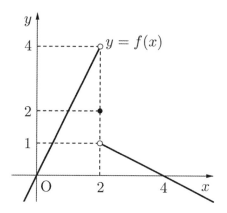

함수 $||f(x)+a|+b|$가 실수 전체의 집합에서 연속이기 위해서는 함수 $||f(x)+a|+b|$가 $x=2$에서 연속이면 된다.

$g(x)=|f(x)+a|$라 할 때, $||f(x)+a|+b|$가 $x=2$에서 연속이려면 $\lim\limits_{x\to 2-}g(x)$, $g(2)$, $\lim\limits_{x\to 2+}g(x)$의 세가지 값중에 두가지의 값이 일치하고 나머지 하나는 부호가 반대여야 한다.

따라서 $\lim\limits_{x\to 2-}g(x)=g(2)$, $\lim\limits_{x\to 2+}g(x)=g(2)$,

$\lim\limits_{x\to 2-}g(x)=\lim\limits_{x\to 2+}g(x)$가 성립할 수 있게 a를 정한 뒤

$h(x)=|g(x)+b|$라 할 때, $h(x)$가 $x=2$에서 연속이 되도록 b의 값을 정하도록 하자.

(i) $\lim\limits_{x\to 2-}g(x)=g(2)$일 때,

$\lim\limits_{x\to 2-}g(x)=|4+a|$, $g(2)=|2+a|$이므로

$|4+a|=|2+a|$

$4+a=-2-a$

$\therefore\ a=-3$

함수 $h(x)$가 $x=2$에서 연속이기 위해서는

$|1+b|=|2+b|$

$-1-b=2+b$

$-3=2b$

$\therefore\ b=-\dfrac{3}{2}$

따라서 $a+b=-\dfrac{9}{2}$

(ii) $\lim_{x \to 2+} g(x) = g(2)$ 일 때,

$\lim_{x \to 2+} g(x) = |1+a|$, $g(2) = |2+a|$ 이므로

$|1+a| = |2+a|$

$-1-a = 2+a$

$\therefore a = -\dfrac{3}{2}$

함수 $h(x)$가 $x=2$에서 연속이기 위해서는

$\left| \dfrac{5}{2} + b \right| = \left| \dfrac{1}{2} + b \right|$

$\dfrac{5}{2} + b = -\dfrac{1}{2} - b$

$\therefore b = -\dfrac{3}{2}$

따라서 $a+b = -3$

(iii) $\lim_{x \to 2-} g(x) = \lim_{x \to 2+} g(x)$ 일 때,

$\lim_{x \to 2-} g(x) = |4+a|$, $\lim_{x \to 2+} g(x) = |1+a|$ 이므로

$|4+a| = |1+a|$

$4+a = -1-a$

$\therefore a = -\dfrac{5}{2}$

함수 $h(x)$가 $x=2$에서 연속이기 위해서는

$\left| \dfrac{3}{2} + b \right| = \left| \dfrac{1}{2} + b \right|$

$\dfrac{3}{2} + b = -\dfrac{1}{2} - b$

$\therefore b = -1$

따라서 $a+b = -\dfrac{7}{2}$

(i), (ii), (iii)에서 $a+b = -\dfrac{9}{2}$ 또는 $a+b = -3$ 또는

$a+b = -\dfrac{7}{2}$ 이다.

따라서 $m = -\dfrac{9}{2}$ 이고

$10m = -45$

그러므로 $|10m| = 45$

09 정답 ③

(i) 이차함수 $f(x)$는 아래로 볼록이고 모든 실수 x에 대하여 $f(x) \geq 0$이면

모든 실수 x에 대하여 $|f(x)| = f(x)$

이므로 모든 점에서 좌우 미분계수의 값이 같으므로

$\lim_{h \to 0-} \dfrac{|f(a+h)| - |f(a)|}{h} \times \lim_{h \to 0+} \dfrac{|f(a+h)| - |f(a)|}{h} > 0$

이고 꼭짓점의 x좌표가 a가 아니라면

$\lim_{h \to 0-} \dfrac{|f(a+h)| - |f(a)|}{h} \times \lim_{h \to 0+} \dfrac{|f(a+h)| - |f(a)|}{h} = 0$

이므로

$\lim_{h \to 0-} \dfrac{|f(a+h)| - |f(a)|}{h} \times \lim_{h \to 0+} \dfrac{|f(a+h)| - |f(a)|}{h} < 0$을

만족하는 a는 존재하지 않는다.

(ii) 이차함수 $f(x)$가 x축과 서로 다른 두 점에서 만날 때,

방정식 $f(x) = 0$의 해를 $x = \alpha$, $x = \beta$라면 $y = |f(x)|$의

그래프에서 $x = \alpha$와 $x = \beta$에서 뾰족점이 생기므로

$\lim_{h \to 0-} \dfrac{|f(a+h)| - |f(a)|}{h} \times \lim_{h \to 0+} \dfrac{|f(a+h)| - |f(a)|}{h} < 0$ 을

만족하는 a의 값이 α와 β이다.

$\alpha + \beta = 0$이고 $\alpha\beta = -4$에서 $\alpha = -2$, $\beta = 2$이다.

(i), (ii)에서 $f(x) = x^2 - 4$이다.

따라서 $g(x) = (x^2 - 1)(x^2 - 4)$에서

$\lim_{h \to 0-} \dfrac{|g(b+h)| - |g(b)|}{h} \times \lim_{h \to 0+} \dfrac{|g(b+h)| - |g(b)|}{h} < 0$

을 만족하는 b의 값은 $g(x) = 0$의 해인 -2, -1, 1, 2이다.

또한 $g'(x) = 2x(x^2 - 4) + 2x(x^2 - 1) = 2x(2x^2 - 5)$에서

$\lim_{h \to 0-} \dfrac{|g(b+h)| - |g(b)|}{h} \times \lim_{h \to 0+} \dfrac{|g(b+h)| - |g(b)|}{h} = 0$

을 만족하는 b의 값은 $g'(x) = 0$의 해인 $-\dfrac{\sqrt{10}}{2}$, 0,

$\dfrac{\sqrt{10}}{2}$ 이다.

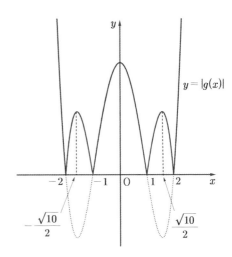

따라서

$b_1 = -2$, $b_2 = -\dfrac{\sqrt{10}}{2}$, $b_3 = -1$, $b_4 = 0$, $b_5 = 1$,

$b_6 = \dfrac{\sqrt{10}}{2}$, $b_7 = 2$이다.

$n = 7$이고 $f(x) = x^2 - 4$에서 $f(7) = 45$

$\sum_{k=1}^{n} |b_k| = 2 \times \left(1 + \dfrac{\sqrt{10}}{2} + 2 \right) = 6 + \sqrt{10}$

$f(n) + \sum_{k=1}^{n} |b_k| = 45 + 6 + \sqrt{10} = 51 + \sqrt{10}$

10 정답 14

(나)에서 10의 약수는 1, 2, 5, 10으로 자연수 중 2의 배수,

5의 배수는 10과 서로소가 아니다.

따라서 20이하의 자연수 중 2의 배수, 5의 배수는

$\lim\limits_{x \to n-} f(x) = f(n)$을 만족한다.

(다)에서 20이하의 소수가 아닌 수 인 1, 4, 6, 8, 9, 10, 12, 14, 15, 16, 18, 20에 대해서는

$\lim\limits_{x \to n+} f(x) = f(n)$이 성립한다.

함수 $f(x)$가 닫힌구간 $[m, m+1]$에서 연속이려면

$\lim\limits_{x \to m+} f(x) = f(m)$이고

$\lim\limits_{x \to (m+1)-} f(x) = f(m+1)$이어야 한다.

그림으로 표현하면 다음과 같다.

함수 $f(x)$는 닫힌구간 $[1, 2]$, $[4, 5]$, $[9, 10]$, $[14, 16]$에서 연속이다.

따라서 20이하의 자연수 m에 대하여 닫힌구간 $[m, m+2]$에서 연속인 m의 값은 14이다.

11 정답 77

(i) $a > c$일 때,

$\lim\limits_{x \to c} \dfrac{|x-a| - |a-c|}{x-c}$

$= \lim\limits_{x \to c} \dfrac{-(x-a) - (a-c)}{x-c}$

$= \lim\limits_{x \to c} \dfrac{-(x-c)}{x-c} = -1$ (모순)

(ii) $a = c$일 때,

$\lim\limits_{x \to c} \dfrac{|x-a| - |a-c|}{x-c}$

$= \lim\limits_{x \to c} \dfrac{|x-c|}{x-c} \to \begin{cases} \lim\limits_{x \to c+} \dfrac{x-c}{x-c} = 1 \\ \lim\limits_{x \to c-} \dfrac{-(x-c)}{x-c} = -1 \end{cases} \Rightarrow$ (발산)

(iii) $a < c$일 때,

$\lim\limits_{x \to c} \dfrac{|x-a| - |a-c|}{x-c}$

$= \lim\limits_{x \to c} \dfrac{(x-a) + (a-c)}{x-c}$

$= \lim\limits_{x \to c} \dfrac{x-c}{x-c} = 1$

따라서 $b = 1$이다.

$a+b \leq 77$에서 $a \leq 76$이므로 $c = 77$이다.

> **[랑데뷰팁]**
>
> 만약 $c = 78$이면 $a < 78$인 자연수이므로 $a+b$의 최댓값은 $a = 77$, $b = 1$일 때 78이므로 모순이다.

12 정답 4

점 A에서 x축에 내린 수선의 발을 α, 점 D에서 x축에 내린 수선의 발을 β라 하면

α와 β는 $y = -x+t$와 $y = \dfrac{1}{x}$의 교점의 x좌표 이므로

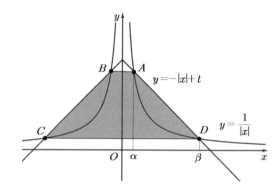

방정식 $-x+t = \dfrac{1}{x}$의 서로 다른 두 근이다.

따라서 $x^2 - tx + 1 = 0$의 두 근이 α와 β이다.

$\alpha + \beta = t$, $\alpha\beta = 1$이므로

$\beta - \alpha = \sqrt{(\alpha+\beta)^2 - 4\alpha\beta} = \sqrt{t^2 - 4}$

한편,

사각형 ABCD는 사다리꼴이고 $\overline{AB} = 2\alpha$, $\overline{CD} = 2\beta$이고 사다리꼴의 높이는 $(-\alpha+t) - (-\beta+t) = \beta - \alpha$이다.

따라서 $f(t) = 2(\alpha+\beta) \times (\beta-\alpha) \times \dfrac{1}{2} = t\sqrt{t^2-4}$

한편 A$(\alpha, -\alpha+t)$, D$(\beta, -\beta+t)$에서

$\overline{AD} = \sqrt{2(\beta-\alpha)^2} = \sqrt{2}(\beta-\alpha) = \sqrt{2}\sqrt{t^2-4}$

따라서 $f(t)g(t) = \sqrt{2}t(t^2-4)$

$\lim\limits_{t \to \infty} \dfrac{f(t)g(t)}{t^3} = \sqrt{2}$

$k = \sqrt{2}$이므로 $k^4 = 4$

13 정답 ①

$y = f(x)$는 원점대칭함수이므로

$g(-x) = f(f(-x)) = (f(-f(x))) = -f(f(x)) = -g(x)$

즉, $y = g(x)$는 원점대칭함수이다.

따라서 $y = g(g(x))$또한 원점대칭함수이다.

$\therefore g(g(-1)) + g(g(1)) = 0 \cdots$ ①

$\lim\limits_{x \to -1-} g(x)$에서 $t = -x$라 하자.

그러면 $x \to -1-$일 때, $t \to 1+$이므로

$\lim\limits_{x \to -1-} g(x) = \lim\limits_{t \to 1+} g(-t) = -\lim\limits_{t \to 1+} g(t)$

$\therefore \lim\limits_{x \to -1-} g(x) + \lim\limits_{x \to 1+} g(x) = 0 \cdots$ ②

따라서 ①, ②에 의하여

$g(g(-1)) + g(g(1)) + \lim\limits_{x \to -1-} g(x) + \lim\limits_{x \to 1+} g(x) = 0$

14 정답 10

함수 $f(x) = x^3 - 3x^2 + a$의 도함수는

$f'(x) = 3x^2 - 6x$이고

$f'(x) = 0$의 해는 $x = 0$, $x = 2$이므로 함수 $f(x)$는

$x = 0$에서 극대, $x = 2$에서 극소이다.

즉, $f(0) = a$는 극댓값이 된다.

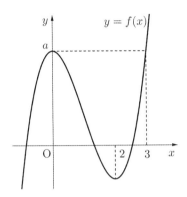

$(g \circ f)(x)$가 $x = 0$에서 연속이 되려면

$\lim\limits_{x \to 0} g(f(x)) = g(f(0))$이 만족해야한다.

$g(f(0)) = g(a)$, $\lim\limits_{x \to 0} g(f(x)) = \lim\limits_{x \to a-} g(x)$

$\lim\limits_{x \to a-} g(x) = g(a)$를 만족하는 정수 중에 최댓값은 1

$\therefore\ m = 1$

함수 $(f \circ g)(x)$가 $x = 2$에서 연속이 되려면

$\lim\limits_{x \to 2} f(g(x)) = f(g(2))$이 성립해야 한다.

$\lim\limits_{x \to 2-} f(g(x)) = \lim\limits_{x \to n-} f(x)$, $\lim\limits_{x \to 2+} f(g(x)) = \lim\limits_{x \to 0+} f(x) = a$

$(f \circ g)(2) = f(0) = a$이므로 $\lim\limits_{x \to n-} f(x) = a$ 이다.

삼차함수 $f(x)$는 모든 실수에서 연속이므로

$\lim\limits_{x \to n-} f(x) = f(n)$이다.

따라서 $f(n) = a$

삼차함수 $f(x)$는 $f(0) = f(3) = a$이고 $n > 0$이므로 $n = 3$

$\therefore\ m^2 + n^2 = 10$

15 정답 ④

이차방정식 $2x^2 - ax + a = 0$의 실근은

$y = 2x^2 - ax + a$와 x축의 교점의 x좌표이다.

$y = 2\left(x - \dfrac{a}{4}\right)^2 + a - \dfrac{a^2}{8}$

이차함수의 꼭짓점이 $\left(\dfrac{a}{4},\ a - \dfrac{a^2}{8}\right)$이므로

$a - \dfrac{a^2}{8} < 0 \Rightarrow a < 0$ 또는 $a > 8$일 때, $f(a) = 2$

$a - \dfrac{a^2}{8} = 0 \Rightarrow f(0) = 1$, $f(8) = 1$

$a - \dfrac{a^2}{8} > 0 \Rightarrow 0 < a < 8$일 때, $f(a) = 0$

따라서 함수 $f(a)$는 $a = 0$과 $a = 8$에서 불연속이다.

조건(나)에서 함수 $f(a) \sin\left\{\dfrac{g(a)}{3}\pi\right\}$가 $a = 8$에서 연속이기

위해서는 $\sin\left\{\dfrac{g(8)}{3}\pi\right\} = 0$이어야 한다.

(가)에서 $0 < \dfrac{g(8)}{3}\pi \le \dfrac{10}{3}\pi$이므로

$g(8) = 3$일 때, $\sin\left\{\dfrac{g(8)}{3}\pi\right\} = \sin\pi = 0$이다.

$g(8) = 6$일 때, $\sin\left\{\dfrac{g(8)}{3}\pi\right\} = \sin 2\pi = 0$이다.

$g(8) = 9$일 때, $\sin\left\{\dfrac{g(8)}{3}\pi\right\} = \sin 3\pi = 0$이다.

따라서 $g(8)$로 가능한 값은 3, 6, 9이다.

$3 + 6 + 9 = 18$

16 정답 50

함수 $f(x)$가 연속함수이고 $\lim\limits_{x \to -1-} f(x) = 0$,

$\lim\limits_{x \to 1+} f(x) = 0$이므로

$y = ax^2 + b$는 $(-1, 0)$과 $(1, 0)$을 지나는 함수이다. b가

자연수이므로 $a < 0$이다.

$y = c||x - 2| - 1|$의 그래프는 $(2, c)$를 뾰족점으로 갖고

$(3, 0)$에서 음수 부분이 꺾여 올라가는 그래프이다.

따라서 자연수 b, c에 따라 함수 $f(x)$의 개형은 다음과 같이

6가지 경우로 나눌 수 있다.

(i) $1 = b = c \Rightarrow$ 함수 $g(t)$의 불연속인 t값은 1개

(ii) $1 = b < c \Rightarrow$ 함수 $g(t)$의 불연속인 t값은 2개

(iii) $1 = c < b \Rightarrow$ 함수 $g(t)$의 불연속인 t값은 2개

(iv) $1 < b = c \Rightarrow$ 함수 $g(t)$의 불연속인 t값은 2개

(v) $1 < c < b \Rightarrow$ 함수 $g(t)$의 불연속인 t값은 2개

(vi) $1 < b < c$

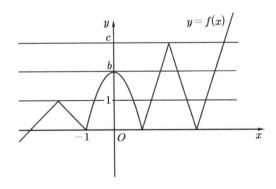

이 중 함수 $g(t)$의 불연속인 t값이 3개이려면

(vi) $1 < b < c$이어야 한다.

그럼 $t=1$, $t=b$, $t=c$에서 $g(t)$는 불연속이 된다.
그 세 값의 곱이 36이므로 $bc=36$이다.
만족하는 (b,c)의 순서쌍은 $(2,18)$, $(3,12)$, $(4,9)$뿐이다.
그러므로 자연수 b, c중 b가 최대일 때는
$b=4$, $c=9$일 때다.

따라서
$$f(x)=\begin{cases} -|x+2|+1 & (x<-1) \\ -4x^2+4 & (-1\le x<1) \\ 9||x-2|-1| & (x\ge 1) \end{cases}$$
$t=1$, $t=4$, $t=9$에서 $g(t)$는 불연속이다.

$$f\left(\frac{10}{3}\right)=9\left||\frac{10}{3}-2|-1\right|=3$$

따라서 $g\left(f\left(\frac{10}{3}\right)\right)=g(3)$이고 $g(3)$은 $f(x)=3$의 가장 작은

근이므로 $3<b=4$이므로

$-4x^2+4=3$에서 $x=-\dfrac{1}{2}$이다.

따라서 $g(3)=-\dfrac{1}{2}$

그러므로 $-100\times g\left(f\left(\frac{10}{3}\right)\right)=-100\times\left(-\dfrac{1}{2}\right)=50$

17 정답 ①

도형 A의 제3사분면에 위치한 직선 $x+y+1=0$에 접하는
원의 중심 (a,a)을 구해보면
$$\frac{|2a+1|}{\sqrt{2}}=1\to|2a+1|=\sqrt{2}\to 2a+1=\pm\sqrt{2}$$

$\to a=\dfrac{-1\pm\sqrt{2}}{2}$이므로

$\left(\dfrac{-1-\sqrt{2}}{2},\dfrac{-1-\sqrt{2}}{2}\right)$와 $\left(\dfrac{-1+\sqrt{2}}{2},\dfrac{-1+\sqrt{2}}{2}\right)$이다.

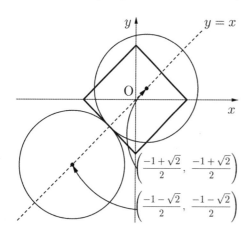

그림과 같이 중심이 $\left(\dfrac{-1-\sqrt{2}}{2},\dfrac{-1-\sqrt{2}}{2}\right)$일 때

$f\left(\dfrac{-1-\sqrt{2}}{2}\right)=1$,

중심이 $\left(\dfrac{-1+\sqrt{2}}{2},\dfrac{-1+\sqrt{2}}{2}\right)$일 때

$f\left(\dfrac{-1+\sqrt{2}}{2}\right)=3$이다.

도형 A의 제1사분면에 위치한 직선 $x+y-1=0$에 접하는
원의 중심 (a,a)을 구해보면
$$\frac{|2a-1|}{\sqrt{2}}=1\to|2a-1|=\sqrt{2}\to 2a-1=\pm\sqrt{2}\to$$

$a=\dfrac{1\pm\sqrt{2}}{2}$이므로

$\left(\dfrac{1+\sqrt{2}}{2},\dfrac{1+\sqrt{2}}{2}\right)$와 $\left(\dfrac{1-\sqrt{2}}{2},\dfrac{1-\sqrt{2}}{2}\right)$이다.

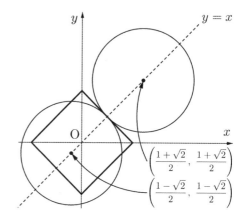

그림과 같이 중심이 $\left(\dfrac{1+\sqrt{2}}{2},\dfrac{1+\sqrt{2}}{2}\right)$일 때

$f\left(\dfrac{1+\sqrt{2}}{2}\right)=1$,

중심이 $\left(\dfrac{1-\sqrt{2}}{2},\dfrac{1-\sqrt{2}}{2}\right)$일 때 $f\left(\dfrac{1-\sqrt{2}}{2}\right)=3$이다.

$a=0$일 때, 즉 중심이 $(0,0)$이면 $f(0)=4$이다.

따라서 $f(a)$는 다음 그림과 같다.

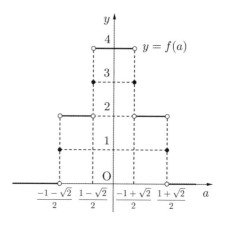

$g(t)=\lim\limits_{a\to t+}f(a)-f(t)=-1$을 만족하는 t는 $\dfrac{-1+\sqrt{2}}{2}$,

$\dfrac{1+\sqrt{2}}{2}$ 이다.

따라서 $g(t)=-1$을 만족하는 t의 최댓값은 $M=\dfrac{1+\sqrt{2}}{2}$

$g(t)=\lim\limits_{a \to t+}f(a)-f(t)=1$을 만족하는 t는 $-\dfrac{1+\sqrt{2}}{2}$,

$\dfrac{1-\sqrt{2}}{2}$ 이다.

따라서 $g(t)=1$을 만족하는 t의 최댓값은 $N=\dfrac{1-\sqrt{2}}{2}$

$M+N=1$이다.

18 정답 ⑤

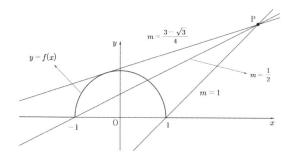

기울기가 m이고 점 $P(3,\ 2)$를 지나는 직선의 방정식은
$y=m(x-3)+2$
함수 $f(x)$ 위의 점 $(1,\ 0)$을 지날 때의 기울기 m은
$0=m(1-3)+2$
$\therefore\ m=1$
함수 $f(x)$와 접할 때의 기울기 m은 중심이 $(0,\ 0)$인 반원과
직선 $y=m(x-3)+2$

즉, $mx-y-3m+2=0$와 접할 때이므로 $\dfrac{|-3m+2|}{\sqrt{m^2+1}}=1$,

$(-3m+2)^2=m^2+1$
$8m^2-12m+3=0$
$\therefore\ m=\dfrac{3\pm\sqrt{3}}{4}$
함수 $f(x)$의 $y>0$인 부분과 접하므로
$m=\dfrac{3-\sqrt{3}}{4}$
따라서 함수 $g(m)$은

$g(m)=\begin{cases} 1 & (m<0) \\ 0 & (m=0) \\ 1 & \left(0<m<\dfrac{3-\sqrt{3}}{4}\right) \\ 2 & \left(m=\dfrac{3-\sqrt{3}}{4}\right) \\ 3 & \left(\dfrac{3-\sqrt{3}}{4}<m<\dfrac{1}{2}\right) \\ 2 & \left(m=\dfrac{1}{2}\right) \\ 1 & \left(m>\dfrac{1}{2}\right) \end{cases}$

따라서 함수 $g(m)$은 $m=0,\ \dfrac{3-\sqrt{3}}{4},\ \dfrac{1}{2}$에서 불연속이다.

함수 $f(x-t)$는 $f(x)$를 축의 방향으로 t만큼 평행이동한 함수이므로 함수 $f(x)$의 뾰족점 $x=-1$과 $x=1$은 함수 $f(x-t)$에서는 뾰족점이 $x=-1+t$ 과 $x=1+t$이다.

$g(m)f(1-t)$의 불연속인 점의 개수가 1개가 되려면 아래 그림과 같이

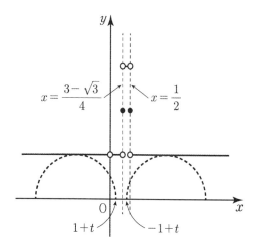

따라서

$0<1+t \le \dfrac{3-\sqrt{3}}{4}$ 와 $\dfrac{3-\sqrt{3}}{4} \le -1+t<\dfrac{1}{2}$ 일 때이다.

즉, $-1<t \le \dfrac{3-\sqrt{3}}{4}$ 와 $\dfrac{7-\sqrt{3}}{4} \le t<\dfrac{3}{2}$ 이므로

$a=-1,\ b=\dfrac{-1-\sqrt{3}}{4},\ c=\dfrac{7-\sqrt{3}}{4},\ d=\dfrac{3}{2}$ 이고

$ab+c-d=\dfrac{1+\sqrt{3}}{4}+\dfrac{7-\sqrt{3}}{4}-\dfrac{3}{2}$

$\qquad\qquad =\dfrac{1}{2}$

19 정답 3

$f(x)=\left[-\sqrt{13-(x-k)^2}\right]$ 에서
$y=-\sqrt{13-(x-k)^2}\ (y \le 0)$라 하면
$y^2=13-(x-k)^2 \to (x-k)^2+y^2=13\ (y \le 0)$이다.
$f(x)$는 중심이 $(k,\ 0)$이고 반지름이 $\sqrt{13}$ 인 원의 x축 아래쪽의 반원이다.

가우스 그래프임을 확인할 수 있다.
그림을 그려보면 다음과 같다.

$\alpha_1 = k - \sqrt{13}$, $\alpha_2 = k + \sqrt{13}$

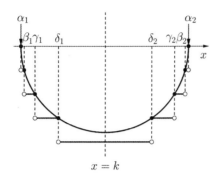

$x = k$

닫힌구간 $[k - \sqrt{13},\ k + \sqrt{13}]$에는 k가 정수이므로 7개의
정수가 포함된다.
그런데 함수 $f(x)$는 $x = k$에서는 연속이고 k를 제외한
나머지 정수(6개)에서는 불연속이다.
따라서 함수 $g(x)$의 불연속인 점의 개수는
$8(\alpha_1,\ \alpha_2\ 추가)$이고 불연속인 점이 $x = k$를 기준으로

대칭이므로 $\dfrac{\alpha_1 + \alpha_2}{2} = k$이고, $\alpha_1 + \alpha_2 = 2k$이다.

마찬가지로 $\beta_1 + \beta_2 = 2k$, $\gamma_1 + \gamma_2 = 2k$, $\delta_1 + \delta_2 = 2k$를
만족한다.
불연속인 x좌표의 합은 $2k \times 4 = 8k$이다.
따라서 $a = 8$, $b = 8k$이므로 $a + b = 8 + 8k = 32$

$\therefore k = 3$

20 정답 ③

사분원은 원 $x^2 + y^2 = 5t^2$의 일부이므로 점 B의 좌표는
$B(t, 2t)$이다.
$C(t-1, 0)$이므로 선분 CB를 $2:1$로 내분하는 점 D의

좌표는 $D\left(\dfrac{2t + t - 1}{3},\ \dfrac{4t}{3}\right) = D\left(\dfrac{3t-1}{3},\ \dfrac{4t}{3}\right)$

직선 l의 기울기는 $\dfrac{\sqrt{5}\,t - \dfrac{4}{3}t}{\dfrac{-3t+1}{3}} = \dfrac{(3\sqrt{5}-4)t}{-3t+1}$이고 y절편이

$\sqrt{5}\,t$이므로 l의 방정식은

$y = \dfrac{(3\sqrt{5}-4)t}{-3t+1}x + \sqrt{5}\,t$

점 E의 x좌표가 $t-1$이므로 대입하면

$y = \dfrac{(3\sqrt{5}-4)t}{-3t+1}(t-1) + \sqrt{5}\,t$

$= \dfrac{(3\sqrt{5}-4)t^2 - (3\sqrt{5}-4)t - 3\sqrt{5}\,t^2 + \sqrt{5}\,t}{-3t+1}$

$= \dfrac{-4t^2 - (2\sqrt{5}-4)t}{-3t+1}$

따라서 $\overline{CE} = \dfrac{-4t^2 - (2\sqrt{5}-4)t}{-3t+1}$

한편, 점 D에서 선분 CE에 내린 수선의 발을 H라 하면

$\overline{DH} = \dfrac{3t-1}{3} - (t-1) = \dfrac{2}{3}$이다.

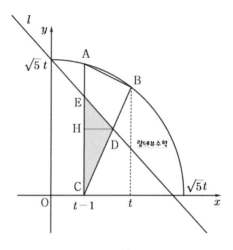

따라서 삼각형 CDE의 넓이 $S(t)$는

$S(t)$

$= \dfrac{1}{2} \times \overline{CE} \times \overline{DH}$

$= \dfrac{1}{2} \times \dfrac{-4t^2 - (2\sqrt{5}-4)t}{-3t+1} \times \dfrac{2}{3}$

$= \dfrac{-4t^2 - (2\sqrt{5}-4)t}{-9t+3}$

$\displaystyle\lim_{t\to\infty} \dfrac{S(t)}{t} = \lim_{t\to\infty} \dfrac{-4t^2 - (2\sqrt{5}-4)t}{-9t^2 + 3t} = \dfrac{4}{9}$

[다른 풀이]

점 $D\left(t - \dfrac{1}{3},\ \dfrac{4}{3}t\right)$에서 y축에 내린 수선의 발을 E라 하고 점
$(0,\ \sqrt{5}\,t)$을 F라 하자.
삼각형 FED와 삼각형 EHD는 닮음이므로
$\overline{FE} : \overline{ED} = \overline{EH} : \overline{HD}$에서

$\sqrt{5}\,t - \dfrac{4}{3}t : t - \dfrac{1}{3} = \overline{EH} : \dfrac{2}{3}$

에서 $\overline{EH}$를 구할 수 있다.

$\overline{HC} = \dfrac{4}{3}t$이므로 $\overline{EC} = \overline{EH} + \overline{HC}$를 이용하여 $\overline{EC}$를 구할 수

있다.

미분법

21 정답 ①

[출제자 : 이소영T]
[그림 : 서태욱T]
[검토자 : 김상호T]

최고차항 계수가 $\dfrac{4}{27}$이고 $x = a\,(a > 0)$, $x = 0$에서 극값을

가지므로 $y=f(a)$와 $y=f(x)$의 또다른 교점은 비율관계에 의하여 $x=-\frac{1}{2}a$임을 알 수 있다.

따라서 $f(x)=\frac{4}{27}(x-a)^2\left(x+\frac{1}{2}a\right)+f(a)$이다.

아래 그림에서 $A(a, f(a))$에서 접선을 그으면 기울기가 0인 직선 AC : $y=f(a)$와 기울기가 m인 직선 AB : $y=m(x-a)+f(a)$가 생긴다.

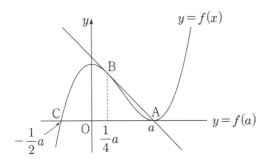

이때 함수 $f(x)$와 $y=m(x-a)+f(a)$의 교점 중 점 B의 x좌표를 t라 하면

$\frac{4}{27}(x-a)^2\left(x+\frac{1}{2}a\right)+f(a)=m(x-a)+f(a)$의 해는

$x=t$ 또는 $x=t$ 또는 $x=a$임을 알 수 있다. 양변에 $\frac{27}{4}$를 곱하고 근과 계수와의 관계로 세 근의 합을 구하면

$2t+a=-\dfrac{-\frac{3}{2}a}{1}$가 되어 $2t=\frac{1}{2}a$, $t=\frac{1}{4}a$이고,

기울기 m은 $f'\left(\frac{1}{4}a\right)=-\frac{1}{12}a^2$이다.

이때, 함수 $f(x)$와 $y=m(x-a)+f(a)$ 모두 y축으로 $-f(a)$만큼 평행이동하여도 삼각형의 넓이나 P의 x좌표에 영향이 없으므로 모든 함수를 평행이동하여 생각하자. 이때 삼각형 APC가 이등변삼각형이 되려면 $\overline{PC}=\overline{PA}$ 또는 $\overline{PC}=\overline{AC}$ 또는 $\overline{AC}=\overline{AP}$가 되어야 한다.

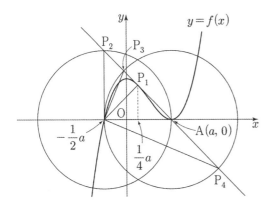

$\overline{PC}=\overline{PA}$일 때 가능한 점 P는 $B=P_1$일 때 이므로 x좌표는 $\frac{1}{4}a$이다.

$\overline{PC}=\overline{AC}$일 때 가능한 점 P는 중심이 C이고 반지름이 $\frac{3}{2}a$인 원과 직선 AB가 만나는 점 P_2

$\overline{AC}=\overline{AP}$일 때 가능한 점 P는 중심이 A이고 반지름이 $\frac{3}{2}a$인 원과 직선 AB가 만나는 점 P_3, P_4가 가능하다.

이때 가장 작은 삼각형은 P_1CA이므로 넓이 12을 사용하여 a를 구하면 아래와 같다.

$\frac{3}{2}a \cdot f\left(\frac{1}{4}a\right) \cdot \frac{1}{2}=12$

함숫값 $f\left(\frac{1}{4}a\right)$는 직선 AB : $y=-\frac{1}{12}a^2(x-a)$에 $x=\frac{1}{4}a$를 대입한 값이므로

$\frac{3}{2}a \cdot \left(-\frac{1}{12}a^2\right)\left(-\frac{3}{4}a\right)=24$이므로 $a=4$이다.

직선 AB는 $y=-\frac{4}{3}(x-4)$, $\overline{AC}=6$이다.

P_1의 x좌표를 t_1이라 하면 점 B와 x좌표가 같으므로 1이고, P_2의 x좌표를 t_2를 구하려면 직선 AB와 원 $(x+2)^2+y^2=36$의 교점을 구해보자.

$(x+2)^2+\frac{16}{9}(x-4)^2=36$의 해는 $x=t_2$ 또는 $x=4$이므로

근과 계수와의 관계에서 $9(x+2)^2+16(x-4)^2=324$

$4+t_2=-\frac{-92}{25}$이고 $t_2=-\frac{8}{25}$이다.

P_3, P_4의 x좌표를 t_3, t_4라 할 때 직선 P_3P_4이 중심인 $A(4,0)$을 지나므로 $\frac{t_3+t_4}{2}=4$가 된다.

$t_3+t_4=8$임을 알 수 있다.

APC가 이등변삼각형이 되게 하는 점 P의 x좌표의 합은 $t_1+t_2+t_3+t_4=1-\frac{8}{25}+8=\frac{217}{25}$이다.

따라서 $p-q=192$이다.

22 정답 15

[출제자 : 이소영T]
[그림 : 강민구T]
[검토자 : 정찬도T]

$f(x)=g(x)(x-1)(x-5)=h(x)(x-3)(x-5)$이므로 $f(x)=(x-1)(x-3)(x-5)(x-\alpha)$ (α는 상수)라 할 수 있다.

또, $g(x)=\begin{cases}(x-3)(x-\alpha) & (x\neq 1,5)\\ g(1) & (x=1)\\ g(5)=k & (x=5)\end{cases}$,

$h(x)=\begin{cases}(x-1)(x-\alpha) & (x\neq 3,5)\\ h(3) & (x=3)\\ h(5)=k & (x=5)\end{cases}$ (k는 상수)

이므로 함수 $g(x)h(x)$는

$g(x)h(x)=\begin{cases}(x-1)(x-3)(x-\alpha)^2 & (x\neq 1,3,5)\\ 0 & (x=1,3)\\ k^2 & (x=5)\end{cases}$

$$\therefore\ i(x)=\begin{cases}(x-1)(x-3)(x-\alpha)^2 & (x\neq 5)\\ k^2 & (x=5)\end{cases}$$

임을 알 수 있다.

(i) $\alpha > 3$일 경우

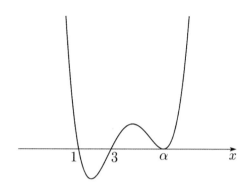

(ii) $1 < \alpha < 3$일 경우

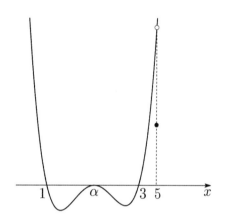

(iii) $\alpha < 1$인 경우

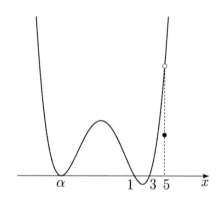

함수 $i(x)$와 $y=m(x-1)$의 교점의 개수를 $k(m)$를 그려보면 아래와 같다.

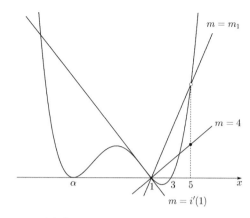

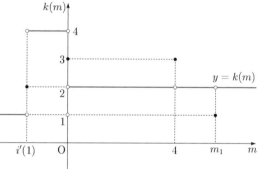

$y=m(x-1)$은 $(1,0)$을 지나는 직선이므로 $m=i'(1)$인 경우 2개의 교점이 생길 수 있는 경우는 (iii)이고 교점의 개수가 2가 되려면 $i(x)=i'(1)(x-1)$의 해가 1, 1, 1, β이다.

$$(x-1)(x-3)(x-\alpha)^2=-2(1-\alpha)^2(x-1)$$
$$(x-1)\{(x-3)(x-\alpha)^2+2(1-\alpha)^2\}=0$$

$(x-3)(x-\alpha)^2+2(1-\alpha)^2=0$의 해가 1, 1, β이므로 삼차방정식의 근과 계수와의 관계에서

세 근의 합은 $2+\beta=-\dfrac{-2\alpha-3}{1}$, $\beta=2\alpha+1$

세 근의 곱은 $\beta=-\dfrac{-3\alpha^2+2(1-\alpha)^2}{1}$,

$\beta=3\alpha^2-2(1-\alpha)^2$

$2\alpha+1=\alpha^2+4\alpha-2$

$\alpha^2+2\alpha-3=0$

$(\alpha+3)(\alpha-1)=0$

$\alpha=-3$ 또는 $\alpha=1$이다.

$\alpha<1$이므로 $\alpha=-3$이다.

따라서 $f(x)=(x-1)(x-3)(x-5)(x+3)$이다.

또, 함수 $k(m)$에서 $m=4$일 때 교점이 3개이므로 $(1,0)$, $(5, g(5)h(5))$의 기울기가 4이다.

$g(5)h(5)=16$이므로 $k^2=16$, $k=\pm 4$이다.

$\alpha=-3$이므로

$$g(x)=\begin{cases}(x-3)(x+3) & (x\neq 1,5)\\ g(1) & (x=1)\\ g(5)=k & (x=5)\end{cases},$$

$$h(x)=\begin{cases}(x-1)(x+3) & (x\neq 3,5)\\ h(3) & (x=3)\\ h(5)=k & (x=5)\end{cases}\ \text{이고}$$

$$g(x)-h(x)=\begin{cases}-2x-6 & (x\neq 1,3,5)\\ g(1) & (x=1)\\ -h(3) & (x=3)\\ 0 & (x=5)\end{cases}$$

이다.

함수 $g(x)-h(x)$가 $x\neq 5$인 모든 실수에서 연속이므로
연속이므로 $x=1$과 $x=3$에서 연속이다.

그러므로 $g(1)=-2\times 1-6=-8$,

$-h(3)=-2\times 3-6=-12$이다.

$\therefore\ g(1)=-8,\ h(3)=12$

따라서 $g(1)+h(3)=(-8)+12=4$이다.

23 정답 ⑤

[그림 : 도정영T]

삼차함수 $f(x)$는 모든 실수 x에 대하여 $f(x)+f(-x)=0$을
만족시키므로 원점 대칭인 함수이다.

따라서 $f(0)=0$이고 $f(a)=a$이므로 $f(-a)=-a$이다.
……㉠

부등식 $f(g(x)-2x)\leq g(x)-2x$에서 $t=g(x)-2x$라 하면
$f(t)\leq t$이다. …… ㉡

㉠, ㉡에서 다음 그림과 같은 상황을 생각할 수 있다.

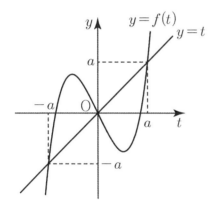

$f(t)\leq t$을 만족시키는 t의 범위는 $t\leq -a$ 또는
$0\leq t\leq a$이다.

$t=g(x)-2x$이므로

$g(x)-2x\leq -a$ 또는 $0\leq g(x)-2x\leq a$ …… ㉢

이다.

㉢의 해가 $x\leq -a$ 또는 $0\leq x\leq a$이기 위해서는

$h(x)=g(x)-2x$라 할 때 최고차항의 계수가 1인 삼차함수
$h(x)$의 그래프가 그림과 같이 $(-a,-a)$, $(0,0)$, (a,a)를
지나고 극값을 갖지 않는 그래프여야 한다. …… ㉣

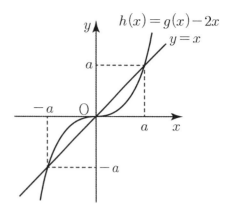

$h(x)-x=(x+a)x(x-a)$에서

$h(x)=x^3+(1-a^2)x$이므로 $h'(x)=3x^2+1-a^2$이다.

삼차함수 $h(x)$가 극값을 갖지 않기 위해서는 모든 실수 x에
대하여 $h'(x)\geq 0$이어야 하므로 $1-a^2\geq 0$이다.

따라서 $-1\leq a\leq 1$

$a>0$이므로 $0<a\leq 1$이다.

$g(x)-2x=x^3+(1-a^2)x$에서

$g(x)=x^3+(3-a^2)x$이다.

$g(3)=27+9-3a^2=36-3a^2\geq 33$

[추가 설명] ㉣-설명

$h(x)=g(x)-2x$의 그래프가 그림과 같이 극값을 갖는다면

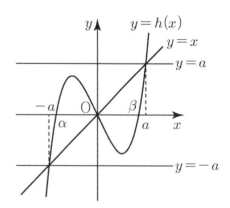

부등식 $h(x)\leq -a$의 해는 $x\leq -a$이지만

부등식 $0\leq h(x)\leq a$의 해는 $\alpha\leq x\leq 0$ 또는
$\beta\leq x\leq a$으로 조건에 모순이다.

24 정답 ⑤

[그림 : 배용제T]
[검토 : 정찬도T]

$$\frac{g(x)-|g(x)|}{2}=\begin{cases}g(x) & (g(x)<0)\\ 0 & (g(x)\geq 0)\end{cases}$$ 이므로

$$h(x)=\begin{cases}g(x) & (g(x)<0)\\ 0 & (g(x)\geq 0)\end{cases}$$ 이다.

곡선 $y=f(x)$와 함수 $y=h(x)$가 만나는 점의 개수가
1이므로 함수 $y=f(x)$는 x축과 만나는 점의 개수는 1이어야

한다.

또한 두 그래프의 교점의 좌표가 $(1, 0)$이므로 $f(1)=0$이다.
$y=f(x)$와 $y=h(x)$가 $(1, 0)$에서만 만나도록 하는 t의
범위가 $1 \le t \le 4$ 이면 그림과 같이 곡선 $y=f(x)$ 위의 점
$(4, f(4))$에서의 접선이 곡선 $y=f(x)$위의 점 $(1, 0)$을
지나야 한다.

$t<1$ 일 때

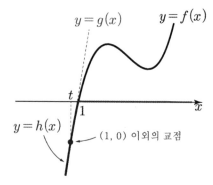

$t=1$ 일 때 그림

$1<t<4$ 일 때

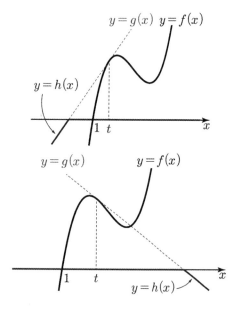

$t=4$ 일 때

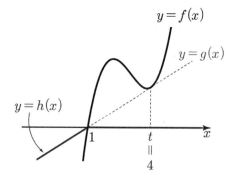

$t>4$ 일 때

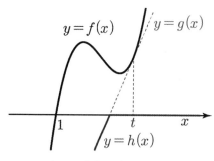

$(1, 0)$ 에서 만나지 않음

따라서 $(1, 0)$을 지나는 직선을 $y=m(x-1)$이라 할 때,
최고차항의 계수가 1인 삼차함수 $f(x)$와 직선
$y=m(x-1)$은 $(1, 0)$에서 만나고 $(4, f(4))$에서 접하므로
$f(x)-m(x-1)=(x-1)(x-4)^2$이다.
$$f(x)=(x-1)(x-4)^2+m(x-1)$$
$$=(x-1)\{(x-4)^2+m\}$$
$f(2)=4+m=5$이므로 $m=1$이다.
따라서 $f(x)=(x-1)\{(x-4)^2+1\}$
그러므로 $f(5)=4 \times 2=8$이다.

25 정답 9

[그림 : 도정영T]
[검토자 : 안형진T]

$h(x)=x^3-3x^2+4$라 하자.
$h'(x)=3x^2-6x=3x(x-2)$에서
방정식 $h'(x)=0$의 해가 $x=0$, $x=2$이므로 곡선
$h(x)=x^3-3x^2+4$는 $x=0$에서 극댓값 4, $x=2$에서 극솟값
0을 갖는다.
따라서 함수 $f(x)$에 따른 닫힌구간 $[t, t+2]$에서의 함수
$f(x)$의 최솟값을 $g(t)$의 그래프는 $\alpha<0$, $h(\alpha)=h(\alpha+2)$을
만족시키는 α에 대하여 다음 그림과 같다.

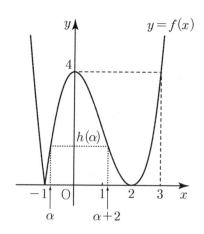

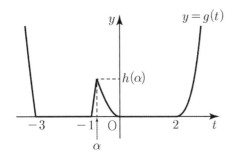

$$h(\alpha) = \alpha^3 - 3\alpha^2 + 4$$
$$h(\alpha + 2) = (\alpha + 2)^3 - 3(\alpha + 2)^2 + 4 = \alpha^3 + 3\alpha^2$$
$$\alpha^3 - 3\alpha^2 + 4 = \alpha^3 + 3\alpha^2$$
$$\alpha^2 = \frac{2}{3}$$
$$\alpha = -\frac{\sqrt{6}}{3} \quad (\because \alpha < 0)$$
$$h\left(-\frac{\sqrt{6}}{3}\right) = -\frac{2\sqrt{6}}{9} - 2 + 4 = 2 - \frac{2}{9}\sqrt{6}$$

따라서 함수 $g(t)$의 극댓값은 0, $2 - \frac{2}{9}\sqrt{6}$ 이고 극댓값의

최댓값은 $2 - \frac{2}{9}\sqrt{6}$ 이다.

$$p = 2, \quad q = -\frac{2}{9}$$
$$\left|\frac{p}{q}\right| = \left|2 \times \left(-\frac{9}{2}\right)\right| = 9$$

26 정답 ③

[그림 : 서태욱T]
최고차항의 계수가 1인 삼차함수 $g(x)$에 대하여 $x \geq 0$에서 $f(x) = g(x)$라 하자. 조건 (나)에서 모든 실수 x에 대하여 $f(x) = f(-x)$ 또는 $f(x) = -f(-x)$이므로 음수 x에 대하여 $f(x) = g(-x)$ 또는 $f(x) = -g(-x)$이다.

$x \geq 0$일 때, $f(x) = g(x)$이고 $x < 0$일 때, $f(x) = g(-x)$인 경우
함수 $f(x)$가 $x = 0$에서 미분가능하기 위해서는
$f'(0) = 0$이어야 한다.
$f'(0) \neq 0$이라는 조건에 모순이다.
따라서 $f'(0) \neq 0$이려면 양수 a에 대하여 열린구간 $(-a, a)$에서 함수 $y = f(x)$의 그래프는 원점에 대하여 대칭이어야 한다.

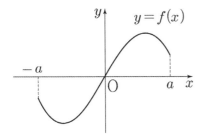

즉, $x \geq 0$일 때, $f(x) = g(x)$이고 $x < 0$일 때, $f(x) = -g(-x)$이다.

또한, 어떤 양수 b에 대하여
두 열린구간 $(-\infty, -b)$, (b, ∞)에서의 함수 $y = f(x)$의 그래프가 원점에 대하여 대칭이면 $x > b$일 때
$f(x) - f(-x) = 2f(x) = 2g(x)$에서 $x \to \infty$일 때,
$2g(x) \to \infty$이므로
함수 $f(x) - f(-x)$가 $x = 1$에서 최댓값을 갖는다는 조건에 모순이다.
즉, 두 열린구간 $(-\infty, -b)$, (b, ∞)에서의 함수 $y = f(x)$의 그래프는 y축에 대칭이어야 한다.
따라서 $x > b$에서 $f(x) - f(-x) = 0$이다.
이때, 어떤 양수 c에 대하여 함수 $f(x)$가 $x = -c$의 좌우에서 $g(-x)$, $-g(-x)$로 달라지고, 함수 $f(x)$가 $x = -c$에서 연속이므로 $g(c) = -g(c)$에서 $g(c) = 0$이다.
두 함수 $y = g(-x)$, $y = -g(-x)$의 미분계수는 크기가 같고 부호가 서로 반대이다. 함수 $f(x)$가 $x = -c$에서 미분가능하므로 $g'(c) = 0$이다. 다라서 함수 $y = g(x)$의 그래프는 $x = c$에서 x축과 접하고, 함수 $y = f(x)$의 그래프의 개형은 다음과 같다.

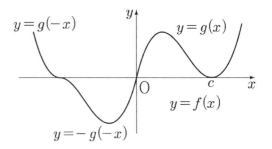

$g(x) = x(x - c)^2$이고
$x \geq 0$에서 $f(x) = g(x)$이고
함수 $f(x) - f(-x) = 2g(x)$가 $x = 1$에서 최댓값을 가지므로
함수 $g(x)$는 $x = 1$에서 극댓값을 갖는다.
즉, $g'(1) = 0$이다.
$$g'(x) = (x - c)^2 + 2x(x - c)$$
$$g'(1) = (1 - c)^2 + 2(1 - c) = 0$$
$$(1 - c)(3 - c) = 0$$
$$\therefore c = 3$$이다.
따라서 $g(x) = x(x - 3)^2$이므로
$x \geq 0$일 때, $f(x) = x(x - 3)^2$이다. $f(1) = 4$이므로
함수 $f(x)$의 최솟값은 $-f(1) = -4$이다.

27 정답 36

(가)에서 $f(0) = 0$이고 $g(0) = m$이므로 함수 $f(x)$는 $0 < x \leq 1$에서 최솟값 $m\,(m < 0)$을 가져야 한다.
또한 $f(1)$의 값은 0이하의 값이어야 한다.
즉, $m \leq f(1) \leq 0$ ……… ㉠

$g(1)$의 값은 $1 \leq x \leq 2$에서의 함수 $f(x)$의 최댓값과
최솟값의 합을 뜻하고 그 값이 함수 $f(x)$의 극댓값 M이다.
㉠에서 $f(1)$의 값이 0이하이므로 다음과 같은 경우로 생각할
수 있다.

(i) $f(1) < 0$일 때,
그림과 같이 구간 $(1, 2)$에서 극댓값과 극솟값을 모두 가지고
$f(2) = M - f(1)$이면 $1 \leq x \leq 2$에서 함수 $f(x)$의 최솟값이
$f(1)$이고 최댓값이 $M - f(1)$이므로
$g(1) = (M - f(1)) + f(1) = M$을 만족시킨다.

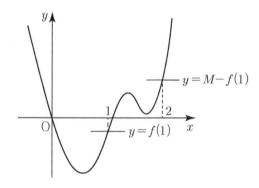

그런데 (나)에 모순이다.

(ii) $f(1) = 0$일 때,
그림과 같이 구간 $(1, 2]$에서 극댓값을 가지고
$0 \leq f(2) \leq M$이면 $1 \leq x \leq 2$에서 함수 $f(x)$의 최솟값이
0이고 최댓값이 M이므로 $g(1) = M + 0 = M$을 만족시킨다.

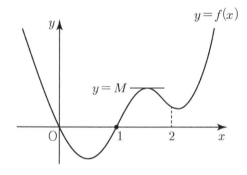

이때, 조건 (나)를 만족시키고 방정식 $f(x) = 0$의 모든 실근의
합이 정수이기 위해서는 함수 $f(x)$가 $x = 2$에서 극솟값 0을
가져야 한다. 방정식 $f(x) = M$의 실근 중 가장 큰 값을 α라
할 때, $1 \leq t \leq \alpha - 1$에서 $g(t) = M$ 이므로 방정식
$g(t) = M$의 실근의 개수는 무수히 많으므로 조건을
만족시킨다.

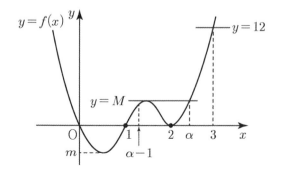

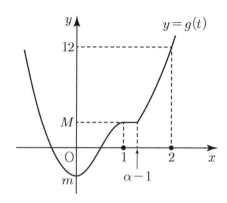

따라서 $f(x) = ax(x-1)(x-2)^2$이다.
$g(2) = 12$에서 $f(2) = 0$이므로 $f(3) = 12$이어야 한다.
따라서 $f(3) = a \times 3 \times 2 \times 1^2 = 12$
$\therefore \ a = 2$
$f(x) = 2x(x-1)(x-2)^2$
$f(-1) = 2 \times (-1) \times (-2) \times (-3)^2 = 36$

28 정답 ②

[그림 : 이정배T]
(가)에서 삼차방정식 $f(x) + 8x - 3 = 0$은 중근과 한 실근을
갖는다.
(나)에서 $f(0) = 3$, $f'(0) = -7$이므로
$f(x) + 8x - 3 = x(x - \alpha)^2 \ (\alpha \neq 0)$이라 할 수 있다.
$f(x) = x(x - \alpha)^2 - 8x + 3$
$f'(x) = (x - \alpha)^2 + 2x(x - \alpha) - 8$
$f'(0) = \alpha^2 - 8 = -7$
$\alpha^2 = 1$
$\therefore \ \alpha = \pm 1$

(i) $\alpha = 1$일 때,
$f(x) = x(x-1)^2 - 8x + 3$
$\quad = x^3 - 2x^2 - 7x + 3$
$f'(x) = 3x^2 - 4x - 7 = (x+1)(3x-7)$
방정식 $f'(x) = 0$의 해는 $x = -1$, $x = \dfrac{7}{3}$이다.
함수 $f(x)$는 $x = -1$에서 극대이므로
$f(-1) = -1 - 2 + 7 + 3 = 7$

(ii) $\alpha = -1$일 때,
$f(x) = x(x+1)^2 - 8x + 3$
$\quad = x^3 + 2x^2 - 7x + 3$
$f'(x) = 3x^2 + 4x - 7 = (x-1)(3x+7)$
방정식 $f'(x) = 0$의 해는 $x = -\dfrac{7}{3}$, $x = 1$이다.

함수 $f(x)$는 $-\dfrac{7}{3}$에서 극대이므로

$$f\left(-\frac{7}{3}\right)=-\frac{343}{27}+\frac{98}{9}+\frac{49}{3}+3$$
$$=\frac{-343+294+441+81}{27}=\frac{473}{27}>7$$

(i), (ii)에서

$f_2(x)=x^3-2x^2-7x+3$, $f_1(x)=x^3+2x^2-7x+3$

이고 $f_1(x)$의 극솟값은 $f_1(1)=-1$이다.

따라서

$$g(x)=\begin{cases}x^3-2x^2-7x+3\ (x<0)\\x^3+2x^2-7x+3\ (x\geq 0)\end{cases}$$

이다.

그림과 같이 함수 $g(x)$의 극점은 $(-1,7)$, $(1,-1)$이다.

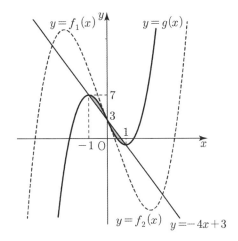

따라서 두 극점을 지나는 직선의 방정식은 $y=-4x+3$이다.

함수 $g(x)$는 $(0,3)$에 대칭이므로 $y=g(x)$의 그래프와 직선 $y=-4x+3$으로 둘러싸인 부분의 넓이는

$$\int_{-1}^{1}|f(x)-(-4x+3)|dx$$
$$=2\times\int_{0}^{1}\{(4x-3)-f_1(x)\}dx$$
$$=2\int_{0}^{1}(-x^3-2x^2+3x)dx$$
$$=2\left[-\frac{1}{4}x^4-\frac{2}{3}x^3+\frac{3}{2}x^2\right]_0^1$$
$$=2\left(-\frac{1}{4}-\frac{2}{3}+\frac{3}{2}\right)$$
$$=2\left(\frac{-3-8+18}{12}\right)$$
$$=\frac{7}{6}$$

29 정답 ③

[출제자 : 오세준T]

[검토자 : 강동희T]

$g(x)$는 최고차항의 계수가 양수인 사차함수이므로

$g(x)=ax^4+bx^3+cx^2+dx+e$라 하면

$g'(x)=4ax^3+3bx^2+2cx+d$이다.

조건 (가)에 의해 $g'(x)$는 삼차식이고

$g'(x)=4ax^2(x-k)$ 또는 $g'(x)=4ax(x-k)^2$이다.

$g(k)+k=g(0)$에서 $g(k)-g(0)=-k$이고

$$\frac{g(k)-g(0)}{k-0}=-1$$이므로

두 점 $(k,\ g(k))$, $(0,\ g(0))$의 기울기가 -1이다. …… ㉠

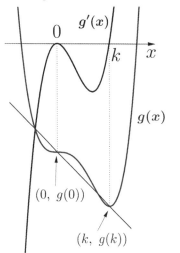

이때 가능한 $g'(x)$는 $g'(x)=4ax^2(x-k)$이고

$4ax^3-4akx^2=4ax^3+3bx^2+2cx+d$에서

$b=-\frac{4}{3}ak$, $c=d=0$이므로 $g(x)=ax^4-\frac{4}{3}akx^3+e$

함수 $f(x)$가 $x=0$에서 연속이면

조건 (나)가 성립하지 않으므로 함수 $f(x)$는 $x=0$에서

불연속이고

$f(0)\neq\lim_{x\to 0}f(x)=g(0)=e$

함수 $|f(x)-f(\alpha)|$가 $x=0$에서 연속이려면

$\lim_{x\to 0}|f(x)-f(\alpha)|=|f(0)-f(\alpha)|$이어야 한다.

$$\lim_{x\to 0}|f(x)-f(\alpha)|=\lim_{x\to 0}\left|ax^4-\frac{4}{3}akx^3+e-f(\alpha)\right|$$
$$=|f(0)-f(\alpha)|$$

이므로 $|e-f(\alpha)|=|f(0)-f(\alpha)|$

$e-f(\alpha)=f(0)-f(\alpha)$ 또는 $e-f(\alpha)=-f(0)+f(\alpha)$

$e\neq f(0)$이므로

$e-f(\alpha)=-f(0)+f(\alpha)$이고 $f(a)=\frac{e+f(0)}{2}$

조건(나)에 의해 $f(\alpha)=\frac{e+f(0)}{2}$을 만족시키는 α는

2뿐이므로

함수 $f(x)$의 그래프는 다음과 같다.

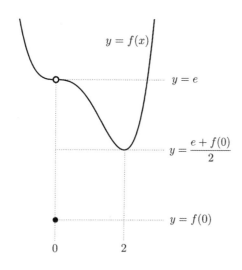

$g(x) = ax^4 - \dfrac{4}{3}akx^3 + e$에서 $k=2$이고 ㉠에 의해

$e = 3$이다.

$g(x) = ax^4 - \dfrac{8}{3}ax^3 + 3$에서 $f(2) = g(2) = 1$이므로

$16a - \dfrac{64}{3}a + 3 = 1$, $-16a = -6$

$a = \dfrac{3}{8}$이므로 $g(x) = \dfrac{3}{8}x^4 - x^3 + 3$이다.

$\therefore f(-2) = g(-2) = 6 - (-8) + 3 = 17$

[다른 풀이]

조건 (가)에서

① $g'(x) = 0$을 만족시키는 x의 값은 0과 $k(k>0)$뿐 →

$g(x) = ax^3\left(x - \dfrac{4}{3}k\right) + b$ 또는 $g(x) = a\left(x + \dfrac{k}{3}\right)(x-k)^3 + b$

이다.

② $g(k) + k = g(0)$ → $g(k) < g(0)$ →

$g(x) = ax^3\left(x - \dfrac{4}{3}k\right) + b$이다. → $g(k) = -\dfrac{a}{3}k^4 + b$이므로

$g(k) + k = b$에서 $a = \dfrac{3}{k^3}$

$\therefore g(x) = \dfrac{3}{k^3}x^3\left(x - \dfrac{4}{3}k\right) + b$

(나)에서

실수 α의 값은 2뿐, $f(2) = 1$ → 사차함수 $g(x)$가 $x=2$에서

최솟값 1을 갖는다.

따라서 $k = 2$, $b = 3$

$\therefore g(x) = \dfrac{3}{8}x^3\left(x - \dfrac{8}{3}\right) + 3$

$f(-2) = g(-2) = \dfrac{3}{8} \times (-8) \times \left(-\dfrac{14}{3}\right) + 3 = 17$

---

30 정답 66

[그림 : 서태욱T]

[검토자 : 정찬도T]

(i) 곡선 $y = f(x)$가 x축과 만나는 점의 개수가 1인 경우

$f(\alpha) = 0$일 때, $\displaystyle\lim_{x \to \alpha+} g(x) = 2\alpha$, $\displaystyle\lim_{x \to \alpha-} g(x) = 0$으로 $\alpha \neq 0$이면

함수 $g(x)$는 $x = \alpha$에서 불연속이다. 그 외 불연속점이

존재하지 않으므로 조건을 만족시키지 못한다.

(ii) 곡선 $y = f(x)$가 x축과 만나는 점의 개수가 3인 경우

$f(\alpha) = 0$, $f(\beta) = 0$, $f(\gamma) = 0$일 때,

함수 $g(x)$가 불연속인 점의 개수가 2이기 위해서는 α, β, γ

$(\alpha < \beta < \gamma)$중 하나는 0이어야 한다.

$$g'(x) = \begin{cases} f'(x) + 2 \ (f(x) > 0) \\ 2f'(x) \quad (f(x) < 0) \end{cases}$$

$f(t) = 0$일 때, $\displaystyle\lim_{x \to t-} g'(x) = \lim_{x \to t+} g'(x)$이기 위해서는

$f'(t) + 2 = 2f'(t)$에서 $f'(t) = 2$이어야 한다.

① $\alpha = 0$일 때,

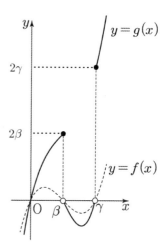

$f'(\beta) < 0$이므로 $f'(0) = f'(\gamma) = 2$이어야

$\displaystyle\lim_{x \to a-} g'(x) \neq \lim_{x \to a+} g'(x)$인 실수 a는 β뿐이므로 개수가

1이다.

$f(x) = x(x-\beta)(x-\gamma)$에서 $f'(0) = 2$, $f'(\gamma) = 2$이다.

$f'(x) = (x-\beta)(x-\gamma) + x(x-\gamma) + x(x-\beta)$

$f'(0) = \beta\gamma = 2$

$f'(\gamma) = \gamma(\gamma-\beta) = 2$ → $\gamma^2 - 2 = 2$ → $\therefore \gamma = 2$, $\beta = 1$

따라서 $f(x) = x(x-1)(x-2)$이다.

$\therefore f(3) = 6$

② $\beta = 0$일 때,

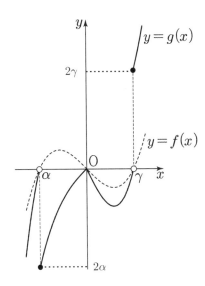

$f'(\beta)=f'(0)<0$

이므로 $\lim_{x\to 0-}g'(x)=f'(0)+2>2f'(0)=\lim_{x\to 0+}g'(x)$이다.

따라서 $f'(\alpha)=f'(\gamma)=2$이어야 $\lim_{x\to a-}g'(x)\neq\lim_{x\to a+}g'(x)$인

실수 a는 0뿐이므로 개수가 1이다.

$f(x)=(x-\alpha)x(x-\gamma)$에서 $f'(\alpha)=2$, $f'(\gamma)=2$이다.

$f'(x)=x(x-\gamma)+(x-\alpha)(x-\gamma)+(x-\alpha)x$

$f'(\alpha)=\alpha(\alpha-\gamma)=2$, $f'(\gamma)=(\gamma-\alpha)\gamma=2$

에서 변변 나누면

$-\dfrac{\alpha}{\gamma}=1$에서 $\alpha=-\gamma\to\alpha=-1$, $\gamma=1$

따라서 $f(x)=(x+1)x(x-1)$이다.

$\therefore\ f(3)=24$

③ $\gamma=0$일 때,

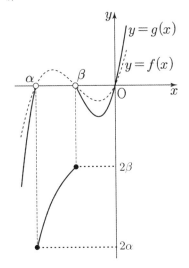

$f'(\beta)<0$이므로 $f'(\alpha)=f'(0)=2$이어야

$\lim_{x\to a-}g'(x)\neq\lim_{x\to a+}g'(x)$인 실수 a는 β뿐이므로 개수가

1이다.

$f(x)=(x-\alpha)(x-\beta)x$에서 $f'(0)=2$, $f'(\alpha)=2$이다.

$f'(x)=(x-\beta)x+(x-\alpha)x+(x-\alpha)(x-\beta)$

$f'(0)=\alpha\beta=2$

$f'(\alpha)=(\alpha-\beta)\alpha=2\to\alpha^2-2=2\to\ \therefore\ \alpha=-2,\ \beta=-1$

따라서 $f(x)=(x+2)(x+1)x$이다.

$\therefore\ f(3)=60$

(i), (ii)에서 $M=60$, $m=6$이다.

$\therefore\ M+m=66$

31 정답 ④

[그림 : 서태욱T]

[검토 : 이진우T]

$f(x)=x^3-3x^2+2$에서 $f'(x)=3x^2-6x=3x(x-2)$

$f'(x)=0$의 해는 $x=0$과 $x=2$이고 증감표를 작성해보면

$x=0$에서 극댓값 $f(0)=2$, $x=2$에서 극솟값 $f(2)=-2$를

갖는다.

방정식 $f(x)=0$의 해는

$x^3-3x^2+2=0$

$(x-1)(x^2-2x-2)=0$

$x=1$ 또는 $x=1-\sqrt{3}$ 또는 $x=1+\sqrt{3}$

이다.

따라서 $y=f(x)$의 그래프와 $y=-f(x)$의 그래프는 그림과

같다.

(i) $t\leq-1$일 때, $f(t)\leq-2$이므로

함수 $g(x)$의 그래프는 그림과 같다.

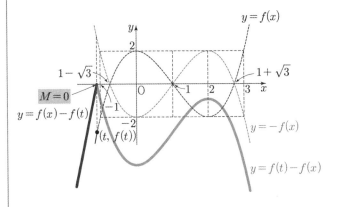

따라서 $h(t)=0$

(ii) $-1<t\leq1-\sqrt{3}$일 때, $-2<f(t)\leq0$이므로

함수 $g(x)$의 그래프는 그림과 같다.

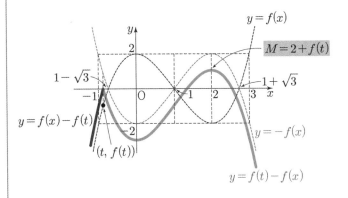

따라서 $h(t)=2+f(t)$

(iii) $1-\sqrt{3}<t\leq 1$일 때, $0\leq f(t)\leq 2$이므로
함수 $g(x)$의 그래프는 그림과 같다.

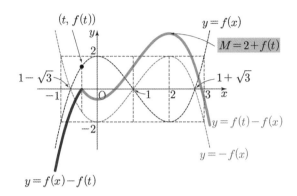

따라서 $h(t)=2+f(t)$

(iv) $1<t\leq 1+\sqrt{3}$일 때, $-2\leq f(t)\leq 0$이므로
함수 $g(x)$의 그래프는 그림과 같다.

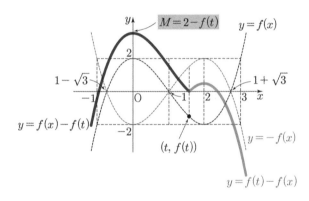

따라서 $h(t)=2-f(t)$

(v) $1+\sqrt{3}<t\leq 3$일 때, $0<f(t)\leq 2$이므로
함수 $g(x)$의 그래프는 그림과 같다.

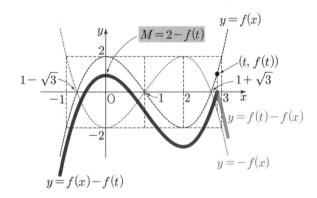

따라서 $h(t)=2-f(t)$

(vi) $t>3$일 때, $f(t)>2$이므로
함수 $g(x)$의 그래프는 그림과 같다.

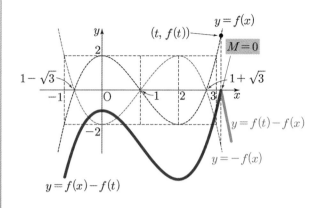

따라서 $h(t)=0$

그러므로 $h(t)=\begin{cases}0 & (t\leq -1)\\ 2+f(t) & (-1<t\leq 1)\\ 2-f(t) & (1<t\leq 3)\\ 0 & (t>3)\end{cases}$

따라서

$h(x)=\begin{cases}0 & (x\leq -1)\\ x^3-3x^2+4 & (-1<x\leq 1)\\ -x^3+3x^2 & (1<x\leq 3)\\ 0 & (x>3)\end{cases}$

그러므로 방정식 $h(x)=mx$의 실근의 개수가 2이기 위해서는
그림과 같이 직선 $y=mx$가 곡선 $y=-x^3+3x^2$에 접하거나
$(1,2)$를 지나야 한다.

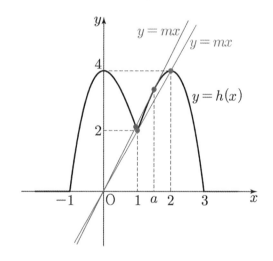

(i) $y=mx$가 곡선 $y=-x^3+3x^2$에 접할 때, 접점의 좌표를
$(a,\ -a^3+3a^2)\ (1<a<2)$이라 하면

$$\dfrac{-a^3+3a^2}{a}=h'(a)$$

$$-a^2+3a=-3a^2+6a$$

$$2a^2-3a=0$$

$$a(2a-3)=0$$

$$\therefore\ a=\dfrac{3}{2}$$

$$m=h'(a)=h'\left(\dfrac{3}{2}\right)=-3\left(\dfrac{3}{2}\right)^2+6\left(\dfrac{3}{2}\right)=\dfrac{-27+36}{4}=\dfrac{9}{4}$$

이다.

(ii) $y=mx$가 $(1,2)$를 지날 때, $m=2$이다.
따라서
$$\frac{9}{4}+2=\frac{17}{4}$$

32 정답 ③

[그림 : 이정배T]

$$\lim_{x\to\infty}\frac{f(x)}{x^4+1}=3$$

에서 함수 $f(x)$는 최고차항의 계수가 3인 사차함수이다.

$$\lim_{x\to0}\frac{af(x)}{x^3}=3$$

에서 함수 $f(x)$는 x^3을 인수로 갖는다.

따라서

$f(x)=3x^3(x+4k)$ $(k\neq0)$ 라 할 수 있다.

$12ak=3$에서 $ak=\frac{1}{4}$ $\cdots\bigcirc$

방정식 $f(f(x))=f(x)$에서 $f(x)=t$라 할 때, $f(t)=t$을
만족시키는 t에 대하여 사차함수 $y=f(x)$와 상수함수
$y=t$의 교점의 개수가 방정식 $(f\circ f)(x)=f(x)$의 실근의
개수이다.

(i) $k<0$일 때,
$y=f(x)$와 $y=x$는 $x=0$과 $x=\alpha$에서 만난다.
따라서 $f(x)=0$과 $f(x)=\alpha$의 해의 개수는 4로 조건 (나)에
모순이다.

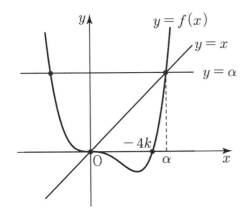

(ii) $k>0$일 때,
(나) 조건을 만족시키기 위해서는 사차함수 $f(x)$의 극솟점이
$y=x$위에 있어야 한다.

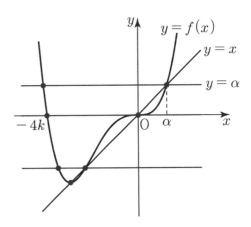

사차함수 비율에서 $f'(-3k)=0$이므로 $f(-3k)=-3k$
$f(-3k)=3(-3k)^3(-3k+4k)=-3k$
$(-3k)^3=-1$
$\therefore$ $k=\frac{1}{3}$

따라서 $f(x)=3x^3\left(x+\frac{4}{3}\right)$

$\bigcirc$에서 $a=\frac{3}{4}$

$f\left(\frac{4}{3}a\right)=f(1)=3\times1^3\times\left(1+\frac{4}{3}\right)=7$

33 정답 17

$|g(x)-3x|=|f(x)|$에서
$g(x)-3x=f(x)$ 또는 $g(x)-3x=-f(x)$이므로 어떤 실수
k에 대하여 함수 $g(x)$는

$$g(x)=\begin{cases}f(x)+3x & (x\le k)\\-f(x)+3x & (x>k)\end{cases}\text{ 또는}$$

$$g(x)=\begin{cases}-f(x)+3x & (x\le k)\\f(x)+3x & (x>k)\end{cases}$$

이다.

(i) $g(x)=\begin{cases}f(x)+3x & (x\le k)\\-f(x)+3x & (x>k)\end{cases}$ 일 때,

$$g'(x)=\begin{cases}f'(x)+3 & (x<k)\\-f'(x)+3 & (x>k)\end{cases}\text{ 이다.}$$

① $k\ge3$이면 $g'(-2)=g'(3)=0$에서
$f'(-2)=f'(3)=-3$이다.
$f'(4)=-3$이므로 모순이다.

② $-2<k<3$이면 $f'(-2)=-3$, $f'(3)=3$이다.
$f'(4)=-3$이므로 양수 a에 대하여
$f'(x)=a(x+2)(x-4)-3$이라 할 수 있다.

$f'(3)=-5a-3=3$에서 $a=-\frac{6}{5}$으로 모순이다.

③ $k\le-2$이면 $f'(-2)=f'(3)=3$이다.
$f'(4)=-3$이므로 양수 a에 대하여
$f'(x)=a(x+2)(x-3)+3$라 할 수 있다.

$f'(4)=6a+3=-3$에서 $a=-1$로 모순이다.

(ii) $g(x)=\begin{cases} -f(x)+3x & (x \le k) \\ f(x)+3x & (x > k) \end{cases}$ 일 때,

$g'(x)=\begin{cases} -f'(x)+3 & (x < k) \\ f'(x)+3 & (x > k) \end{cases}$ 이다.

① $k \ge 3$이면 $g'(-2)=g'(3)=0$에서
$f'(-2)=f'(3)=3$이다.
$f'(4)=-3$이므로 양수 a에 대하여
$f'(x)=a(x+2)(x-3)+3$이라 할 수 있다.
$f'(4)=6a+3=-3$에서 $a=-1$로 모순이다.
② $-2<k<3$이면 $f'(-2)=3$, $f'(3)=-3$이다.
$f'(4)=-3$이므로 양수 a에 대하여
$f'(x)=a(x-3)(x-4)-3$이라 할 수 있다.
$f'(-2)=30a-3=3$에서 $a=\dfrac{1}{5}$이다.

∴ $f'(x)=\dfrac{1}{5}(x-3)(x-4)-3$

③ $k \le -2$이면 $f'(-2)=f'(3)=-3$이다.
$f'(4)=-3$이므로 모순이다.

(i), (ii)에서 $-2<k<3$인 실수 k에 대하여
$g(x)=\begin{cases} -f(x)+3x & (x \le k) \\ f(x)+3x & (x > k) \end{cases}$,

$g'(x)=\begin{cases} -f'(x)+3 & (x < k) \\ f'(x)+3 & (x > k) \end{cases}$ 이고

$f'(x)=\dfrac{1}{5}(x-3)(x-4)-3$이다.

함수 $g(x)$가 실수 전체의 집합에서 미분가능하므로 함수 $g'(x)$가 $x=k$에서 연속이다. 따라서 $f'(k)=0$이다.

따라서 $f'(x)=\dfrac{1}{5}x^2-\dfrac{7}{5}x-\dfrac{3}{5}$에서 $f'(k)=0$

$k^2-7k-3=0$

에서 $-2<k<3$이므로 $k=\dfrac{7-\sqrt{61}}{2}$이다.

$k<0$이므로 $g'(0)=f'(0)+3=-\dfrac{3}{5}+3=\dfrac{12}{5}$

$p=5$, $q=12$이므로 $p+q=17$이다.

34 정답 19

[출제자 : 오세준T]

$f(x)=\log_2(|\sin x|+a)$, $g(x)=\dfrac{1}{\log_2(|\sin x|+b)}$이므로

조건(가)에서

$4^{f(x)}\times 2^{\frac{1}{g(x)}}=(|\sin x|+a)^2(|\sin x|+b) \ge 200$

$|\sin x|=t$라 하면 $|\sin x|\ne 0$이므로 $0<t\le 1$이고
$y=(t+a)^2(t+b)$라 하면 그래프는 아래와 같다.

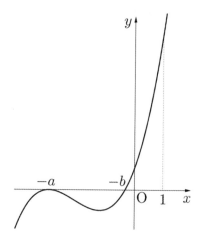

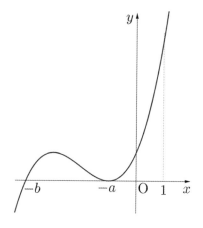

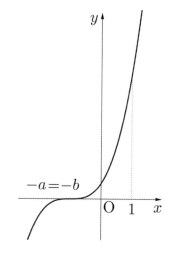

따라서 $t=1$에서 최댓값을 가지므로
$(1+a)^2(1+b)=200=2^3\times 5^2$ …… ㉠
조건(나)에서

$2^{f(x)+1}+2^{\frac{1}{g(x)}}=2(|\sin x|+a)+(|\sin x|+b)$
$\le 3+2a+b \le 30$

∴ $2a+b \le 27$ …… ㉡

㉠에서

$(1+a)^2$	$(1+b)$	a	b	$2a+b$
1	$2^3 \times 5^2$	0	199	a 자연수 아니다.
2^2	2×5^2	3	49	54
5^2	2^3	4	7	15
$2^2 \times 5^2$	2	9	1	19

ⓛ에서 가능한 순서쌍 $(a,\ b)$는 $(4,\ 7)$, $(9,\ 1)$이고 $2a+b$의 최댓값은 19이다.

35 정답 ②

[그림 : 배용제T]

[검토자 : 이지훈T]

$h_1(x) = -(x+2a)^2(x-a)$, $h_2(x) = (x+b)(x-2b)^2 + c$라 하자.

① $a > 0$

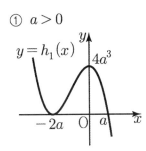

② $a < 0$

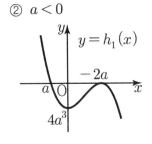

③ $b > 0$

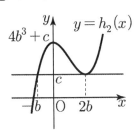

④ $b < 0$

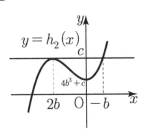

(i) $a > 0$, $b < 0$일 때,

함수 $h_1(x) = -(x+2a)^2(x-a)$는 $x = -2a$에서 극솟값 0, $x = 0$에서 극댓값 $4a^3$을 갖는다.

함수 $h_2(x) = (x+b)(x-2b)^2 + c$는 $x = 2b$에서 극댓값 c, $x = 0$에서 극솟값 $4b^3 + c$를 갖는다.

①+④ $a > 0$, $b < 0$

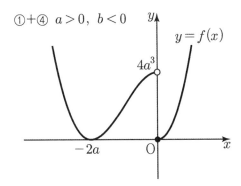

함수 $g(t)$가 불연속인 점의 개수가 4이기 위해서는 두 함수 $h_1(x)$와 $h_2(x)$의 극솟값이 같아야 한다. 즉, 함수 $h_2(x)$의 극솟값이 0이어야 한다. $4b^3 + c = 0$

따라서 $b = -1$, $c = 4$이다.

(ii) $a < 0$, $b > 0$

함수 $h_1(x) = -(x+2a)^2(x-a)$는 $x = 0$에서 극솟값 $4a^3$, $x = -2a$에서 극댓값 0을 갖는다.

함수 $h_2(x) = (x+b)(x-2b)^2 + c$는 $x = 0$에서 극댓값 $4b^3 + c$, $x = 2b$에서 극솟값 c를 갖는다.

②+③ $a < 0$, $b > 0$

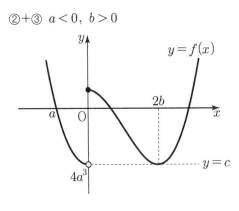

함수 $g(t)$가 불연속인 점의 개수가 4이기 위해서는 두 함수 $h_1(x)$와 $h_2(x)$의 극솟값이 같아야 한다. 즉, 함수 $h_2(x)$의 극솟값이 $4a^3$이어야 한다. $c = 4a^3$

따라서 $a = -1$, $c = -4$이다.

(i), (ii)에서 c의 최댓값은 4이고 c의 최솟값은 -4이다.

c의 최댓값과 최솟값의 곱은 -16이다.

36 정답 4

[그림 : 배용제T]

$f(0) = 0$인 최고차항의 계수가 1인 삼차함수 $f(x)$가 (가)에서 양수 a에 대하여 $f(a) = 0$, $f'(a) = 0$이므로 $f(x) = x(x-a)^2$이다. ···ⓒ

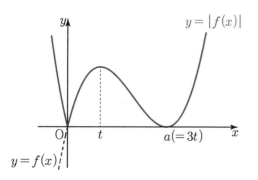

함수 $|f(x)|$는 $x=0$에서 미분가능하지 않고 $x=a$에서는 미분가능하다.

(나)에서 함수 $||f(x)|-k|$의 미분가능성은 함수 $y=|f(x)|$의 그래프와 $y=k$의 교점 중 접점이 아닌 점에서 미분가능하지 않다. 함수 $|f(x)|-k$는 k의 값에 관계없이 $x=0$에서 미분가능하지 않으므로 함수 $||f(x)|-k|$가 미분가능하지 않은 실수 x의 개수는 3이기 위해서는 함수 $|f(x)|$의 극댓값을 M이라 할 때, $k \geq M$이어야 한다.

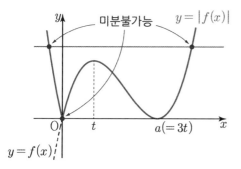

㉠에서

삼차함수 비율을 고려해서 $a=3t$라 하면 $f(x)=x(x-3t)^2$이고 $f'(t)=0$으로 $x=t$에서 극값을 갖는다.

$f(t)=4t^3$이다.

(다)에서

$4|f(x)|+f(-1)=0$에서

$f(-1)=-(-1-3t)^2=-(3t+1)^2$이므로

$4|f(x)|=-f(-1)$

$4|f(t)|=9t^2+6t+1$의 서로 다른 실근의 개수가 3이다.

$a>0$이므로 $t>0$이다.

따라서

$16t^3=9t^2+6t+1$

$16t^3-9t^2-6t-1=0$

$(t-1)(16t^2+7t+1)=0$

$16t^2+7t+1=0$의 $D<0$이므로 $t=1$뿐이다.

따라서 $a=3$

$f(x)=x(x-3)^2$이다.

k의 최솟값이 $f(x)$의 극댓값 $f(1)$이므로 $f(1)=4$에서 $m=4$이다.

$f(m)=f(4)=4\times 1^2=4$이다.

---

37 정답 ①

[그림 : 최성훈T]

(i)

$x \geq 0$일 때, $g(x)=f(x)$이고 $f(x) \geq a^2$이므로

$x \geq 0$일 때, $t \geq a^2$인 t에 대하여

$(g \circ g)(x)=g(g(x))=f(f(x))=f(t)$, $t \geq a^2$

함수 $f(t)$가 $x=-a$에 대칭이므로

$t \geq a^2$일 때, $f(t)$와 $t \leq -a^2-2a$일 때, $f(t)$가 같은 값을 갖는다.

따라서

$x \geq 0$일 때, $(g \circ g)(x)=f(t)$ $(t \leq -a^2-2a)$이다.

(ii)

$x \geq 0$일 때,

$y=-f(x)-b$의 치역은 $\{y \,|\, y \leq -a^2-b\}$이므로

$s=-a^2-b$라 하면

$x \geq 0$일 때, $f(-f(x)-b)=f(s)$ $(s \leq -a^2-b)$이다.

(i), (ii)에서

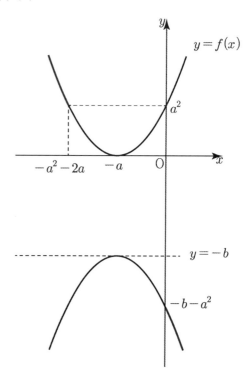

$-a^2-2a=-a^2-b$

$\therefore b=2a \ (a>0)$

따라서 $h(a)=2a$이다.

$\therefore h(2)+h'(2)=4+2=6$

[다른 풀이]-정찬도T

$x \geq 0$일 때, $(g \circ g)(x)=f(-f(x)-b)$

$x \geq 0$일 때 $g(x)=f(x)=(x+a)^2$이므로

$(g \circ g)(x)=(g(x)+a)^2=\{f(x)+a\}^2$

$f(-f(x)-b)=\{-f(x)-b+a\}^2$

$\{f(x)+a\}^2=\{-f(x)-b+a\}^2$에서

$f(x)+a=-f(x)-b+a$ 또는 $f(x)+a=f(x)+b-a$

따라서 $b=-2f(x)$ 또는 $b=2a$

$b=-2f(x)$는 b가 음이 아닌 실수라는 사실에 모순이므로
$b=h(a)=2a$이다.

38 정답 ⑤

[그림 : 최성훈T]

사차방정식 $f(x)=0$의 서로 다른 실근의 개수는 4이하이고
삼차방정식 $f'(x)=0$의 서로 다른 실근의 개수는 3이하이다.
(나)에서 삼차방정식 $f'(x)=0$은 -1과 2를 근으로 갖는다.
따라서 $2 \leq n \leq 3$

$m+n \leq 7$이므로

$m+n=4$ 또는 $m+n=6$이 가능하다.

(i) $n=2$일 때, $m=2$이어야 한다.
함수 $f(x)$의 그래프는 다음과 같다.

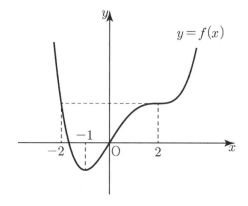

$f(x)=(x+2)(x-2)^3+f(2)$

$f'(x)=(x-2)^3+3(x+2)(x-2)^2$

$f'(0)=-8+24=16$

(ii) $n=3$일 때, $m=3$이어야 한다.
$f'(x)=4(x+1)(x-2)(x-\alpha)$에서 $f'(0)=8\alpha$ $\cdots\bigcirc$이고
$f'(0)$의 최댓값을 구해야 하므로 $\alpha>0$일 때만 생각하면
되겠다.

① $0<\alpha<2$일 때,

$m=3$이므로 $f(x)=(x-b)x(x-2)^2$ $(b<-1)$꼴이다.

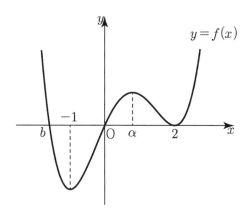

$f'(x)=x(x-2)^2+(x-b)(x-2)^2+2(x-b)x(x-2)$

$=(x-2)\{x^2-2x+x^2-(b+2)x+2b+2x^2-2bx\}$

$=(x-2)\{4x^2-(3b+4)x+2b\}$

방정식 $4x^2-(3b+4)x+2b=0$의 두 근이 -1과 α이다.
근과 계수와의 관계에서

$-1+\alpha=\dfrac{3b+4}{4}$, $-\alpha=\dfrac{b}{2}$

$b=-\dfrac{8}{5}$, $\alpha=\dfrac{4}{5}$이다.

따라서 ㉠에서 $f'(0)=\dfrac{32}{5}$

② $\alpha>2$일 때,

$f(x)=(x-c)x(x-\alpha)^2$ $(c<-1, \alpha>2)$이다.

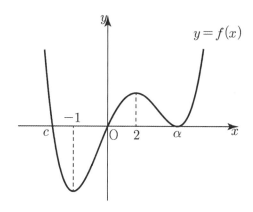

$f'(x)=x(x-\alpha)^2+(x-c)(x-\alpha)^2+2(x-c)x(x-\alpha)$

$=(x-\alpha)\{x^2-\alpha x+x^2-(c+\alpha)x+c\alpha+2x^2-2cx\}$

$=(x-\alpha)\{4x^2-(3c+2\alpha)x+c\alpha\}$

방정식 $4x^2-(3c+2\alpha)x+c\alpha=0$의 두 근이 -1과 2이다.
근과 계수와의 관계에서

$1=\dfrac{3c+2\alpha}{4}$, $-2=\dfrac{c\alpha}{4}$

$3c=4-2\alpha$

$c=\dfrac{4-2\alpha}{3}$

$-8=\dfrac{4-2\alpha}{3}\alpha$

$-24=4\alpha-2\alpha^2$

$2\alpha^2-4\alpha-24=0$

$\alpha^2-2\alpha-12=0$

$\alpha=1+\sqrt{13}$ $(\because \alpha>2)$

㉠에서 $f'(0)=8(1+\sqrt{13})=8+8\sqrt{13}$

(i), (ii)에서 $f'(0)$의 최댓값은 $8+8\sqrt{13}$이다.

39 정답 147

[그림 : 이정배T]

$g'(x)=\begin{cases}f'(x-p) & (x<0)\\ -f'(x+2p) & (x>0)\end{cases}$ 에서 $g'(0)=0$이므로

$f'(-p)=-f'(2p)=0$이다.

$x \geq -p$인 실수 x에 대하여 $f'(x) \geq 0$이므로

$x \geq -p$에서 사차함수 $f(x)$의 그래프는 증가해야 한다.

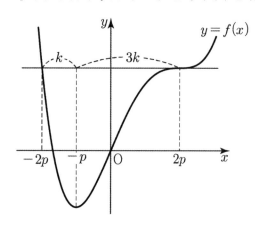

$f(x) = (x+2p)(x-2p)^3 + f(2p)$

$f(0) = 2p \times (-8p^3) + f(2p) = 0$

$\therefore \ f(2p) = 16p^4$

따라서

$f(x) = (x+2p)(x-2p)^3 + 16p^4$

사차함수 $f(x)$의 최솟값은 유일한 극솟값인 $f(-p)$이다.

따라서

$f(-p) = p \times (-27p^3) + 16p^4 = -11p^4 = -11$

$\therefore \ p = 1 \ \cdots \ \bigcirc$

그러므로

$f(x) = (x+2)(x-2)^3 + 16$,

$g(x) = \begin{cases} f(x-1) + 11 & (x < 0) \\ -f(x+2) + 16 & (x \geq 0) \end{cases}$ 이다.

$g(-2) = f(-3) + 11 = \{-1 \times (-125) + 16\} + 11 = 152$

$g(1) = -f(3) + 16 = -(5+16) + 16 = -5$

$\therefore \ g(-2) + g(1) = 147$

[랑데뷰팁]–$\bigcirc$부분 추가 설명 [정찬도T]

$f'(-p) = f'(2p) = 0$이고 $x \geq -p$인 실수 x에 대하여

$f'(x) \geq 0$이므로

$f'(x) = 4(x+p)(x-2p)^2 = 4x^3 - 12px^2 + 16p^3$이고

$f(0) = 0$이므로

$f(x) = x^4 + 4px^3 + 16p^3$이다.

$f(-p) = -11p^4 = -11$에서 $p = 1$이다.

---

40 정답 ④

(가)에서 방정식 $|f(x) - f(0)| = 0$의 해가 $x = a$와

$x = 0$이므로 함수 $f(x) - f(0)$은 $x = a$에서 x축과 만나고

$x = a$에서 미분가능하지 않으므로 $(x-a)$을 인수로 갖는다.

또한 $x = 0$에서 x축에 접해야 하므로 x^2을 인수로 갖는다.

함수 $f(x)$가 최고차항의 계수가 1인 삼차함수이므로

$f(x) - f(0) = (x-a)x^2$라 할 수 있다.

$f(x) = (x-a)x^2 + f(0)$

$f(0) = f(a)$이므로 $f(x) = (x-a)x^2 + f(a)$이다.

$f'(x) = x^2 + 2x(x-a) \Rightarrow f'(a) = a^2$이다.

따라서 접선의 방정식은 $y = a^2(x-a) + f(a)$이다.

(나)에서 $(x-a)x^2 + f(a) = a^2(x-a) + f(a)$의 해가 $x = a$와

$x = b$이다.

$(x-a)^2(x+a) = 0$

$x = a$ 또는 $x = -a$

따라서 $b = -a \ \cdots \ \bigcirc$

한편, (나)에서 $|f(a)| = 1$이므로 $|f(0)| = 1$이다.

(i) $f(0) = -1$일 때, $f(a) = -1$이므로 $f(b) = f(-a) = 1$이다.

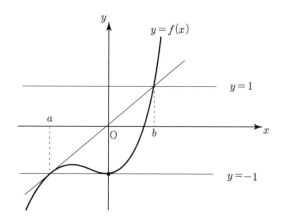

$f(x) = (x-a)x^2 - 1$이고

$f(-a) = -2a \times a^2 - 1 = 1$

$a^3 = -1$

$a = -1$

$\therefore \ f(x) = (x+1)x^2 - 1$

그러므로 $f(2) = 3 \times 4 - 1 = 11$

(ii) $f(0) = 1$일 때, $f(a) = 1$이므로 $f(b) = f(-a) = -1$이다.

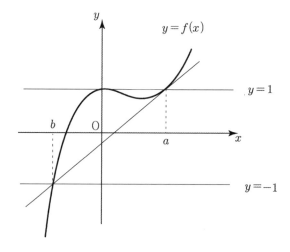

$f(x) = (x-a)a^2 + 1$

$f(-a) = -2a \times a^2 + 1 = -1$

$a^3 = 1$

$a = 1$

$\therefore \ f(x) = (x-1)x^2 + 1$

그러므로 $f(2) = 1 \times 4 + 1 = 5$

(i), (ii)에서 $f(2)$의 최댓값은 11이다.

[추가 설명]–안형진T

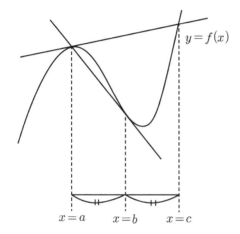

$$x=a \quad x=b \quad x=c$$

$y=f(x)$ 위의 점 $(a,\ f(a))$를 지나고 $y=f(x)$에 접하는
직선을 2개 그을 수 있을 때,
각 직선이 $y=f(x)$와 만나는 $(a,\ f(a))$가 아닌 점을
$(b,\ f(b))$, $(c,\ f(c))$라 하자. (단, $a<b<c$혹은 $c<b<a$)
이때, $2b=a+c$는 항상 성립한다.
∴ ㉠에서 $0=a+b$이므로 $b=-a$

41 정답 5

[그림 : 최성훈T]

$f(x)$는 최고차항의 계수가 a $(a>0)$인 삼차함수이므로
$\displaystyle\lim_{h\to 0}\dfrac{|f(x+h)|-|f(x-h)|}{h}$ 의 의미를 생각해보자.
$k(x)=|f(x)|$ 라 두면,

$$\lim_{h\to 0+}\frac{k(x+h)-k(x-h)}{h}$$

$$=\lim_{h\to 0+}\frac{k(x+h)-k(x)}{h}-\frac{k(x-h)-k(x)}{h}$$

$$=\lim_{h\to 0+}\frac{k(x+h)-k(x)}{h}+\lim_{h\to 0+}\frac{k(x-h)-k(x)}{-h}$$

$$=k'(x+)+k'(x-)$$

$$\lim_{h\to 0-}\frac{k(x+h)-k(x-h)}{h}$$

$$=\lim_{h\to 0-}\frac{k(x+h)-k(x)}{h}-\frac{k(x-h)-k(x)}{h}$$

$$=\lim_{h\to 0-}\frac{k(x+h)-k(x)}{h}+\lim_{h\to 0-}\frac{k(x-h)-k(x)}{-h}$$

$$=k'(x-)+k'(x+)$$

이므로 $\displaystyle\lim_{h\to 0}\dfrac{|f(x+h)|-|f(x-h)|}{h}$은 함수 $k(x)$에 대한
x에서의 우미분계수와 좌미분계수의 합임을 알 수 있다.
따라서 $g(x)=k'(x+)+k'(x-)$

$$\therefore\ g(x)=\begin{cases}-2f'(x) & (x<b-1)\\ 0 & (x=b-1) \quad \cdots㉠\\ 2f'(x) & (x>b-1)\end{cases}$$

[랑데뷰세미나(87), (124) 참고]

조건(가)에서 최고차항의 계수가 a인 삼차함수 $f(x)$를
$f(x)=a(x-b)^3+a$라 할 수 있다.
$f(x)=0$의 해는 $x=b-1$이고
$f'(x)=3a(x-b)^2$에서 $f'(b-1)=3a$이다.
그러므로 ㉠에서 $\displaystyle\lim_{x\to(b-1)+}g(x)=3a+3a=6a$이다.

따라서 두 함수 $f(x)$와 $g(x)$의 그래프 개형은 다음과 같다.

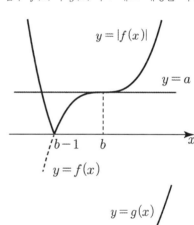

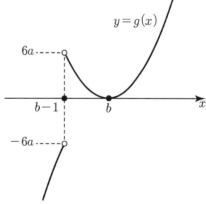

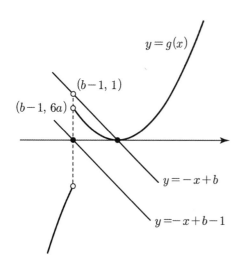

$g(b-1)=0$, $g(b)=0$이므로

조건 (나)에서

$x+g(x)=b-1$, $x+g(x)=b$을 동시에 만족하는 x의 개수가 2이어야 한다.

즉, $g(x)=-x+b-1$, $g(x)=-x+b$에서

$y=g(x)$와 $y=-x+b-1$는 오직 한 점에서만 만나므로

$y=g(x)$와 $y=-x+b$도 한 점 $(b, 0)$에서만 만나야 한다.

$y=-x+b$가 $(b-1, 1)$을 지나므로 $6a \le 1$이어야 한다.

따라서 $a \le \dfrac{1}{6}$이다.

a가 최대일 때

$f(x)=\dfrac{1}{6}(x-b)^3+\dfrac{1}{6}$이고

$f(1)=\dfrac{1}{6}$에서 $b=1$이다.

$\therefore f(x)=\dfrac{1}{6}(x-1)^3+\dfrac{1}{6}$

$f(3)=\dfrac{8}{6}+\dfrac{1}{6}=\dfrac{3}{2}$

$p=2$, $q=3$이므로 $p+q=5$이다.

42 정답 4

[그림 : 배용제T]

$y=f(x)$와 $y=x$의 교점의 x좌표는

$-x^2+2=x$

$x^2+x-2=0$

$(x+2)(x-1)=0$

$x=-2$ 또는 $x=1$

$y=f(x)$와 $y=-x$의 교점의 x좌표는

$-x^2+2=-x$

$x^2-x-2=0$

$(x-2)(x+1)=0$

$x=2$ 또는 $x=-1$

따라서 $g(x)=|f(x)+x|-|f(x)-x|+f(x)-2x$는 다음과 같다.

(i) $x \le -2$ 또는 $x \ge 2$일 때, $f(x)+x<0$, $f(x)-x<0$이므로

$\begin{aligned} g(x)&=-f(x)-x+f(x)-x+f(x)-2x \\ &=f(x)-4x \\ &=-x^2-4x+2 \end{aligned}$

(ii) $-2<x<-1$일 때, $f(x)+x<0$, $f(x)-x>0$이므로

$\begin{aligned} g(x)&=-f(x)-x-f(x)+x+f(x)-2x \\ &=-f(x)-2x \\ &=x^2-2x-2 \end{aligned}$

(iii) $-1 \le x<1$일 때, $f(x)+x>0$, $f(x)-x>0$이므로

$\begin{aligned} g(x)&=f(x)+x-f(x)+x+f(x)-2x \\ &=f(x)=-x^2+2 \end{aligned}$

(vi) $1 \le x<2$일 때, $f(x)+x>0$, $f(x)-x<0$

$\begin{aligned} g(x)&=f(x)+x+f(x)-x+f(x)-2x \\ &=3f(x)-2x \\ &=-3x^2-2x+6 \end{aligned}$

(i), (ii), (iii), (iv)에서

함수 $g(x)$는 다음과 같다.

$$g(x)=\begin{cases} -x^2-4x+2 & (x \le -2, x \ge 2) \\ x^2-2x-2 & (-2<x<-1) \\ -x^2+2 & (-1 \le x<1) \\ -3x^2-2x+6 & (1 \le x<2) \end{cases}$$

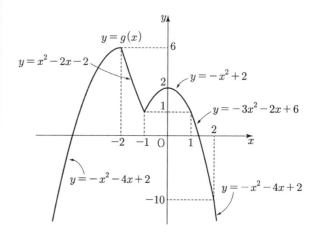

함수 $g(x)$는 $x=-2$, $x=-1$, $x=1$, $x=2$에서 미분가능하지 않고 그 점을 제외한 구간에서의 $g'(x)$는 다음과 같다.

$$g'(x) = \begin{cases} -2x-4 & (x<-2,\, x>2) \\ 2x-2 & (-2<x<-1) \\ -2x & (-1<x<1) \\ -6x-2 & (1<x<2) \end{cases} \cdots \text{㉠}$$

한편,

$h(x) = \lim\limits_{k \to 0} \dfrac{g(x+k)-g(x-k)}{k}$ 의 의미를 생각해보자.

$\lim\limits_{k \to 0+} \dfrac{g(x+k)-g(x-k)}{k}$

$= \lim\limits_{k \to 0+} \dfrac{g(x+k)-g(x)}{k} - \dfrac{g(x-k)-g(x)}{k}$

$= \lim\limits_{k \to 0+} \dfrac{g(x+k)-g(x)}{k} + \lim\limits_{k \to 0+} \dfrac{g(x-k)-g(x)}{-k}$

$= g'(x+) + g'(x-)$

$\lim\limits_{k \to 0-} \dfrac{g(x+k)-g(x-k)}{k}$

$= \lim\limits_{k \to 0-} \dfrac{g(x+k)-g(x)}{k} - \dfrac{g(x-k)-g(x)}{k}$

$= \lim\limits_{k \to 0-} \dfrac{g(x+k)-g(x)}{k} + \lim\limits_{k \to 0-} \dfrac{g(x-k)-g(x)}{-k}$

$= g'(x-) + g'(x+)$

이므로 $h(x) = \lim\limits_{k \to 0} \dfrac{g(x+k)-g(x-k)}{k}$ 은 함수 $h(x)$에 대한

x에서의 우미분계수와 좌미분계수의 합임을 알 수 있다.

따라서 $h(x) = g'(x+) + g'(x-) \cdots \text{㉡}$

[랑데뷰세미나(87), (124) 참고]

㉠, ㉡에서 함수 $h(x)$는 다음과 같다.

$$h(x) = \begin{cases} -4x-8 & (x<-2) \\ -6 & (x=-2) \\ 4x-4 & (-2<x<-1) \\ -2 & (x=-1) \\ -4x & (-1<x<1) \\ -10 & (x=1) \\ -12x-4 & (1<x<2) \\ -22 & (x=2) \\ -4x-8 & (x>2) \end{cases}$$

따라서 함수 $|h(x)|$는 다음과 같다.

$$|h(x)| = \begin{cases} -4x-8 & (x<-2) \\ 6 & (x=-2) \\ -4x+4 & (-2<x<-1) \\ 2 & (x=-1) \\ |4x| & (-1<x<1) \\ 10 & (x=1) \\ 12x+4 & (1<x<2) \\ 22 & (x=2) \\ 4x+8 & (x>2) \end{cases}$$

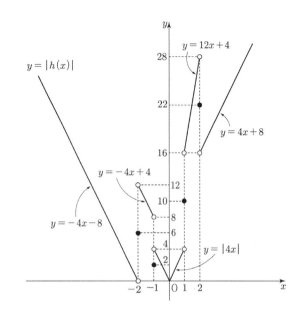

① $|h(-2)| = 6$에 대해 알아보자.

$\lim\limits_{x \to -2-} |h(x)| = 0$, $\lim\limits_{x \to -2+} |h(x)| = 4$ 에서

$\lim\limits_{x \to -2-} |h(x)| < |h(-2)| < \lim\limits_{x \to -2+} |h(x)|$ 이다.

즉, $x=-2$을 포함하는 어떤 열린구간에 속하는 모든 x에 대하여 $|h(x)| \geq |h(-2)|$을 만족시키지 못한다.

따라서 6은 극값이 아니다.

② $|h(-1)| = 2$에 대해 알아보자.

$\lim\limits_{x \to -1-} |h(x)| = 8$, $\lim\limits_{x \to -1+} |h(x)| = 12$ 에서

$\lim\limits_{x \to -1-} |h(x)| < |h(1)|$, $\lim\limits_{x \to -1+} |h(x)| < |h(1)|$ 이다.

즉, $x=1$을 포함하는 어떤 열린구간에 속하는 모든 x에 대하여 $|h(x)| \geq |h(1)|$을 만족시킨다.

따라서 2은 극솟값이다.

③ $|h(1)| = 10$에 대해 알아보자.

$\lim\limits_{x \to 1-} |h(x)| = 4$, $\lim\limits_{x \to 1+} |h(x)| = 16$ 에서

$\lim\limits_{x \to 1-} |h(x)| < |h(1)| < \lim\limits_{x \to 1+} |h(x)|$ 이다.

즉, $x=1$을 포함하는 어떤 열린구간에 속하는 모든 x에 대하여 $|h(x)| \geq |h(1)|$을 만족시키지 못한다.

따라서 10은 극값이 아니다.

④ $|h(2)| = 22$에 대해 알아보자.

$\lim\limits_{x \to 2-} |h(x)| = 28$, $\lim\limits_{x \to 2+} |h(x)| = 16$ 에서

$\lim\limits_{x \to 2+} |h(x)| < |h(2)| < \lim\limits_{x \to 2-} |h(x)|$ 이다.

즉, $x=2$을 포함하는 어떤 열린구간에 속하는 모든 x에 대하여 $|h(x)| \geq |h(2)|$을 만족시키지 못한다.

따라서 22은 극값이 아니다.

⑤ $x=0$에서 $|h(0)| = 0$이고 극솟값이다.

①~⑤에서

모든 극값의 개수 $n=2$이고 모든 극값의 합은

$S = 2 + 0 = 2$이다.

따라서 $n + S = 2 + 2 = 4$

43 정답 154

[출제자 : 김진성T]

첫째, $f(t) = 0$ 일 때,

$$h(t) = \lim_{x \to 1} \frac{\sqrt{(x-1)g(x)}}{(x-1)^2}$$

$$= \lim_{x \to 1} \sqrt{\frac{g(x)}{(x-1)^3}} = \lim_{x \to 1} \sqrt{\frac{f(x)}{(x-1)^2}}$$

가 존재하기 위해서는 $f(x) = (x-1)^2$이어야 한다.

둘째, $f(t) \neq 0$ 일 때,

$$h(t) = \lim_{x \to 1} \frac{\sqrt{(x-1)g(x) + \{f(t)\}^2} - |f(t)|}{(x-1)^2}$$

$$= \lim_{x \to 1} \frac{(x-1)g(x)}{(x-1)^2 \left(\sqrt{(x-1)g(x) + \{f(t)\}^2} + |f(t)| \right)}$$

$$= \lim_{x \to 1} \frac{g(x)}{(x-1) \left(2|f(t)| \right)} = \lim_{x \to 1} \frac{f(x)}{\left(2|f(t)| \right)} = 0 \quad ($$

$$\because g(x) = (x-1)f(x) \text{ 이고 } f(x) = (x-1)^2)$$

함수 $g(x)$가 $x = 0$에서 연속이므로 $-f(0) = -af(b) = -1$
이고 $a(b-1)^2 = 1$ 이다.

한편 $g(-4) = (-4-a)f(4+b) = 0$ 이므로

$f(4+b) = (4+b-1)^2 = 0$ 이고

$\therefore b = -3, a = \dfrac{1}{16}$

따라서

$$h(1) = \lim_{x \to 1} \frac{\sqrt{(x-1)g(x)}}{(x-1)^2} = \lim_{x \to 1} \sqrt{\frac{f(x)}{(x-1)^2}} = 1 \text{ 이고}$$

$16g(-1) = 16(-1-a)f(1+b) = 16\left(-1 - \dfrac{1}{16}\right)f(-2) = -17 \times 9$

$= -153$ 이다.

$\therefore h(1) - 16g(-1) = 154$

44 정답 56

$g(x) = |f(x) - tx|$ $(-1 \leq x \leq 2)$의 최댓값과 최솟값은 두
함수 $y = f(x)$와 $y = tx$의 함숫값의 차이로 생각할 수 있다.
따라서 두 그래프를 그려 비교해보자.

(ⅰ) $t < -2$일 때, 최솟값(m)은 0, 최댓값(M)은
$1 - 2t$이다.
$h(t) = -2t + 1$

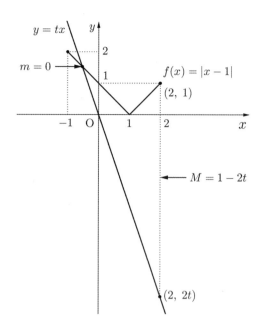

(ⅱ) $-2 \leq t < -1$일 때, $m = 2 + t$, $M = 1 - 2t$이다.
$h(t) = 1 - 2t - (2+t) = -3t - 1$

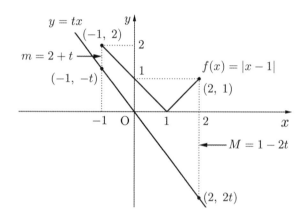

$x = -1$일 때의 차이 $2 + t$와 $x = 2$일 때의 차이 $1 - 2t$이고,

$2 + t = 1 - 2t$

$t = -\dfrac{1}{3}$

(ⅲ) $-1 \leq t < -\dfrac{1}{3}$일 때, $m = -t$, $M = 1 - 2t$이다.

$h(t) = -t + 1$

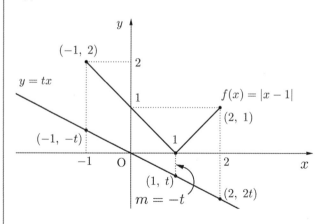

(iv) $-\dfrac{1}{3} \leq t < 0$일 때, $m=-t$, $M=t+2$이다.

$h(t)=2t+2$

(그림은 (iii)의 그림 참고)

한편, $t \geq 0$일 때, $x=-1$에서의 차이는 $t+2$

$x=2$일 때의 차이는 $2t-1$이므로

$t+2=2t-1$에서 $t=3$일 때 같은 값을 갖는다.

(v) $0 \leq t < 3$일 때, $m=0$, $M=t+2$이다. $h(t)=t+2$

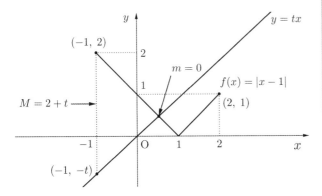

(vi) $t \geq 3$일 때, $m=0$, $M=2t-1$이다.

$h(t)=2t-1$

따라서 함수 $h(t)$는 다음과 같다.

$$h(t)=\begin{cases} -2t+1 & t < -2 \\ -3t-1 & -2 \leq t < -1 \\ -t+1 & -1 \leq t < -\dfrac{1}{3} \\ 2t+2 & -\dfrac{1}{3} \leq t < 0 \\ t+2 & 0 \leq t < 3 \\ 2t-1 & t \geq 3 \end{cases}$$

그러므로 $y=h(t)$의 그래프는 다음과 같다.

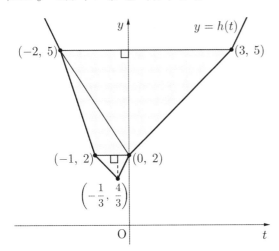

도형의 넓이

$S=\dfrac{1}{2} \times 1 \times \dfrac{2}{3} + \dfrac{1}{2} \times 1 \times 3 + \dfrac{1}{2} \times 5 \times 3$

$=\dfrac{1}{3}+\dfrac{3}{2}+\dfrac{15}{2}=\dfrac{28}{3}$

따라서 $6S=56$

---

45 정답 27

삼차함수 $f(x)$와 x축과의 교점을 $A(a, 0)$, $B(b, 0)$이라
하자. (단, $b=a+3$)

$f(x)=(x-a)(x-b)^2$ 또는 $f(x)=(x-a)^2(x-b)$꼴인데 함수
$f(x)$의 극댓값이 양수이므로

$f(x)=(x-a)(x-b)^2$이다.

함수 $g(x)$가 $x=0$에서 연속이므로 $\displaystyle\lim_{x \to 0} \dfrac{f(x)+f'(x)}{x}=k$에서

$f(0)=-f'(0)$이다.

$f'(x)=(x-b)^2+2(x-a)(x-b)=(x-b)(3x-2a-b)$

에서 $f(0)=-ab^2$, $f'(0)=b(2a+b)$

$f(0)=-f'(0)$에서 $ab^2-b(2a+b)=0$

$b(ab-2a-b)=0$

$(a+3)(a^2+3a-2a-a-3)=0$ ($\because b=a+3$)

$(a+3)(a^2-3)=0$

$a=-3$ 또는 $a=-\sqrt{3}$ 또는 $a=\sqrt{3}$ 이다.

(i) $a=-3$이면

$f(x)=(x+3)x^2=x^3+3x^2$이고 $f'(x)=3x^2+6x$

$g(x)=\begin{cases} x^2+6x+6 & (x \neq 0) \\ k & (x=0) \end{cases}$

$g(x)$가 $x=0$에서 연속이기 위해서는 $k=6$이다.

$k<0$라는 조건에 모순이다.

(ii) $a=-\sqrt{3}$일 때,

$f(x)=(x+\sqrt{3})(x+\sqrt{3}-3)^2$

$f'(x)=(x+\sqrt{3}-3)^2+2(x+\sqrt{3})(x+\sqrt{3}-3)$

$\quad\quad=(x+\sqrt{3}-3)(3x+3\sqrt{3}-3)$

따라서

$f(x)+f'(x)=(x+\sqrt{3}-3)(x^2+2\sqrt{3}x)$

그러므로 $g(x)=\begin{cases} (x+\sqrt{3}-3)(x+2\sqrt{3}) & (x \neq 0) \\ k & (x=0) \end{cases}$

$k=\displaystyle\lim_{x \to 0}g(x)=(\sqrt{3}-3) \times 2\sqrt{3}=6-6\sqrt{3}$

$k<0$라는 조건을 만족한다.

(iii) $a=\sqrt{3}$일 때,

$f(x)=(x-\sqrt{3})(x-\sqrt{3}-3)^2$

$f'(x)=(x-\sqrt{3}-3)^2+2(x-\sqrt{3})(x-\sqrt{3}-3)$

$\quad\quad=(x-\sqrt{3}-3)(3x-3\sqrt{3}-3)$

따라서

$f(x)+f'(x)=(x-\sqrt{3}-3)(x^2-2\sqrt{3}x)$

그러므로 $g(x)=\begin{cases} (x-\sqrt{3}-3)(x-2\sqrt{3}) & (x \neq 0) \\ k & (x=0) \end{cases}$

$k=\displaystyle\lim_{x \to 0}g(x)=(-\sqrt{3}-3) \times (-2\sqrt{3})=6+6\sqrt{3}$

$k<0$라는 조건에 모순

(i), (ii), (iii)에서

$$\therefore k = 6 - 6\sqrt{3}$$

$$\therefore g(x) = \begin{cases} (x + \sqrt{3} - 3)(x + 2\sqrt{3}) & (x \neq 0) \\ k & (x = 0) \end{cases}$$

따라서 $x \neq 0$일 때

$$g'(x) = x + 2\sqrt{3} + x + \sqrt{3} - 3 = 2x + 3\sqrt{3} - 3$$

$$g'\left(\frac{3}{2}\right) = 3\sqrt{3}$$

따라서 $\left\{g'\left(\frac{3}{2}\right)\right\}^2 = 27$

46 정답 ⑤

[그림 : 이정배T]

$f'(a)(a-t) = f(a) \Rightarrow 0 = f'(a)(t-a) + f(a)$

이 식은 $y = f(x)$위의 점 $(a, f(a))$에서 접선의 방정식

$y = f'(a)(x-a) + f(a)$에 $(t, 0)$을 대입한 식이므로

사차함수 $f(x)$의 접선이 $(t, 0)$을 지나는 접점이

$(-2, f(-2))$로 하나뿐인 경우이다.

따라서 등식 $0 = f'(-2)(t+2) + f(-2)$이 $k < t < 2$의 t에

대해 항상 성립하기 위해서는

$f'(-2) = 0$, $f(-2) = 0$이고 사차함수 $f(x)$가 아래로 볼록

안쪽 부분에 t가 존재해야 한다.

따라서 $f(x) = (x+2)^3(x-2)$에서

$f'(x) = 3(x+2)^2(x-2) + (x+2)^3$

$f''(x) = 6(x+2)(x-2) + 6(x+2)^2$

$\qquad = 6(x+2)(2x)$

변곡점의 위치는 $(0, -16)$이고 에서 $f'(0) = -16$이므로

변곡접선의 방정식은 $y = -16x - 16$

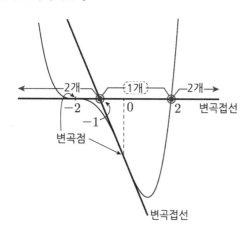

변곡접선의 x절편은 -1이다.

$\therefore k = -1$

따라서 $f(-1) = -27$이므로

$k \times f(-1) = 27$

47 정답 45

[그림 : 이호진T]

(가), (나)에서 함수 $g(t)$는 $t = 0$에서 미분가능하고 $t < 0$일

때, 증가하고 함수 $g(t)$가 $t = 0$에서 미분가능하므로 함수

$f(x)$는 $x = 0$에서 극댓값을 가져야 된다.

(가)에서 함수 $g(t)$가 $t = 2$에서 미분가능하지 않으므로

$f(0) = f(2)$이다.

(나)에서 $2 < t < 4$에서 $g'(t) > 0$이므로 $f(x)$는 $x = 4$에서

극댓값을 갖는다. 즉, $f'(4) = 0$

함수 $f(x)$의 그래프는 다음 그림과 같다.

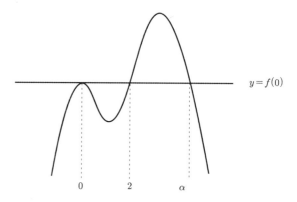

$f(x) = ax^2(x-2)(x-\alpha) + f(0)$ $(a < 0, \alpha > 4)$에서

$f'(x) = a\{2x(x-2)(x-\alpha) + x^2(x-\alpha) + x^2(x-2)\}$

$f'(4) = 0$이므로

$16(4-\alpha) + 16(4-\alpha) + 32 = 0$

$4 - \alpha + 4 - \alpha + 2 = 0$

$2\alpha = 10$

$\therefore \alpha = 5$

따라서

$f(x) = ax^2(x-2)(x-5) + f(0)$이다.

(i) $t \leq 0$일 때, $x \leq t$에서의 $M_1 = f(t)$이고

$x \geq t$일 때의 $M_2 = f(4)$이다.

따라서 $g(t) = f(t) + f(4)$

(ii) $0 \leq t \leq 2$일 때, $M_1 = f(0)$이고 $M_2 = f(4)$이다.

따라서 $g(t) = f(0) + f(4)$

(iii) $t \geq 2$일 때, $M_1 = f(t)$이고 $M_2 = f(4)$이다.

따라서 $g(t) = f(t) + f(4)$

그러므로 함수 $g(t)$의 그래프는 다음 그림과 같다.

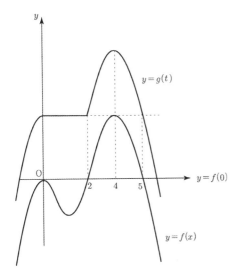

$g(0)=g(1)=M_1=f(0)+f(4)$, $g(4)=M_2=2f(4)$이므로

$g(4)-g(1)=4$에서 $2f(4)-f(0)-f(4)=4$

즉, $f(4)-f(0)=4$이다.

$f(x)=ax^2(x-2)(x-5)+f(0)$에서

$f(4)=-32a+f(0)$이므로 $-32a=4$

$\therefore a=-\dfrac{1}{8}$

그러므로

$f(x)=-\dfrac{1}{8}x^2(x-2)(x-5)+f(0)$이다.

$f(5)=f(0)$이고

$f(-3)=-\dfrac{1}{8}\times(-3)^2\times(-5)\times(-8)+f(0)$

$\qquad =-45+f(0)$ 이므로

$f(5)-f(-3)=45$

48 정답 43

[그림 : 서태욱T]

삼차함수 $f(x)$가 극값이 존재하지 않으면 함수 $g(t)=1$로 모든 실수 t에 대하여 연속이므로 함수 $f(x)g(x)$는 모든 실수 x에 대하여 연속이며 미분가능한 함수가 된다. 따라서 삼차함수 $f(x)$는 극값이 존재한다.

그림과 같이 함수 $f(x)$의 극솟값을 m, 극댓값을 M이라 할 때, 함수 $g(t)$는 $t=m$, $t=M$에서 불연속이다.

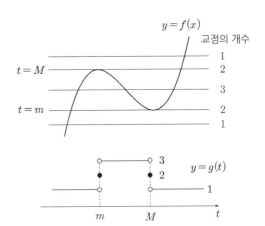

함수 $f(x)g(x)$가 실수 전체의 집합에서 연속이므로 $f(m)=0$, $f(M)=0$이어야 한다.

즉, 함수 $f(x)g(x)$는 $(x-m)(x-M)$을 인수로 가져야 한다.

또한 $f(x)g(x)$의 미분가능하지 x의 개수가 1이므로

$f(x)g(x)=a(x-m)(x-M)^2$ 또는

$f(x)g(x)=a(x-m)^2(x-M)$꼴이다.

즉, 극값 중 하나는 0이다.

함수 $f(x)g(x)$가 $x=3$에서만 미분가능하지 않으므로 함수 $g(t)$는 $t=3$에서 불연속이다.

따라서 함수 $f(x)$는 극솟값이 0, 극댓값이 3이어야 하고 $x=0$에서 함수 $f(x)g(x)$가 미분가능해야 하므로

$f(x)=ax^2(x-3)$이다.

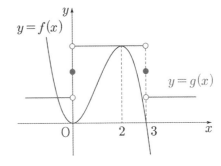

삼차함수 비율에서 $f'(2)=0$이고 $f(2)=3$이다.

$f(2)=-4a=3$

$a=-\dfrac{3}{4}$

$\therefore f(x)=-\dfrac{3}{4}x^2(x-3)$

$f(kx-f(x))=0$의 해는

$kx-f(x)=0$, $kx-f(x)=3$을 만족시키는 x값들이다.

삼차함수 $f(x)$와 두 직선 $y=kx$, $y=kx-3$가 만나는 점의 개수의 합이 3이어야 한다.

두 직선의 기울기 k의 값이 최소일 때는 $y=kx$가 곡선 $y=f(x)$와 만나는 점의 개수가 2이고 직선 $y=kx-3$이 $y=f(x)$와 만나는 점의 개수가 1일 때다.

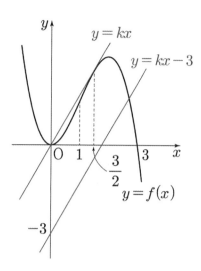

삼차함수 비율에서 접점의 x좌표는 $x = \dfrac{3}{2}$

$f'(x) = -\dfrac{3}{2}x(x-3) - \dfrac{3}{4}x^2$에서

$f'\left(\dfrac{3}{2}\right) = -\dfrac{3}{2} \times \dfrac{3}{2} \times \left(-\dfrac{3}{2}\right) - \dfrac{3}{4} \times \left(\dfrac{3}{2}\right)^2$

$\qquad = \dfrac{27}{8} - \dfrac{27}{16} = \dfrac{27}{16}$

따라서 $y = \dfrac{27}{16}x$

그러므로 k의 값은 $\dfrac{27}{16}$이다.

$p = 16$, $q = 27$이므로 $p + q = 43$

[랑데뷰팁]

삼차함수 $f(x)$의 변곡접선의 y절편이 -3보다 큰 값이므로 $(0, -3)$에서 곡선 $y = f(x)$에 그을 수 있는 접선의 수는 1이므로 $y = kx - 3$이 $y = f(x)$의 접선일 때는 $y = kx - 3$과 $y = f(x)$가 만나는 점의 개수는 1이다.

49 정답 8

$f(x) = (x+5)|x+a|$ 그래프는

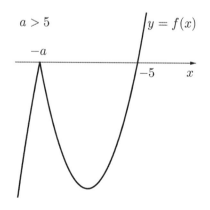

a의 값의 범위에 따라서 위 세 가지 경우가 있지만 함수 $f(x)$가 극댓값 9를 가지려면 $f(x)$의 그래프는 세 번째인 $a < 5$인 경우이다.

(가)조건에서 극댓값은 $x = \dfrac{-5-a}{2}$에서 가지므로

$f\left(\dfrac{-5-a}{2}\right) = \left(\dfrac{-5-a}{2} + 5\right)\left(\dfrac{-5-a}{2} + a\right) = \dfrac{1}{4}(a-5)^2$

$\dfrac{1}{4}(a-5)^2 = 9$이므로

$(a-5)^2 = 36$

$a - 5 = \pm 6$

$a = -1$ 또는 $a = 11$에서

$a < 5$이므로 $a = -1$

$f(x) = (x+5)|x-1|$은

$x < 0$일 때, $f(x) = -(x+5)(x-1) = -x^2 - 4x + 5$이다.

이차함수 $g(x)$를 $g(x) = px^2 + qx + r$이라 하면 함수 $h(x)$와 $h'(x)$는

$h(x) = \begin{cases} -x^2 - 4x + 5 & (x \le 0) \\ px^2 + qx + r & (x > 0) \end{cases}$

$h'(x) = \begin{cases} -2x - 4 & (x < 0) \\ 2px + q & (x > 0) \end{cases}$

이다.

함수 $h(x)$가 실수 전체에서 미분 가능하므로

$f(0) = g(0)$이고 $f'(0) = g'(0)$이다.

$f(0) = 5$, $g(0) = r$이므로 $r = 5$

$f'(0) = -4$, $g'(0) = q$이므로 $q = -4$

$f'(-1)=-2$, $g'(1)=2p-4$이므로

(나)조건 $f'(-1)+g'(1)=-2$에 의하여 $2p-6=-2$이므로

$p=2$

그러므로 $g(x)=2x^2-4x+5$

$\therefore \ f(-4)+g(1)=5+3=8$

50 정답 4

(가)에서 사차함수 $f(x)$는 y축 대칭이다. ···㉠

(나)에서 $g(x)=(x-1)^2+3$으로

$g(f(x))=\{f(x)-1\}^2+3$이므로

$f(x)=1$을 만족하는 x에 대해 $g(f(x))$는 최솟값 3을 갖는다.

$\therefore \ m=3$

$g(f(x))=3$의 실근의 개수가 3이므로 $f(x)=1$의 실근의 개수가 3이다.

㉠에서 사차함수 $f(x)$의 최고차항의 계수가 양수일 때는 극댓값 $f(0)=1$이고 최고차항의 계수가 음수일 때는 극솟값 $f(0)=1$이다. ···㉡

(다)에서 $g(f(x))=\{f(x)-1\}^2+3=12$

$f(x)-1=\pm 3$

$f(x)=4$ 또는 $f(x)=-2$

(i) 사차함수 $f(x)$의 최고차항의 계수가 양수일 때

㉡에서 극댓값이 $f(0)=1$이므로 다음 그림과 같은 그래프이다.

방정식 $f(x)=4$은 서로 다른 두 실근을 가지므로 방정식 $g(f(x))=12$이 서로 다른 네 실근을 가지기 위해서는 $f(x)=-2$이 서로 다른 두 실근을 가져야 한다.

즉, 사차함수 $f(x)$의 극솟값이 -2이다.

따라서 극댓값과 극솟값의 합은 $P=1+(-2)=-1$이다.

(ii) 사차함수 $f(x)$의 최고차항의 계수가 음수일 때

㉡에서 극솟값이 $f(0)=1$이므로 다음 그림과 같은 그래프이다.

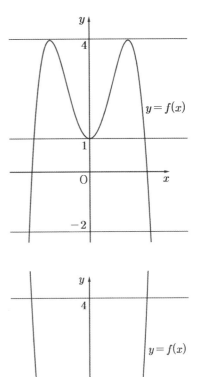

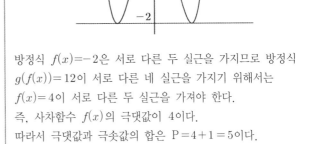

방정식 $f(x)=-2$은 서로 다른 두 실근을 가지므로 방정식 $g(f(x))=12$이 서로 다른 네 실근을 가지기 위해서는 $f(x)=4$이 서로 다른 두 실근을 가져야 한다.

즉, 사차함수 $f(x)$의 극댓값이 4이다.

따라서 극댓값과 극솟값의 합은 $P=4+1=5$이다.

(i), (ii)에서 P의 값으로 가능한 값은 -1, 5이다.

$(-1)+5=4$

51 정답 ④

$f'(x)=2x(x-3)+x^2=3x(x-2)$

$f'(x)=0$을 만족하는 x값은 $x=0$, $x=2$이고 도함수의 그래프 개형은 아래와 같다.

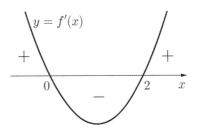

따라서 $f(x)$의 극댓값 $f(0)=a$, 극솟값 $f(2)=a-4$이므로

그래프 개형은 아래와 같다.

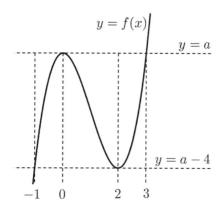

이제 $g(t)$에 대해 알아보자.

$t < -1$일 때 상수함수 $y = f(t)$와 $y = f(x)$의 교점을 생각해보면 1개다.

$t = -1$일 때 상수함수 $y = f(t)$와 $y = f(x)$의 교점을 생각해보면 2개다.

이와 같은 과정을 반복하여 $g(t)$를 찾아보면 아래와 같다

$$g(t) = \begin{cases} 1 & (t < -1 \text{ or } t > 3) \\ 2 & (t = -1 \text{ or } t = 0 \text{ or } t = 2 \text{ or } t = 3) \\ 3 & (-1 < t < 0 \text{ or } 0 < t < 2 \text{ or } 2 < t < 3) \end{cases}$$

이제 조건을 해석해보자.

방정식 $f(k) + g(k) = 0$을 만족하는 k값을 $y = f(x) + g(x)$와 x축과의 교점의 x좌표로 볼 수 있다.

$y = f(x) + g(x)$의 그래프를 그려보자.

$f(x) + g(x)$

$$= \begin{cases} x^2(x-3) + a + 1 & (x < -1 \text{ or } x > 3) \\ x^2(x-3) + a + 2 & (x = -1 \text{ or } x = 0 \text{ or } x = 2 \text{ or } x = 3) \\ x^2(x-3) + a + 3 & (-1 < x < 0 \text{ or } 0 < x < 2 \text{ or } 2 < x < 3) \end{cases}$$

이고

그래프는 다음 그림과 같다.

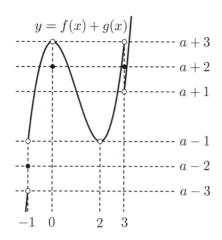

$y = f(x) + g(x)$의 그래프가 x축과 만나지 않기 위해서는 x축이 아래의 그림과 같이 위치해야 한다.

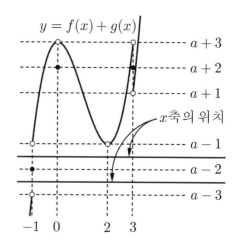

따라서

$a - 2 < 0 \le a - 1$ or $a - 3 \le 0 < a - 2$

$\Rightarrow -2 < -a \le -1$ or $-3 \le -a < -2$

$1 \le a < 2$ or $2 < a \le 3$ 이고 a의 최솟값은 1이다.

52 정답 2

이차함수 $f(x)$의 그래프를 구간 $[n-1, n)$인 즉 구간의 길이가 1인 부분으로 연결하며 $x > 0$의 모든 실수 x에 대하여 미분가능하고 최대 최소를 가지려면 다음 그림과 같은 개형이다.

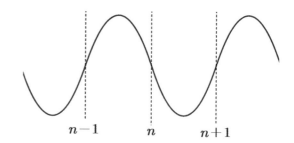

따라서 함수 $g(x)$는 $x = n - \dfrac{1}{2}$ (n은 자연수)에서 극값을 가지므로 $a_n = n - \dfrac{1}{2}$이다.

(다)에서 최댓값과 최솟값의 합이 1이므로 아래로 볼록 개형과 위로 볼록 개형의 교차점이 $y = \dfrac{1}{2}$에서 생긴다.

$n = 1$일 때, $0 \le x < 1$에서 $g(x) = 3\left(x - \dfrac{1}{2}\right)^2 - 3 + b_1$

$\displaystyle\lim_{x \to 1-} g(x) = \dfrac{1}{2}$이므로 $\dfrac{3}{4} - 3 + b_1 = \dfrac{1}{2}$

$\therefore b_1 = \dfrac{11}{4}$

$n = 2$일 때, $1 \le x < 2$에서

$g(x) = -3\left(x - \dfrac{3}{2}\right)^2 + 3 + b_2$

$\displaystyle\lim_{x \to 1+} g(x) = \dfrac{1}{2}$이므로 $-\dfrac{3}{4} + 3 + b_2 = \dfrac{1}{2}$

$$\therefore b_2 = -\frac{7}{4}$$

또한 $g'(x) = \begin{cases} 6\left(x - \dfrac{1}{2}\right) & (0 \le x < 1) \\ -6\left(x - \dfrac{3}{2}\right) & (1 \le x < 2) \end{cases}$

에서 $\displaystyle\lim_{x \to 1-} g'(x) = \lim_{x \to 1+} g'(x) = 3$이므로 $x = 1$에서

미분가능하다.

따라서 $b_n = \begin{cases} \dfrac{11}{4} & (n\text{이 홀수}) \\ -\dfrac{7}{4} & (n\text{이 짝수}) \end{cases}$

그러므로 $a_{21} = 21 - \dfrac{1}{2} = \dfrac{41}{2}$, $b_{21} = \dfrac{11}{4}$

$$a_{21} - b_{21} = \frac{71}{4} \cdots \boxdot$$

$n = 4$일 때, $3 \le x < 4$에서

$a_4 = \dfrac{7}{2}$, $b_4 = -\dfrac{7}{4}$이므로

$g(x) = (-1)^4 f(x - a_4) + b_4$

$\qquad = -3\left(x - \dfrac{7}{2}\right)^2 + \dfrac{5}{4}$이다.

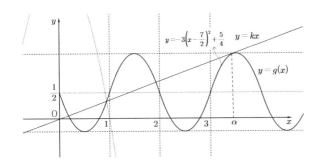

접점을 $(\alpha, g(\alpha))$라 하면 $\dfrac{g(\alpha)}{\alpha} = g'(\alpha)$가 성립한다.

$$\frac{-3\left(\alpha - \dfrac{7}{2}\right)^2 + \dfrac{5}{4}}{\alpha} = -6\left(\alpha - \dfrac{7}{2}\right)$$

$$-3\alpha^2 + 21\alpha - \frac{71}{2} = -6\alpha^2 + 21\alpha$$

$$3\alpha^2 = \frac{71}{2}$$

$\therefore \alpha^2 = \dfrac{71}{6}$이므로 $\dfrac{3\alpha^2}{a_{21} - b_{21}} = \dfrac{\dfrac{71}{2}}{\dfrac{71}{4}} = 2$

53 정답 ①

$f(x) = -\dfrac{1}{4}x^4 - \dfrac{1}{3}x^3 + x^2$에서

$f'(x) = -x^3 - x^2 + 2x = -x(x+2)(x-1)$

$f'(x) = 0$에서 $x = -2$, $x = 0$, $x = 1$

x	$\cdots$	-2	$\cdots$	0	$\cdots$	1	$\cdots$
$f'(x)$	$+$	0	$-$	0	$+$	0	$-$
$f(x)$	$\nearrow$	$\dfrac{8}{3}$	$\searrow$	0	$\nearrow$	$\dfrac{5}{12}$	$\searrow$

따라서 함수 $f(x)$의 그래프는 다음 그림과 같다.

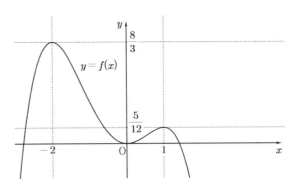

(i) $0 < k \le \dfrac{9}{4}$일 때,

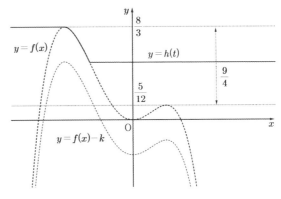

그림과 같이 함수 $h(t)$의 미분 가능하지 않은 점의 개수가 1이다.

(ii) $k > \dfrac{9}{4}$일 때,

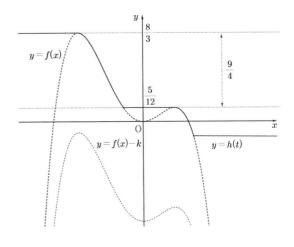

그림과 같이 함수 $h(t)$의 미분 가능하지 않은 점의 개수가 2이다.

(i), (ii)에서 함수 $h(t)$의 미분 가능하지 않은 점의 개수가 1이게 하는 k의 최댓값은 $\dfrac{27}{12}=\dfrac{9}{4}$이다. k가 최대일 때, α가 최대이다.

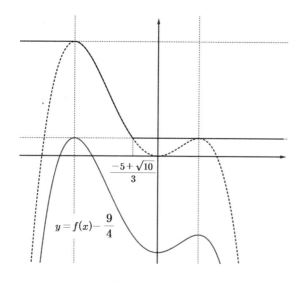

$-\dfrac{1}{4}x^4-\dfrac{1}{3}x^3+x^2=\dfrac{5}{12}$에서 양변에 12을 곱하고 정리하면

$3x^4+4x^3-12x^2+5=0$

$(x-1)^2(3x^2+10x+5)=0$

$x=1$, $x=\dfrac{-5\pm\sqrt{10}}{3}$

$-2<\alpha<0$이므로 $\alpha=\dfrac{-5+\sqrt{10}}{3}$

54 정답 4

$h(x)=f(x)-g(x)-k$라 두면 함수 $h(x)$는 최고차항의 계수가 1인 사차함수이다.

또한, (나), (다)에서 $h(\alpha)=h'(\alpha)=0$, $h(\alpha+1)=h'(\alpha+1)=0$이 성립하므로

$h(x)=(x-\alpha)^2(x-\alpha-1)^2$이다.

$h'(x)=2(x-\alpha)(x-\alpha-1)^2+2(x-\alpha)^2(x-\alpha-1)$
$\qquad=2(x-\alpha)(x-\alpha-1)(2x-2\alpha-1)$

$h'(x)=0$의 근은 $x=\alpha$, $x=\alpha+\dfrac{1}{2}$, $x=\alpha+1$이므로

$h(x)$는 닫힌구간 $[\alpha,\alpha+1]$의 $x=\alpha+\dfrac{1}{2}$에서 극대이자 최댓값을 가지므로

$h\left(\alpha+\dfrac{1}{2}\right)=\left(\dfrac{1}{2}\right)^2\left(-\dfrac{1}{2}\right)^2=\dfrac{1}{16}$이다.

한편, $h\left(\alpha+\dfrac{1}{2}\right)=f\left(\alpha+\dfrac{1}{2}\right)-g\left(\alpha+\dfrac{1}{2}\right)-k$이고

$f\left(\alpha+\dfrac{1}{2}\right)-g\left(\alpha+\dfrac{1}{2}\right)=\dfrac{65}{16}$이므로

$\dfrac{65}{16}-k=\dfrac{1}{16}$이다.

따라서 $k=4$

$h(x)=f(x)-g(x)-4=(x-\alpha)^2(x-\alpha-1)^2$에서

$f(x)-g(x)=(x-\alpha)^2(x-\alpha-1)^2+4$

$y=(x-\alpha)^2(x-\alpha-1)^2+4$의 최솟값은 4이다.

55 정답 ②

$P(t,t^3-t^2+t)$이고 점 P의 y좌표와 점 Q의 y좌표가 같으므로

$2x-1=t^3-t^2+t$에서 $x=\dfrac{1}{2}t^3-\dfrac{1}{2}t^2+\dfrac{1}{2}t+\dfrac{1}{2}$이다.

따라서 $t>-1$일 때 점 Q의 x좌표는 점 P의 x좌표보다 크거나 같으므로

$h(t)=\dfrac{1}{2}t^3-\dfrac{1}{2}t^2+\dfrac{1}{2}t+\dfrac{1}{2}-t=\dfrac{1}{2}t^3-\dfrac{1}{2}t^2-\dfrac{1}{2}t+\dfrac{1}{2}$

또한, $P(t,t^3-t^2+t)$이고 점 P의 x좌표와 점 R의 x좌표가 같으므로

$R(t,2t-1)$이다. $t>-1$일 때, 점 P의 y좌표는 점 R의 y좌표보다 크거나 같으므로

$k(t)=t^3-t^2+t-(2t-1)=t^3-t^2-t+1$

따라서 $k(t)=2h(t)$이다. → (ㄱ. 참)

그러므로 $t>-1$일 때, $k(t)$의 그래프를 그린 뒤 $h(t)$는 y축 방향으로 $\dfrac{1}{2}$배 하면 된다.

$y=k(t)$의 그래프를 생각해 보자.

$k(t)=t^3-t^2-t+1$

$k'(t)=3t^2-2t-1=(3t+1)(t-1)=0$에서

$t=-\dfrac{1}{3}$에서 극대, $t=1$에서 극소가 됨을 알 수 있다.

$k\left(-\dfrac{1}{3}\right)=-\dfrac{1}{27}-\dfrac{1}{9}+\dfrac{1}{3}+1=\dfrac{-1-3+9+27}{27}=\dfrac{32}{27}>1$

$k(1)=1-1-1+1=0\to$(ㄴ. 참)

따라서 함수 $k(t)$와 $h(t)$의 그래프는 다음과 같다.

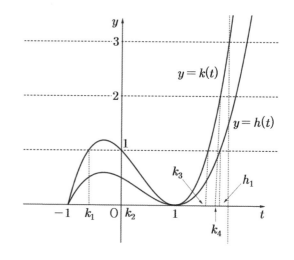

(i) $-1 < t < 2$에서 $h(t)$의 값이 정수가 되는 t의 값은

$h(t) = 0$일 때 $t = 1$,

$h(t) = 1$일 때, $t = h_1$

으로 2개

(ii) $-1 < t < 2$에서 $k(t)$의 값이 정수가 되는 t의 값은

$k(t) = 0$일 때 $t = 1$,

$k(t) = 1$일 때, $t = k_1$, $t = k_2(k_2 = 0)$, $t = k_3$

$k(t) = 2$일 때, $t = k_4$

으로 5개

그런데 $t = 1$이 중복되고

$h(h_1) = 1$, $k(k_4) = 2$이고 $k(t) = 2h(t)$이므로 $h_1 = k_4$이다.

따라서 총 개수는 5이다.(ㄷ.거짓)

[다른 풀이]

그림으로 나타내면 다음과 같다.

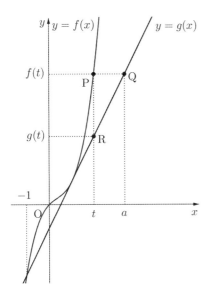

ㄱ. 위 그림에 의해

$k(x) = f(t) - g(t)$

$\qquad = t^3 - t^2 + t - (2t - 1) = t^3 - t^2 - t + 1$

$\qquad = (t-1)^2(t+1)$

그리고 $h(t) = a - t$인데, $f(t) = g(a)$이므로

$t^3 - t^2 + t = 2a - 1$, $a = \dfrac{t^3 - t^2 + t + 1}{2}$이므로

$h(t) = \dfrac{t^3 - t^2 + t + 1}{2} - t = \dfrac{t^3 - t^2 - t + 1}{2}$

$\qquad = \dfrac{(t-1)^2(t+1)}{2} = \dfrac{k(t)}{2}$

이다. 따라서 보기 ㄱ. 은 참.

ㄴ. $y = h(x)$와 $y = k(x)$를 그림으로 나타내면 다음과 같다.

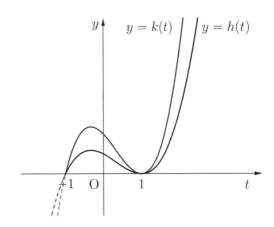

따라서 보기 ㄴ. 은 참.

ㄷ. y값이 정수점이 되는 점을 찾으면 다음과 같다.

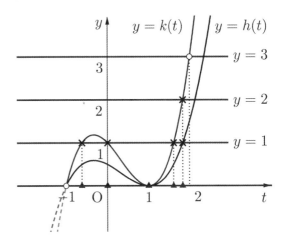

×는 y값이 정수가 되는 점, ▲는 그에 대응되는 t값을 나타낸다. 그러므로 t의 개수는 5개다.

즉, 보기 ㄷ. 은 거짓.

따라서 답은 ②번이다.

56 정답 10

우선 0이상의 실수 t에 대하여 $tg(t) - f(t) = 0$이 성립하므로 $t = 0$을 대입하면 $f(0) = 0$이다.

사차함수 $f(x)$가 원점을 지난다.

$t \neq 0$일 때, $g(t) = \dfrac{f(t)}{t}$에서 함수 $g(t)$는 최고차항의 계수가

1인 사차함수 $f(x)$에 대하여 두 점 $(0, 0)$과 $(t, f(t))$을 잇는 직선의 기울기를 나타내므로 조건 (가), (나)에서

함수 $f(x)$는 $x = 0$과 $x = k$에서 극솟값 0을 갖고 $x = 2$에서 극댓값을 갖는 사차함수이다.

사차함수 비율관계 $2 - 0 : k - 2 = 1 : 1$에서 $k = 4$이다.

따라서 $f(x) = x^2(x-4)^2$임을 알 수 있다.

$f'(x) = 4x(x-2)(x-4)$이고

기울기 함수 $g(x) = \dfrac{f(x)}{x} = x(x-4)^2$이다.

$g(x) = f'(x) \to x(x-4)^2 = 4x(x-2)(x-4)$

$\rightarrow x(x-4)\{(x-4)-4(x-2)\} \rightarrow x(x-4)(-3x+4)=0$에서

두 곡선 $y=g(x)$와 $y=f'(x)$는 $x=0$, $x=\dfrac{4}{3}$, $x=4$에서

만난다.

한편, $g(x)=x(x-4)^2$에서

$g'(x)=(x-4)^2+2x(x-4)=(x-4)(3x-4)$

$g'(x)=0$의 해가 $x=\dfrac{4}{3}$, $x=4$이므로

함수 $g(x)$는 극댓값 $g\left(\dfrac{4}{3}\right)=\dfrac{256}{27}$을 갖는다.

따라서 방정식 $f'(x)=\dfrac{256}{27}$을 만족하는 x을 구해보자.

$4x(x-2)(x-4)=\dfrac{256}{27}$

$x(x-2)(x-4)-\dfrac{64}{27}=0$

의 해 중 하나가 $\dfrac{4}{3}$이므로 조립제법을 이용하면

$\left(x-\dfrac{4}{3}\right)\left(x^2-\dfrac{14}{3}x+\dfrac{16}{9}\right)=0$이다.

$x^2-\dfrac{14}{3}x+\dfrac{16}{9}=0 \rightarrow 9x^2-42x+16=0$에서

$x=\dfrac{7}{3}\pm\sqrt{\dfrac{11}{3}}$

그림으로 나타내면 다음과 같다.

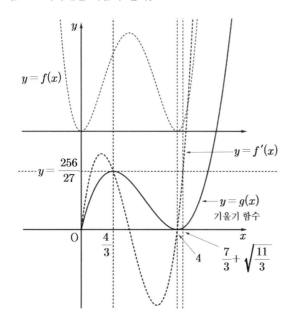

따라서 $4<\alpha<\dfrac{7}{3}+\sqrt{\dfrac{11}{3}}$인 α에 대하여 $0<x\le\alpha$의

범위의 $y=g(x)$와 $y=f'(\alpha)$의 교점의 개수는 2이다.

따라서 $n(A_\alpha)=2$을 만족하는 α의 범위는

$4\le p<\alpha<q\le\dfrac{7}{3}+\sqrt{\dfrac{11}{3}}$

따라서 $p=4$, $q=\dfrac{7}{3}+\sqrt{\dfrac{11}{3}}$일 때

$p+q=\dfrac{19}{3}+\sqrt{\dfrac{11}{3}}$로 최댓값이 된다.

그러므로 $m=\dfrac{19}{3}$, $n=\dfrac{11}{3}$으로 $m+n=10$

[랑데뷰팁] → 기울기 함수 파악 [랑데뷰세미나 참고]

기울기 함수 $g(x)$을 알아보기 위해 원점 $(0, 0)$에서

사차함수 $f(x)$에 그은 접선의 접점 중 $x=4$가 아닌

접점을 $(\beta, f(\beta))$라 하면

$f'(\beta)=\dfrac{f(\beta)}{\beta} \rightarrow 4\beta(\beta-2)(\beta-4)=\beta(\beta-4)^2$

$\rightarrow 4(\beta-2)=\beta-4 \ (\because \beta\ne0, \beta\ne4)$

따라서 $\beta=\dfrac{4}{3}$

따라서 함수 $g(x)$는 $x=\dfrac{4}{3}$에서 극댓값을 갖는다는 것을

알 수 있다.

---

57 정답 ①

열린구간 $(0, 3)$의 모든 실수 x에 대하여 다항함수 $f(x)$는

닫힌구간 $[0, x]$에서 연속이고 열린구간 $(0, x)$에서

미분가능하므로 평균값 정리에 의하여

$\dfrac{f(x)-f(0)}{x-0}=f'(c_1)$

을 만족시키는 c_1이 열린구간 $(0, x)$에 적어도 하나 존재한다.

이때 조건 (나)에 의하여 $f(0)=h(0)=12$이고 조건 (다)에서

$-3\le f'(c_1)\le-1 \rightarrow -3\le\dfrac{f(x)-12}{x}\le-1$

$\Rightarrow -3x+12\le f(x)\le-x+12 \cdots \bigcirc$

같은 방법으로

열린구간 $(0, 3)$의 모든 실수 x에 대하여 다항함수 $f(x)$는

닫힌구간 $[x, 3]$에서 연속이고 열린구간 $(x, 3)$에서

미분가능하므로 평균값 정리에 의하여

$\dfrac{f(3)-f(x)}{3-x}=f'(c_2)$

을 만족시키는 c_2이 열린구간 $(x, 3)$에 적어도 하나 존재한다.

이때 조건 (나)에 의하여 $f(3)=h(3)=3$이고 조건 (다)에서

$-3\le f'(c_2)\le-1 \rightarrow -3\le\dfrac{3-f(x)}{3-x}\le-1$

$\rightarrow -9+3x\le3-f(x)\le-3+x$

$\rightarrow -12+3x\le-f(x)\le-6+x$

$\Rightarrow -x+6\le f(x)\le-3x+12 \cdots \bigcirc$

$\bigcirc$, $\bigcirc$에서 $0\le x\le3$에서 $f(x)=-3x+12$

한편, 함수 $h(x)$가 $x=3$에서 미분가능하므로

$h(3)=f(3)=g(3)$에서 $g(3)=3$

$h'(3)=f'(3)=g'(3)$에서 $g'(3)=-3$이다.

$g(x)$는 이차함수이므로

$g(x)=ax^2+bx+c$라 하면 $g'(x)=2ax+b$

$g(3)=9a+3b+c=3$

$\therefore c=-9a-3b+3$

$g'(3) = 6a + b = -3$

$\therefore b = -6a - 3$

따라서

$g(x) = ax^2 + (-6a - 3)x + 9a + 12$

$\quad\quad = a(x-3)^2 - 3x + 12$

라 할 수 있다.

$g'(x) = 2a(x-3) - 3$

조건 (다)에서 $3 < x < 5$인 모든 실수 x에 대하여

$-3 \le g'(x) \le -1$이어야 하므로

$-3 \le 2a(x-3) - 3 \le -1 \rightarrow 0 \le 2a(x-3) \le 2$

$3 < x < 5$에서 $0 < x - 3 < 2 \rightarrow 0 < 2(x-3) < 4$이므로

$a > 0$이고

$0 < 2a(x-3) < 4a$에서 $4a \le 2$이어야 하므로 $a \le \dfrac{1}{2}$

따라서 $0 < a \le \dfrac{1}{2}$

$$h(x) = \begin{cases} -3x + 12 & (0 \le x \le 3) \\ a(x-3)^2 - 3x + 12 & (3 < x \le 5) \end{cases} \left(0 < a \le \dfrac{1}{2}\right)$$

$$h'(x) = \begin{cases} -3 & (0 \le x \le 3) \\ 2a(x-3) - 3 & (3 < x \le 5) \end{cases} \left(0 < a \le \dfrac{1}{2}\right)$$

$\dfrac{h(2) + h(4)}{h'(2) + h'(4)} = \dfrac{6+a}{-3 + 2a - 3} = \dfrac{a+6}{2a-6} = \dfrac{9}{2a-6} + \dfrac{1}{2}$

$0 < a \le \dfrac{1}{2}$에서 $\dfrac{h(2)+h(4)}{h'(2)+h'(4)}$의 최솟값은 $a = \dfrac{1}{2}$일 때,

$-\dfrac{13}{10}$이다.

[다른 풀이]

조건 (나)에서 $h(0) = f(0) = 12$, $h(3) = f(3) = 3$이고

조건 (가)에서 $h(3) = g(3)$

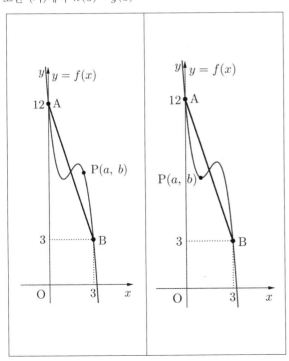

조건 (다)를 이용하여 $f(x)$의 그래프의 형태를 알아보면

$y = f(x)$ 위의 점 $P(a, b)$에 대하여

[그림1]과 같이 점 P가 위로 볼록인 부분에 위치할 경우, 직선 PB의 기울기는 -3보다 작은 기울기를 가지게 되고 이는 평균값 정리에 의해 $(a, 3)$인 구간 사이에 -3보다 작은 기울기를 가지는 점이 존재한다는 것을 의미하므로 조건 (다)를 만족하지 않는다.

[그림2]와 같이 점 P가 아래로 볼록인 부분에 위치할 경우, 직선 PA의 기울기는 -3보다 작은 기울기를 가지게 되고 이는 평균값 정리에 의해 $(0, a)$인 구간 사이에 -3보다 작은 기울기를 가지는 점이 존재한다는 것을 의미하므로 조건 (다)를 만족하지 않는다.

따라서 $f(x)$는 구간 $(0, 3)$에서는 위로볼록이거나 아래로 볼록인 부분이 존재할 수 없다.

즉 $f(x)$는 직선 형태의 그래프이고 두 점 A, B를 지나므로

$f(x) = -3x + 12$ $(0 \le x \le 3)$

이제 $g(x)$를 구해보기로 하자. (다)조건에서

$-3 \le h'(c) \le -1$이라 하였다. 이를 그림으로 나타내면 다음과 같다.

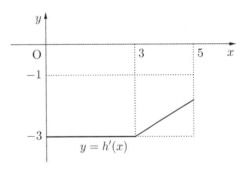

$(3, 5]$구간에는 $h(x) = g(x)$이므로 위 그림에서 빨간색 선이 $y = g'(x)$가 된다. 그리고 $-3 \le h'(c) \le -1$이므로

$-3 \le g'(5) \le -1$이다. 이를 바탕으로 $g'(x)$를 구하면

$g'(x) = m(x-3) - 3$ $(0 < m \le 1)$이다.

그러므로 $g(x) = \dfrac{m}{2}(x-3)^2 - 3x + C$ 이고, $g(3) = 3$이므로

$C = 12$

즉, $g(x) = \dfrac{m}{2}(x-3)^2 - 3x + 12$ $(0 < m \le 1)$이다.

$h(2) = f(2) = 6$, $h(4) = g(4) = \dfrac{m}{2}$,

$h'(2) = f'(2) = -3$, $h'(4) = g'(4) = m - 3$ 이를 주어진 문제에

대입하면 $\dfrac{h(2)+h(4)}{h'(2)+h'(4)} = \dfrac{m+12}{2m-12}$ $(0 < m \le 1)$. 이 때의

최솟값은 $m = 1$일 때 이므로 $-\dfrac{13}{10}$

즉, 문제의 답은 ①번이다.

58 정답 3

[풀이 1]

① 미분가능한 두 함수에서

$\lim_{x \to 0+} f(x) \geq \lim_{x \to 0+} g(x)$, $\lim_{x \to 0-} f(x) < \lim_{x \to 0-} g(x)$이므로,

$f(0) = g(0)$이다.

$x = 0$일 때, $g(x) \leq x \leq f(x)$이므로 $f(0) = g(0) = 0$이다.

② $f(3) = 3$이므로, $y = x$와 $(3, 3)$에서 만난다.

$f(x)$의 그래프가 $x = 3$에서 $y = x$에 접하지 않고

지나간다면, 아래 그림과 같이 $f(x) < x$인 x가

존재한다.(모순)

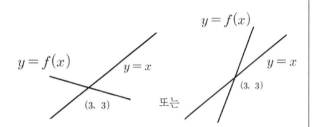

따라서 $y = f(x)$는 $y = x$와 $(3, 3)$에서 접한다.

①, ②에 의하여 $y = f(x)$는 $y = x$와 $(3, 3)$에서

접하는 동시에, $(0, 0)$에서 만난다.

따라서 $f(x) - x = kx(x-3)^2$ $((k>0))$ ··· ㉠

같은 방법으로 $y = g(x)$는 $y = x$와 $(3, 3)$에서 접하는

동시에 $(0, 0)$에서 만난다.

$g(x) - x = k'x(x-3)^2$ $(k' < 0)$ ··· ㉡

㉠−㉡을 구하면

$f(x) - g(x) = (k-k')x(x-3)^2$

$f'(x) - g'(x) = (k-k')\{(x-3)^2 + 2x(x-3)\}$

$= (k-k')(x-3)(3x-3)$

$(k-k' > 0)$이므로

함수 $f(x) - g(x)$는 $x = 1$에서 극대, $x = 3$에서 극소를

가진다.

$[0, 3]$에서 하나의 극값(극대)을 $x = 1$에서 가지므로,

$x = 1$에서 최댓값이다.

즉, $\alpha = 1$

$(1, f(1))$, $(3, f(3))$을 지나가는 직선의 방정식은

$y = \dfrac{f(3) - f(1)}{3 - 1}(x-3) + 3$이다.

$y = (-2k+1)(x-3) + 3$와 $y = f(x)$의 교점을 구하면

$(-2k+1)(x-3) + 3 = kx(x-3)^2 + x$

$kx(x-3)^2 + x - (-2k+1)(x-3) - 3 = 0$

$(x-3)\{kx(x-3) + 2k-1+1\} = 0$이고 $0 < x < 3$이므로

$kx(x-3) + 2k-1+1 = 0$

$k(x^2 - 3x + 2) = 0$

$\beta = 2$, $(\beta \neq 1)$

$\therefore \alpha + \beta = 3$

[풀이2]

위의 풀이 ①, ②에 의하여 아래 그림과 같이 비율관계가

성립한다.

따라서 $f(x) - g(x)$는 $\alpha = 1$에서 최댓값을 가진다. 또한

$y = f(x)$는 $(2, f(2))$의 점대칭 그래프이므로,

두 점 $(1, f(1))$, $(3, f(3))$을 지나는 직선은

$(2, f(2))$를 지난다. 따라서 $\alpha = 1$, $\beta = 2$

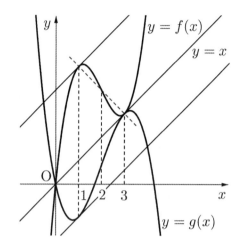

59 정답 12

$h(t) = f(t) - g(t)$

$= t^3 - 12t^2 + 32t$

$= t(t-4)(t-8)$

$h'(t) = 3t^2 - 24t + 32$

$h'(t) = 0$의 해는

$t = \dfrac{12 \pm \sqrt{144 - 96}}{3} = 4 \pm \dfrac{4}{3}\sqrt{3}$

$1 < t = 4 - \dfrac{4}{3}\sqrt{3} < 2$

$6 < t = 4 + \dfrac{4}{3}\sqrt{3} < 7$

$y = |h(x)|$의 그래프는 다음과 같다.

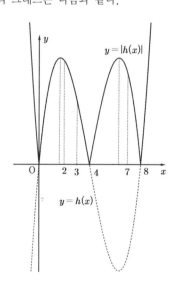

따라서 두 점 A, B사이 거리가 줄어드는 시간은

$4-\dfrac{4}{3}\sqrt{3}<x<4$, $4+\dfrac{4}{3}\sqrt{3}<x<8$이고

정수는 2, 3, 7이다.

따라서 $2+3+7=12$

[랑데뷰팁]

x가 4, 8일 때는 두 점이 만난 시각이므로 제외된다.

---

60 정답 7

함수 $f(x)$는 $x=0$에서 연속이며 미분가능하다.

$f(0)=1$, $f'(0)=2$

$h(k)=\mid g(k)-f(0)\mid =\mid g(k)-1\mid =\dfrac{g(k)}{2}$

(i) $g(k)>1$이면 $g(k)-1=\dfrac{g(k)}{2}$에서 $g(k)=2$

(ii) $g(k)<1$이면 $-g(k)+1=\dfrac{g(k)}{2}$에서 $g(k)=\dfrac{2}{3}$

함수 $h(x)$는 $g(x)$와 $f(x-k)$의 함숫값의 차이인데 그 차이의 최솟값이 모두 양의 값이므로 두 함수는 만나지 않는다.

그런데 $f(x)$는 $x<0$에서 삼차함수이므로 이차함수 $g(x)$가 모든 실수에서 x에 관해 $f(x-k)>g(x)$이 성립 할 수 없다. 따라서 $g(x)$는 아래로 볼록이며 $g(x)>f(x-k)$가 가능하다.

따라서 (ii)는 성립하지 않고 (i)에서 $g(k)>f(0)$이므로 $g(k)=2$이다.

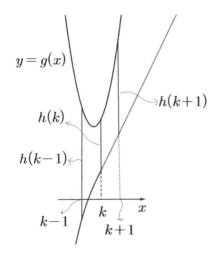

$g(x)=ax^2+bx+c$라 두면

$g(k)=2$에서 $ak^2+bk+c=2$ … ㉠

$g'(x)=2ax+b$이고 $h(x)=g(x)-f(x-k)$에서 $h'(x)=g'(x)-f'(x-k)$이다.

함수 $h(x)$가 $x=k$에서 최소이므로 $x=k$에서 극솟값이다.

$h'(k)=0$이므로 $h'(k)=g'(k)-f'(0)=0$

따라서 $g'(k)=2$

따라서 $2ak+b=2$ … ㉡

그래프 개형상 $h(k-1)$에서 최댓값이다.

따라서 $h(k-1)=g(k-1)-f(-1)=7$에서

$f(-1)=-2$이므로 $g(k-1)=5$이다.

$g(k-1)=a(k-1)^2+b(k-1)+c$

$\qquad =(ak^2+bk+c)-(2ak+b)+a$

$\qquad =2-2+a=5$

따라서 $a=5$ … ㉢

그러므로 $g'\left(k+\dfrac{1}{2}\right)=2a\left(k+\dfrac{1}{2}\right)+b=(2ak+b)+a$

$\therefore g'\left(k+\dfrac{1}{2}\right)=2+5=7$

---

61 정답 20

k에 따라 $g(x)$는 그래프 개형이 달라진다.

$k<0$이므로

(i) $k=-2$일 때

방정식 $\mid g(x)\mid =b$의 서로 다른 실근의 개수는 2, 4, 6이므로 조건 (나)를 만족시키지 않는다.

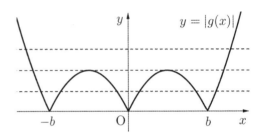

(ii) $k<-1$일 때

방정식 $\mid g(x)\mid =b$의 서로 다른 실근의 개수는 직선 $y=b$가 함수 $y=\mid g(x)\mid$ $(x<0)$의 그래프에 접할 때 5이다.

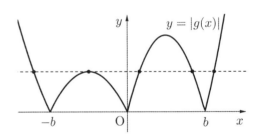

$\left| g\left(-\dfrac{b}{2}\right)\right| =b$이므로 $-f\left(-\dfrac{b}{2}\right)=b$에서

$-\left\{a\left(-\dfrac{b}{2}\right)\left(\dfrac{b}{2}\right)\right\}=\dfrac{ab^2}{4}=b \Rightarrow ab=4$이다.

a, b는 자연수이므로 가능한 순서쌍 (a, b)는 $(1, 4), (2, 2), (4, 1)$이고 $b\le 4$이다.

① $a=1$, $b=4$일 때 $f(x)=x(x+4)$

$g(x)=\begin{cases} x(x+4) & (x<0) \\ kx(x-4) & (x\ge 0) \end{cases}$

조건 (가)에서 $g(3)=-3k=6$에서 $k=-2$이다.

$g(x)=\begin{cases} x(x+4) & (x<0) \\ -2x(x-4) & (x\ge 0) \end{cases}$이고 $y=\mid g(x)\mid$의 그래프와

$y=mx+9$의 그래프는 다음과 같다.

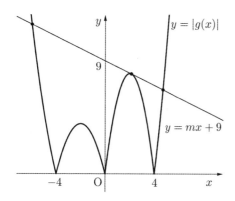

$m<0$이므로 $y=mx+9$와 $y=|g(x)|$와 세 점에서 만나기 위해서는
$y=mx+9$와 $y=-2x(x-4)$가 접할 때이다.
$mx+9=-2x^2+8x \Rightarrow 2x^2+(m-8)x+9=0$
$\Rightarrow D=(m-8)^2-72=0 \Rightarrow m=8\pm6\sqrt{2}$
따라서 $m=8-6\sqrt{2}$ ···㉠

② $a=2,\ b=2$일 때 $f(x)=2x(x+2)$
$$g(x)=\begin{cases} 2x(x+2) & (x<0) \\ 2kx(x-2) & (x\ge0) \end{cases}$$
조건 (가)에서 $g(3)=6k=6$에서 $k=1$이다. 조건 $k<0$에 모순이다.

③ $a=4,\ b=1$일 때 $f(x)=4x(x+1)$
$$g(x)=\begin{cases} 4x(x+1) & (x<0) \\ 4kx(x-1) & (x\ge0) \end{cases}$$
조건 (가)에서 $g(3)=24k=6$에서 $k=\dfrac{1}{4}$이다. 조건 $k<0$에 모순이다.

(iii) $-1<k<0$일 때
방정식 $|g(x)|=b$의 서로 다른 실근의 개수는 직선 $y=b$가 함수 $y=|g(x)|\ (x\ge0)$의 그래프에 접할 때 5이다.

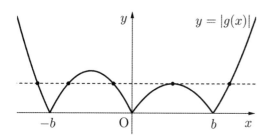

$$g(x)=\begin{cases} ax(x+b) & (x<0) \\ kax(x-b) & (x\ge0) \end{cases}$$
$\left|g\left(\dfrac{1}{2}b\right)\right|=b$이므로 $\left|ka\left(\dfrac{1}{2}b\right)\left(-\dfrac{1}{2}b\right)\right|=b$, $|kab|=4$이다.
$k<0$이므로 $-kab=4$이고 조건 (가)에서
$g(3)=3ak(3-b)=9ak-3kab=6$
$kab=-4$이므로 $9ak=-6$

따라서 $ka=-\dfrac{2}{3}$이고 $b=6$이다. $\Leftarrow \dfrac{kab}{9ak}=\dfrac{-4}{-6}$

$$g(x)=\begin{cases} ax(x+6) & (x<0) \\ -\dfrac{2}{3}x(x-6) & (x\ge0) \end{cases}$$

a는 자연수이고 a값이 작을수록 $y=mx+9$가
$y=-\dfrac{2}{3}x(x-6)$과 접할 때 음의 실수 m값이 가장 크므로
$a=1$인 경우만 생각하면 되겠다.
($a=1$일 때, $y=x(x+6)$의 꼭짓점이 $(-3,9)$이므로
$m=0$일 때 $y=9$와 $y=x(x+6)$은 접하고 $y=9$는
$y=|g(x)|$와 세 점에서 만난다. 그런데 이때는 $m=0$이므로 모순이다.

또한, $a\ge2$이면 $y=mx+9$와 $y=ax(x+6)$이 접할 때
$y=mx+9$와 $y=|g(x)|$가 세 점에서 만나므로 m_3부터 나타난다.)

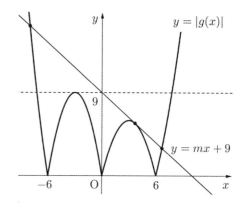

따라서
$$mx+9=-\dfrac{2}{3}x^2+4x$$
$$\dfrac{2}{3}x^2+(m-4)x+9=0 \Rightarrow D=(m-4)^2-24=0$$
$$\Rightarrow m=4-2\sqrt{6} \cdots ㉡$$
㉠, ㉡에서
$$\{m_1,\ m_2\}=\{8-6\sqrt{2},\ 4-2\sqrt{6}\}$$
따라서 $m_1+m_2=12-6\sqrt{2}-2\sqrt{6}$
따라서 $p=12,\ q=2,\ r=6$
$p+q+r=12+2+6=20$

[랑데뷰팁]

$m_1=8-6\sqrt{2}=-0.48\cdots$, $m_2=4-2\sqrt{6}=-0.89\cdots$
이다.

[다른 풀이]
$g(3)=kf(3-b)=3ka(3-b)=6$이고
$k<0$이므로 $b>3$이다.
따라서 $k<-1$인 경우의 $a=1,\ b=4$만 따져 보면 되겠다.

62 정답 ①

점 A의 좌표는 $A(t, (t+2)(t-2)^2)$이고, 점 B의 좌표는
$B(t, -t^2+4)$이다.
$$\overline{AB}=(t+2)(t-2)^2-(-t^2+4)$$
$$=(t+2)(t-2)^2+(t+2)(t-2)$$
$$=(t+2)(t-2)(t-1)$$
점 P에서 직선 AB에 내린 수선의 발을 H라 하면
$\overline{PH}=1-t$이다.

따라서 삼각형 PAB의 넓이를 $S(t)$라 하면
$$S(t)=\frac{1}{2}\times\overline{AB}\times\overline{PH}$$
$$=\frac{1}{2}\times(t+2)(t-2)(t-1)\times(1-t)$$
$$=-\frac{1}{2}\times(t^2-4)(t-1)^2$$
$$S'(t)=-\frac{1}{2}\{2t(t-1)^2+2(t^2-4)(t-1)\}$$
$$=-t(t-1)^2-(t^2-4)(t-1)$$
$$=-(t-1)(t^2-t+t^2-4)$$
$$=-(t-1)(2t^2-t-4)$$

$-2<t<1$에서 $S'(t)=0$은 $2t^2-t-4=0$의 근이다.
따라서 $t=\dfrac{1-\sqrt{33}}{4}$에서 $S(t)$는 극대이자 최댓값을 갖는다.

63 정답 ②

[그림 : 이정배T]
$|f(x)-a|+a=\begin{cases}f(x) & (f(x)\geq a)\\ 2a-f(x) & (f(x)<a)\end{cases}$ 이므로

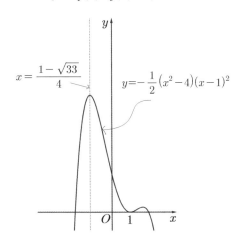

$g(x)=\begin{cases}f(x) & (f(x)\geq a)\\ 2a-f(x) & (f(x)<a)\end{cases}$ 이다.

$y=f(x)$를 $x=a$에 대칭인 함수는 $y=f(2a-x)$이고
$y=a$에 대칭인 함수는 $2a-y=f(x)$
$\Rightarrow y=2a-f(x)$이다.

$g(x)$는 $f(x)\geq a$일 때는 원래 함수 그래프를 그대로 가지고
$f(x)<a$일 때는 $y=a$아래쪽의 그래프를 $y=a$에 대칭
이동하여 위로 올리는 그래프가 된다.
최고차항의 계수가 -1인 이차함수 $f(x)$는 $y=a$와
$x=0$에서 교점을 가진다.
$(0, a)$가 교점인데 그 점에서 미분가능하지 않으므로 $(0, a)$는
접점이 아니다.
또한 곡선 $y=g(x)-f(x)$와 x축이 만나는 점의 x좌표인
b의 최댓값이 2이므로 직선 $y=a$와 이차함수 $y=f(x)$의
만나는 점은 $(2, a)$이다.
따라서 $f(x)=-x(x-2)+a$이라 할 수 있다.
$f(1)=1+a$에서 $x(x-2)+a=1+a$
$x^2-2x-1=0$
$x=1\pm\sqrt{2}$
이므로
$t>0$일 때, $h(x)=|g(x)-g(t)|$의 미분가능하지 않은 점의
개수를 함수 $\alpha(t)$라 할 때,
함수 $g(x)$의 그래프의 t값에 따른 함수 $\alpha(t)$의 그래프는
다음과 같다.

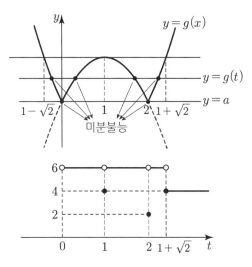

함수 $h(x)$가 $x=k$에서 미분가능하지 않은 실수 k의 개수가
4가 되도록 하는 t의 값은 $t=1$, $t\geq 1+\sqrt{2}$이다.
따라서 자연수가 아닌 t의 최솟값은 $1+\sqrt{2}$이다.

64 정답 ②

(나)에서 함수 $g(x)$는 최고차항의 계수가 1이 아닌
삼차함수이다.
(가)에서 함수 $g(x)$의 최고차항의 계수를 a (a는 정수)라
두면 함수 $f(x)$의 최고차항의 계수는 $\dfrac{1}{a}$이고 함수 $g(x)$는
삼차함수이고 함수 $f(x)$는 일차함수이다.

(i) $f(x)=\dfrac{1}{a}(x+1)$, $g(x)=a(x-2)(x^2+1)$일 때,
$f'(x)=\dfrac{1}{a}$, $g'(x)=a(3x^2-4x+1)$에서

$$g'(f'(x)) = a\left(\frac{3}{a^2} - \frac{4}{a} + 1\right) = \frac{3}{a} - 4 + a = \frac{11}{2}$$

$$a - \frac{19}{2} + \frac{3}{a} = 0$$

$$2a^2 - 19a + 6 = 0$$

$$a = \frac{19 \pm \sqrt{19^2 - 48}}{4}$$

a가 정수라는 조건에 모순이다.

(ii) $f(x) = \dfrac{1}{a}(x-2)$, $g(x) = a(x+1)(x^2+1)$일 때,

$f'(x) = \dfrac{1}{a}$, $g'(x) = a(3x^2 + 2x + 1)$에서

$$g'(f'(x)) = a\left(\frac{3}{a^2} + \frac{2}{a} + 1\right) = \frac{3}{a} + 2 + a = \frac{11}{2}$$

$$\frac{3}{a} - \frac{7}{2} + a = 0$$

$$2a^2 - 7a + 6 = 0$$

$$(a-2)(2a-3) = 0$$

$a = 2$ 또는 $a = \dfrac{3}{2}$

$\therefore a = 2$

(i), (ii)에서

$f(x) = \dfrac{1}{2}(x-2)$, $g(x) = 2(x+1)(x^2+1)$이다.

$f(0) = -1$, $g(0) = 2$이므로

$f(0) + g(0) = 1$

65 정답 8

$f(x) + x = x(x-\alpha)^2$이므로

$f(x) = x(x-\alpha)^2 - x = x\{(x-\alpha)^2 - 1\}$
$\qquad = x(x^2 - 2\alpha x + \alpha^2 - 1) = x(x-\alpha+1)(x-\alpha-1)$

방정식 $f(x) - mx = 0$의 실근은 $y = f(x)$와 $y = mx$의 교점의 x값으로 볼 수 있다.

$m = 0$이면 $y = f(x)$와 $y = 0$가 두 개의 교점을 갖기 위해서는 삼차함수 $f(x)$는 $x = 0$에서 극값 0을 가져야 한다. 따라서

$\alpha = 1$일 때 $f(x) = x^2(x-2)$,

$\alpha = -1$일 때 $f(x) = (x+2)x^2$이고

$f_1(x) \leq f_2(x)$이므로 $f_1(x) = x^2(x-2)$,

$f_2(x) = (x+2)x^2$이다.

(i) $y = x^2(x-2)$와 $y = mx$는 m의 범위에 따른 교점의 개수는 다음 그림과 같다.

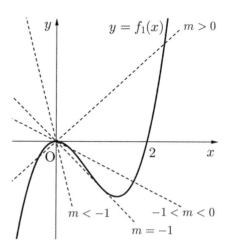

$m > 0$일 때 $g(m) = 3$
$m = 0$일 때 $g(0) = 2$
$-1 < m < 0$일 때 $g(m) = 3$
$m = -1$일 때 $g(m) = 2$
$m < -1$일 때 $g(m) = 1$이다.

(ii) $y = (x+2)x^2$와 $y = mx$는 m의 범위에 따른 교점의 개수는 다음 그림과 같다.

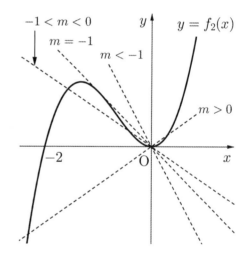

$m > 0$일 때 $g(m) = 3$
$m = 0$일 때 $g(0) = 2$
$-1 < m < 0$일 때 $g(m) = 3$
$m = -1$일 때 $g(m) = 2$
$m < -1$일 때 $g(m) = 1$이다.

(i), (ii)에서 $y = g(m)$는 다음 그림과 같다.

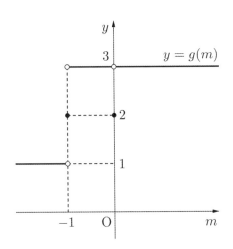

따라서 삼차함수 $h(x)$와 $g(x)$의 곱함수인 $h(x)g(x)$가 실수 전체에서 미분가능하기 위해서는

$h(x)=a(x+1)^2 x$이어야 한다. $\cdots$ ㉠

따라서

$f_1(x)=x^2(x-2)$에서

$f_1(2x+t)=(2x+t)^2(2x+t-2)=8(x+1)^2 x$

따라서 $t=2$

$f_2(x)=(x+2)x^2$에서

$f_2(-2x+s)=(-2x+s+2)(-2x+s)^2=-8x(x+1)^2$

따라서 $s=-2$

그러므로 $t^2+s^2=8$

[랑데뷰팁]–㉠설명

$\{h(x)g(x)\}'=h'(x)g(x)+h(x)g'(x)$에서

$\{h(-1)g(-1)\}'=h'(-1)\lim\limits_{x\to-1}g(x)+h(-1)\lim\limits_{x\to-1}g'(x)$

$g(x)$는 $\lim\limits_{x\to-1}g(x)$와 $\lim\limits_{x\to-1}g'(x)$가 모두 존재하지

않으므로 $h'(-1)=0$, $h(-1)=0$이다.

따라서 $h(x)$는 $(x+1)^2$항을 인수로 가져야 한다.

또한

$\{h(0)g(0)\}'=h'(0)\lim\limits_{x\to0}g(x)+h(0)\lim\limits_{x\to0}g'(x)$

$g(x)$는 $\lim\limits_{x\to0}g(x)$은 존재하고 $\lim\limits_{x\to0}g'(x)$가 존재하지

않으므로 $h(0)=0$이다. 따라서 $h(x)$는 x항을 인수로 가져야 한다.

---

66 정답 3

$y=f(x)$와 상수함수 $y=t$의 교점 중 x값이 가장 작은 쪽을 x_m이라 하면 교점 (x_m, t)

이 $y=g(t)$ 그래프의 $t-y$평면에서 (t, x_m)이 된다. 따라서 $y=g(t)$는 $y=f(x)$ 그래프의

$y=x$에 대칭인 $x=f(y)$ 그래프의 일부이다.

$y=f(x)$의 그래프가 극댓값을 갖는 그래프이고 상수함수

$y=t$가 $t=$(극댓값)일 때

$y=f(x)$와 $y=t$의 교점의 개수가 변화하게 되므로 함수 $g(t)$는 $t=$(극댓값)일 때 불연속이 생길 수 있다.

따라서

$\lim\limits_{t\to k-}g(t)=-1 \Rightarrow g(t)$그래프의 $(k, -1)$이 불연속

점이므로 $f(x)$는 $(-1, k)$가 극댓값이다.

$\lim\limits_{t\to12-}g(t)=2 \Rightarrow g(t)$그래프의 $(12, 2)$이 불연속 점이므로

$f(x)$는 $(2, 12)$가 극댓값이다.

따라서 $f'(0)=0$이므로 $f'(x)=0$은 의 근은

$x=-1, 0, 2$이다.

다음 그림과 같은 상황이다.

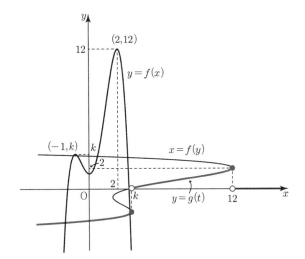

따라서

$f'(x)=-4x(x+1)(x-2)$

$f(x)=-x^4+\dfrac{4}{3}x^3+4x^2+C$ 에서

$f(2)=12$이므로 $C=\dfrac{4}{3}$

따라서 $f(x)=-x^4+\dfrac{4}{3}x^3+4x^2+\dfrac{4}{3}$

$f(-1)=-1-\dfrac{4}{3}+4+\dfrac{4}{3}=3$

---

67 정답 27

(가)에서 $g(0)=|f'(0)|-f(0)=0$

$\therefore f'(0)=0$

(나)에서 최고차항의 계수가 1인 사차함수 $f(x)$는 양수 a에 대하여

$f(x)=x^2(x-a)^2$, 또는 $f(x)=x^3(x-a)$꼴이다.

(i) $f(x)=x^2(x-a)^2$꼴일 때,

모든 실수 x에 대하여 $f(x) \geq 0$이므로 $|f(x)|=f(x)$이다.

따라서 $|f(x)|=\dfrac{1}{3}$의 서로 다른 실근의 개수가 3이기 위해서는

사차함수 $f(x)$의 극댓값이 $\frac{1}{3}$이어야 한다.

$$f'(x) = 2x(x-a)^2 + 2x^2(x-a)$$
$$= 2x(x-a)(x-a+x)$$
$$= 2x(2x-a)(x-a)$$

$f'(x) = 0$의 해는 $x = 0$, $x = \frac{a}{2}$, $x = a$이고 $f\left(\frac{a}{2}\right) = \frac{a^4}{16}$이

극댓값이다.

즉 $\frac{a^4}{16} = \frac{1}{3}$에서 $a = \frac{2}{\sqrt[4]{3}}$ $(\because a > 0)$

그러므로 $f(x) = x^2\left(x - \frac{2}{\sqrt[4]{3}}\right)^2$

(ii) $f(x) = x^3(x-a)$꼴일 때,

사차함수 $f(x)$는 극솟값 1개를 갖는 그래프를 가지므로

극솟값이 $-\frac{1}{3}$이면

방정식 $|f(x)| = \frac{1}{3}$의 서로 다른 실근의 개수가 3이 된다.

$f'(x) = 3x^2(x-a) + x^3 = x^2(3x - 3a + x)$

$f'(x) = 0$의 해는 $x = 0$ 또는 $x = \frac{3}{4}a$이다.

극솟값은 $f\left(\frac{3}{4}a\right)$이다.

$f\left(\frac{3}{4}a\right) = \frac{27}{64}a^3 \times \left(-\frac{1}{4}a\right) = -\frac{1}{3}$

$a^4 = \frac{256}{81}$

$\therefore a = \frac{4}{3}$ $(\because a > 0)$

따라서 $f(x) = x^3\left(x - \frac{4}{3}\right)$

(i), (ii)에서

$f(x) = x^2\left(x - \frac{2}{\sqrt[4]{3}}\right)^2$, $f(x) = x^3\left(x - \frac{4}{3}\right)$ 중

$f(1)$의 값이 최소인 함수는 $f(x) = x^3\left(x - \frac{4}{3}\right)$이다.

$g(x) = |f'(x)| - f(x)$
$$= \left| 3x^2\left(x - \frac{4}{3}\right) + x^3 \right| - x^3\left(x - \frac{4}{3}\right)$$
$$= \left| 4x^2(x-1) \right| - x^3\left(x - \frac{4}{3}\right)$$

$g(3) = 72 - 45 = 27$

68 정답 ⑤

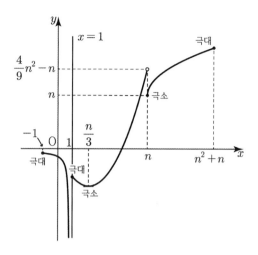

위 그림과 같은 상황이 극댓값이 3개, 극솟값이 2개다.

따라서 $y = \left(x - \frac{n}{3}\right)^2 - n$의 축 $x = \frac{n}{3}$이 $x = 1$보다

오른쪽에 있어야 $x = 1$에서 극댓값 $\left(1 - \frac{n}{3}\right)^2 - n$

을 가질 수 있으므로 $\frac{n}{3} > 1$

$\therefore n > 3$ …㉠

또한, $y = \left(x - \frac{n}{3}\right)^2 - n$의 $x \to n-$일 때의 극한값

$\frac{4n^2}{9} - n$이 $y = \sqrt{x-n} + n$의 시작점 (n, n)보다 커야

$x = n$에서 극솟값 n을 가질 수 있으므로

$\frac{4n^2}{9} - n > n$, $2n^2 - 9n > 0$

$n < 0$, $n > \frac{9}{2}$에서 $n > \frac{9}{2}$ …㉡

㉠,㉡에서 $f(x)$가 $n > \frac{9}{2}$ …① 일 때 $g(x)$이다.

이때 $g(x)$는 다음과 같이 두 가지 경우로 생각할 수 있다.

(i) $\frac{4}{9}n^2 - n \leq 2n$

다음 그림과 같다.

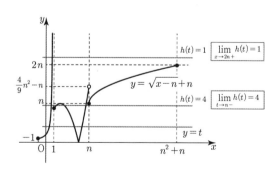

따라서 $\lim_{t \to n-} h(t) = 4$, $\lim_{t \to 2n+} h(t) = 1$이므로

$\alpha - \beta = 3 \neq 2$이다.

(ii) $\dfrac{4}{9}n^2 - n > 2n$

다음 그림과 같다.

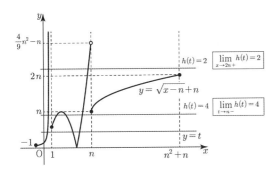

따라서 $\lim\limits_{t \to n-} h(t) = 4$, $\lim\limits_{t \to 2n+} h(t) = 2$이므로

$\alpha - \beta = 2$이다.

따라서 만족하는 n의 범위는

$\dfrac{4}{9}n^2 - n > 2n$

$\dfrac{4}{9}n^2 > 3n$

$\therefore \ n > \dfrac{27}{4} \cdots ②$

①, ②에서 $n > \dfrac{27}{4}$이다.

한편,

$f(1) = \left(1 - \dfrac{n}{3}\right)^2 - n = \dfrac{n^2}{9} - \dfrac{5}{3}n + 1$이므로

$f(1) < -3$에서

$\dfrac{n^2}{9} - \dfrac{5}{3}n + 1 < -3$

$n^2 - 15n + 36 < 0$

$(n-3)(n-12) < 0$

$3 < n < 12$

따라서 $\dfrac{27}{4} < n < 12$이다.

69 정답 ⑤

$0 \le x \le 4$에서 a값에 따른 삼차함수 비율을 고려한 함수 $f(x)$의 그래프는 다음 그림과 같다.

[랑데뷰 세미나(90)-삼차함수비율 참고]

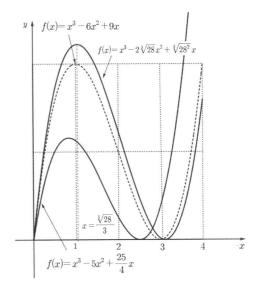

(i) $a = \dfrac{5}{2}$일 때,

$f(x) = x^3 - 5x^2 + \dfrac{25}{4}x$

$g\left(\dfrac{5}{2}\right) = f(4) = 64 - 80 + 25 = 9$

(ii) $a = 3$일 때,

$f(x) = x^3 - 6x^2 + 9x$

$g(3) = f(1) = f(4) = 4$

(iii) $a = \sqrt[3]{28}$일 때,

$f(x) = x^3 - 2\sqrt[3]{28}\,x^2 + \sqrt[3]{28^2}\,x$

$g(\sqrt[3]{28}) = f\left(\dfrac{\sqrt[3]{28}}{3}\right) = \dfrac{28}{27} - \dfrac{56}{9} + \dfrac{28}{3}$

$\qquad = \dfrac{28 - 168 + 252}{27} = \dfrac{112}{27}$

(i), (ii), (iii)에서

$g\left(\dfrac{5}{2}\right) + g(3) + g(\sqrt[3]{28})$

$= 9 + 4 + \dfrac{112}{27} = \dfrac{351 + 112}{27} = \dfrac{463}{27}$

[랑데뷰팁]

$a \ge 3$일 때, $g(a) = f\left(\dfrac{a}{3}\right)$

$0 < a < 3$일 때, $g(a) = f(4)$

70 정답 5

$h(x) = -x^2 + ax + b$라 놓으면 $h'(x) = -2x + a$이고

또한, $f(x) = \begin{cases} h(x) & (x < -1) \\ g(x) & (x \ge -1) \end{cases}$, $f'(x) = \begin{cases} h'(x) & (x < -1) \\ g'(x) & (x > -1) \end{cases}$

이다.

$f(x)$가 조건 (가)에 의해 $x = -1$에서 미분가능이므로

$h(-1)=g(-1), h'(-1)=g'(-1)$이 성립한다.
따라서,
$h(-1)=-1-a+b=g(-1), h'(-1)=2+a=g'(-1)$
$---$(i)

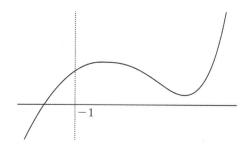

[그림1] 조건 (가)를 만족하는 그래프이다. $x=-1$에서
미분가능하려면 $h(-1)=g(-1), h'(-1)=g'(-1)$을
만족해야 한다.

(나)에서 $|f(x)|$가 $x=p$ $(p<-1)$에서만 미분가능하지
않으려면
$f(-1)>0$이고, $x\geq-1$인 모든 실수에서 $f(x)\geq0$을
만족해야한다.

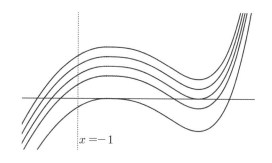

[그림2] (가)를 만족하고 (나)를 만족하는 그래프는
위에서 3번째까지이다.
$f(-1)>0$이고, $x\geq-1$인 모든 실수 x에서
$f(x)\geq0$을 만족해야한다.

또한, (다)에서 $y=f(x)-f(-1)$의 그래프는
$f(x)$를 y축의 음의 방향으로 $f(-1)$만큼 평행이동한
그래프이므로
$|f(x)-f(-1)|$가 $x=q$ $(q>-1)$에서만 미분불가능하려면
$f'(-1)=0$이어야 한다. 따라서, (i)에서 $a=-2$

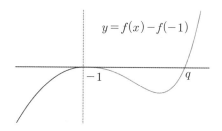

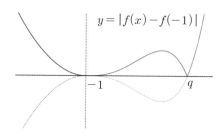

[그림3] 조건(다)를 만족하려면 $f'(-1)=0$을
만족해야한다.

또한, $f(0)$의 값이 최소가 되는 것은 $x\geq-1$인 모든
실수에서 $f(x)\geq0$이므로 최솟값은 0이 될 때이다. 즉,
$f(0)=0$이고 $f'(0)=0$이다.
따라서, 아래 그림과 같다.

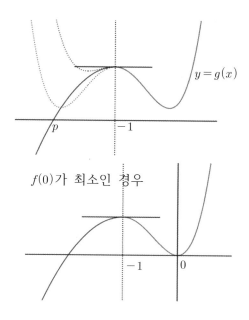

$f(0)$가 최소인 경우

[그림4] 조건을 만족하는 $y=f(x)$의 모양을 나타낸
그래프이고, $f(0)=0$인 그래프이다.

다음의 그래프는 조건에 맞는 $y=|f(x)|$의 그래프이다.

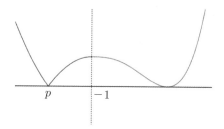

조건에 맞는 함수는 $f'(-1)=0, f(0)=f'(0)=0$에서
$g'(-1)=g'(0)=0, g(0)=0$이므로 함수 $g(x)$는 원점에서
접하므로
$g(x)=x^2(x^2+mx+n)$라 놓으면
$g'(x)=4x^3+3mx^2+2nx$이고

$g'(-1) = -4 + 3m - 2n = 0 \quad \therefore n = \dfrac{3m-4}{2}$

따라서,

$g(x) = x^2\left(x^2 + mx + \dfrac{3m-4}{2}\right)$ 이고 $g(-1) = h(-1)$ 에서

$b = \dfrac{m-4}{2}$

$g'(x) = x(4x^2 + mx + 3m - 4) = x(x+1)(4x + 3m - 4) = 0$

의 근 중

$0, -1$ 이 아닌 근 $-\dfrac{3m-4}{4}$ 에 대하여

$-\dfrac{3m-4}{4} \leq -1$ 이 되어야 한다. (그림4 참고)

$\therefore m \geq \dfrac{8}{3}$

$f(x) = \begin{cases} -x^2 - 2x + \dfrac{m-4}{2} & (x < -1) \\ x^2\left(x^2 + mx + \dfrac{3m-4}{2}\right) & (x \geq -1) \end{cases}$

$f(-2) + f(1) = \dfrac{m-4}{2} + 1 + m + \dfrac{3m-4}{2}$

$\qquad\qquad = 3m - 3 \geq 3 \times \dfrac{8}{3} - 3 = 5$

따라서, $3m - 3$의 최솟값은 $m = \dfrac{8}{3}$일 때, 5 이다.

[추가설명]-김은수T, 서영만T

(1) $g'(x) = 4x(x+1)^2$

$\quad g(x) = x^4 + \dfrac{8}{3}x^3 + 2x^2 (\because g(0) = 0), h(x) = -x^2 - 2x + b$

$\quad f(1) = g(1) = 1 + \dfrac{8}{3} + 2 = \dfrac{17}{3}$

$\quad x = -1$에서 연속이므로

$\quad h(-1) = g(-1) \Rightarrow -1 + 2 + b = 1 - \dfrac{8}{3} + 2 , \therefore b = -\dfrac{2}{3}$

$\quad \therefore f(-2) + f(1) = h(-2) + g(1)$
$\qquad\qquad\qquad\quad = -\dfrac{2}{3} + \left(1 + \dfrac{8}{3} + 2\right) = 5$

(2) $g'(x) = 4x(x+1)(x-\alpha) \ (\alpha \leq -1)$

$\quad g(x) = x^4 + \dfrac{4}{3}(1-\alpha)x^3 - 2\alpha x^2 (\because g(0) = 0), h(x) = -x^2 - 2x + b$

$\quad f(1) = g(1) = 1 + \dfrac{4}{3}(1-\alpha) - 2\alpha = \dfrac{7}{3} - \dfrac{10}{3}\alpha$

$\quad x = -1$에서 연속이므로

$\quad h(-1) = g(-1)$

$\Rightarrow -1 + 2 + b = 1 - \dfrac{4}{3} + \dfrac{4}{3}\alpha - 2\alpha , \therefore b = -\dfrac{4}{3} - \dfrac{2}{3}\alpha$

$\quad f(-2) = h(-2) = b = -\dfrac{4}{3} - \dfrac{2}{3}\alpha , f(1) = g(1) = \dfrac{7}{3} - \dfrac{10}{3}\alpha$

$\quad \therefore f(-2) + f(1) = 1 - 4\alpha \geq 5$

71 정답 47

$f(x) = (-1)^{n-1}(x^2 - 2nx + n^2 + x - n)$

$\qquad = (-1)^{n-1}(x - n + 1)(x - n) \ (n-1 < x \leq n)$

$n = 1$일 때, $f(x) = x(x-1) \ (0 < x \leq 1)$

$n = 2$일 때, $f(x) = -(x-1)(x-2) \ (1 < x \leq 2)$

$n = 3$일 때, $f(x) = (x-2)(x-3) \ (2 < x \leq 3)$

$\qquad \vdots \qquad\qquad\qquad\quad \vdots$

따라서

함수 $f(x)$의 그래프는 다음 그림과 같다.

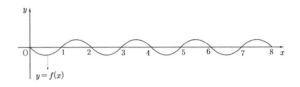

그러므로 함수 $g(x)$는

$g(x) = f(x) - |f(x)| = \begin{cases} 2f(x) & (2n-2 < x \leq 2n-1) \\ 0 & (2n-1 < x \leq 2n) \end{cases}$

이므로 그래프는 다음과 같다.

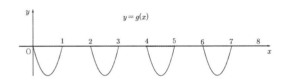

$g'(x) = \begin{cases} 2f'(x) & (2n-2 < x < 2n-1) \\ 0 & (2n-1 < x < 2n) \end{cases} \Rightarrow$

$g'(x) = \begin{cases} 4x - 2 & (0 < x < 1) \\ 0 & (1 < x < 2) \end{cases}$ 등

함수 $g'(x)$의 그래프와 함수 $|g'(x)|$의 그래프는 다음과 같다.

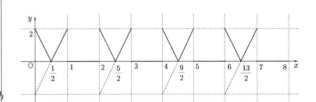

$h(x) = \lim\limits_{h \to 0+} \left| \dfrac{g(x+h) - g(x)}{h} \right|$

$\qquad = \left| \lim\limits_{h \to 0+} \dfrac{g(x+h) - g(x)}{h} \right|$

$\qquad = \left| \lim\limits_{h \to 0+} g'(x) \right|$

이고 $h(x)$는 함수 $|g'(x)|$가 불연속인 점과 뾰족점에서 미분가능하지 않다.

따라서

$g'(x)$는 자연수 n에 대하여 $x = n$에서 불연속이고

$x = \dfrac{4n-3}{2}$에서 뾰족점이다. $\Rightarrow \left(\dfrac{1}{2}, \dfrac{5}{2}, \dfrac{9}{2}, \cdots\right)$

따라서 구간 $(0, 8)$에서 미분가능하지 않은 $x=a$의 개수는 11이다.

$h(x) = \left| \lim\limits_{h \to 0+} g'(x) \right|$에서

$\lim\limits_{h \to 0+} g'(2+h) = \lim\limits_{h \to 0+} g'(4+h) = \lim\limits_{h \to 0+} g'(6+h) = 2$

이고 나머지는 모두 0이다.

그러므로

$p + \sum\limits_{k=1}^{p} k h(a_k)$

$= 11 + \sum\limits_{k=1}^{11} k h(a_k)$

$= 11 + h(a_1) + 2h(a_2) + \cdots + 10h(a_{10}) + 11h(a_{11})$

$= 11 + 3h(a_3) + 6h(a_6) + 9h(a_9)$

$= 11 + 6 + 12 + 18 = 47$

72 정답 11

최고차항의 계수가 1인 삼차함수 $f(x)$가 (가)에서 $f(1) = f'(1) = 0$을 만족하므로

$f(x) = x^3 + ax^2 + bx + c$

$f(1) = 1 + a + b + c = 0$

$f'(x) = 3x^2 + 2ax + b \cdots \bigcirc$

$f'(1) = 3 + 2a + b = 0$

$\therefore\ b = -2a - 3$이다.

조건 (나)에서 의하여 $a < t < 1$인 모든 실수 t에 대하여 $f'(t+3)f'(5-t) < 0$이므로

$\lim\limits_{t \to 1-} f'(t+3)f'(5-t) \leq 0$ 이다.

따라서 $\{f'(4)\}^2 \leq 0$이므로 $f'(4) = 0$이다.

$\bigcirc$에서 $f'(4) = 48 + 8a + b = 0$

$48 + 8a - 2a - 3 = 0$

$6a = -45$

$\therefore\ a = -\dfrac{15}{2},\ b = 12,\ c = -\dfrac{11}{2}$

그러므로 $f(x) = x^3 - \dfrac{15}{2}x^2 + 12x - \dfrac{11}{2} \cdots \bigcirc$

$f'(x) = 3x^2 - 15x + 12 = 3(x-1)(x-4)$

$1 < x < 4$에서 $f'(x) < 0$이고 $x < 1$ 또는 $x > 4$일 때, $f'(x) > 0$이다.

이때, $\alpha < t < 1$에서 $-1 < -t < -\alpha$, $4 < 5-t < 5-\alpha$ 이므로 $f'(5-t) > 0$이다.

따라서 $f'(t+3)f'(5-t) < 0$을 만족하기 위해서는 $f'(t+3) < 0$이어야 한다.

즉, $1 < t+3 < 4$이다.

$-2 < t < 1$이므로 α의 최솟값은 -2이다.

$\therefore\ m = -2$

$m^2 + 2m = 0$이므로

$\bigcirc$에서 $m \times f(m^2 + 2m) = -2 \times f(0) = (-2) \times \left(-\dfrac{11}{2}\right) = 11$

[다른 풀이]–강동희T

(가)에서 $f(1) = 0$, $f'(1) = 0$이므로 최고차항의 계수가 1인 삼차함수 $f(x)$는

$f(x) = (x-1)^2(x+a)$

이다.

$f'(x) = 2(x-1)(x+a) + (x-1)^2$
$\qquad = (x-1)(3x+2a-1)$

$f'(4) = 0$이므로 $a = -\dfrac{11}{2}$이다.

$\therefore\ f(x) = (x-1)^2\left(x - \dfrac{11}{2}\right)$

$f'(x) = 3(x-1)(x-4)$

이하 동일

73 정답 52

[풀이]–유승희T

$(f \circ f)(x) = x$의 아홉 개의 실근 중 $\alpha_1, \alpha_5, \alpha_9$는 삼차함수 $y = f(x)$와 $y = x$의 교점의 x좌표 값이다.

$(f \circ f)(x) = x$의 나머지 6개의 실근은 삼차함수 $y = f(x)$와 $y = x$에 대칭인 $x = f(y)$의 교점의 x좌표 값이다. 특히, α_2와 α_6, α_3와 α_7, α_4와 α_8가 $y = x$에 대칭이다. 다음 그림과 같은 상황이다.

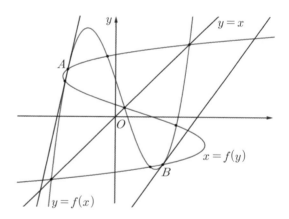

$\alpha_3 = -\alpha_7$, $\alpha_3 \alpha_7 = -\dfrac{1}{2}$이고 $\alpha_3 < \alpha_7$이므로

$\alpha_3 = -\dfrac{\sqrt{2}}{2}$, $\alpha_7 = \dfrac{\sqrt{2}}{2}$이다.

또한, 두 교점을 $A\left(-\dfrac{\sqrt{2}}{2}, \dfrac{\sqrt{2}}{2}\right)$, $B\left(\dfrac{\sqrt{2}}{2}, -\dfrac{\sqrt{2}}{2}\right)$라 하면 직선 AB의 방정식은 $y = -x$이다.

$y = f(x)$와 $y = -x$의 세 교점 중 x좌표가 $-\dfrac{\sqrt{2}}{2}$, $\dfrac{\sqrt{2}}{2}$이 있으므로

$f(x) + x = \left(x - \dfrac{\sqrt{2}}{2}\right)\left(x + \dfrac{\sqrt{2}}{2}\right)(ax - b)$ 라 놓을 수 있다.

$$f(x) + x = \left(x^2 - \frac{1}{2}\right)(ax - b)$$

$$f(x) = \left(x^2 - \frac{1}{2}\right)(ax - b) - x \quad \cdots \text{(i)}$$

$$f'(x) = \left(x^2 - \frac{1}{2}\right) \times a + 2x(ax - b) - 1$$

$f'(\alpha_3) + f'(\alpha_7) = 6$에 대입하면

$$f'\left(-\frac{\sqrt{2}}{2}\right) + f'\left(\frac{\sqrt{2}}{2}\right) = 6$$

$$f'(x) = \left(x^2 - \frac{1}{2}\right) \times a + 2x(ax - b) - 1$$

$$-\sqrt{2}\left(-\frac{\sqrt{2}}{2}a - b\right) - 1 + \sqrt{2}\left(\frac{\sqrt{2}}{2}a - b\right) - 1 = 6$$

$$2a = 8 \quad \therefore a = 4$$

(i)에서 $f(x) = \left(x^2 - \frac{1}{2}\right)(4x - b) - x$

$$\therefore f(x) = 4x^3 - bx^2 - 3x + \frac{b}{2}$$

따라서, $f(2) - f(-2) = 52$

[다른 풀이]

$\alpha_3 + \alpha_7 = 0$에서 함수 $f(x)$는 원점대칭함수이다.

따라서 $f(x) = ax^3 + bx$라 할 수 있다.

$\alpha_3 \alpha_7 = -\frac{1}{2}$에서 $\alpha_3 = -\frac{\sqrt{2}}{2}$, $\alpha_7 = \frac{\sqrt{2}}{2}$이다.

따라서 함수 $f(x)$는 $\left(-\frac{\sqrt{2}}{2}, \frac{\sqrt{2}}{2}\right)$와 $\left(\frac{\sqrt{2}}{2}, -\frac{\sqrt{2}}{2}\right)$을

지난다.

$f\left(-\frac{\sqrt{2}}{2}\right) = \frac{\sqrt{2}}{2}$에서

$$-\frac{\sqrt{2}}{4}a - \frac{\sqrt{2}}{2}b = \frac{\sqrt{2}}{2}$$

$a + 2b = -2 \cdots \bigcirc$

$f'(\alpha_3) + f'(\alpha_7) = 6$에서 $f'\left(-\frac{\sqrt{2}}{2}\right) + f'\left(\frac{\sqrt{2}}{2}\right) = 6$

또한 $f'\left(-\frac{\sqrt{2}}{2}\right) = f'\left(\frac{\sqrt{2}}{2}\right)$이 성립하므로

$f'\left(-\frac{\sqrt{2}}{2}\right) = f'\left(\frac{\sqrt{2}}{2}\right) = 3$이다.

$$f'(x) = 3ax^2 + b$$

$$f'\left(-\frac{\sqrt{2}}{2}\right) = \frac{3}{2}a + b = 3$$

$3a + 2b = 6 \cdots \bigcirc$

$\bigcirc$, $\bigcirc$에서 $a = 4$, $b = -3$

$\therefore f(x) = 4x^3 - 3x$이다.

$f(2) = 26$, $f(-2) = -26$

그러므로 $f(2) - f(-2) = 52$

74 정답 168

함수 $g(x)$는 $y = kx$와 $y = f(x)$중 y값이 큰 것을 선택해서 그려지는 그래프이다.

우선 $y = kx$가 $y = x(x-1)(x-3)$와

$y = -x(x-1)(x-3)$에 접하는 상황을 생각해 보자.

$$y = x(x-1)(x-3) = x^3 - 4x^2 + 3x$$

$$y' = 3x^2 - 8x + 3$$

따라서 $x = 0$일 때, $y' = 3$이므로 $k = 3$일 때 $y = 3x$는

$x = 0$에서 $y = x(x-1)(x-3)$에 접한다.

x축 아래쪽에서 접하는 경우는 생각할 필요 없다.

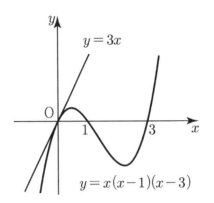

$$y = -x(x-1)(x-3) = -x^3 + 4x^2 - 3x$$

$$y' = -3x^2 + 8x - 3$$

따라서 $x = 0$일 때, $y' = -3$이므로 $k = -3$일 때 $y = -3x$는

$x = 0$에서 $y = -x(x-1)(x-3)$에 접한다.

또한 $x \neq 0$인 접점을 $(t, -t^3 + 4t^2 - 3t)$라 두면

$y'_{x=t} = -3t^2 + 8t - 3$과 접점과 원점을 지나는 직선의

기울기가 같다.

$$\frac{-t^3 + 4t^2 - 3t}{t} = -3t^2 + 8t - 3 \Rightarrow 2t^2 - 4t = 0 \quad \Rightarrow$$

$$2t(t-2) = 0$$

따라서 $t = 2$일 때 $k = 1$이므로 $y = x$는

$y = -x(x-1)(x-3)$는 접한다.

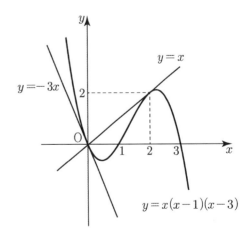

따라서 $g(x)$는 $y = kx$와 $y = f(x)$의 접점이 아닌 교점에서 미분가능하지 않으므로

$k = -3, 0, 1, 3$을 기준으로 미분 가능하지 않은 점의 개수를 알 수 있다.

다음 그림과 같다.

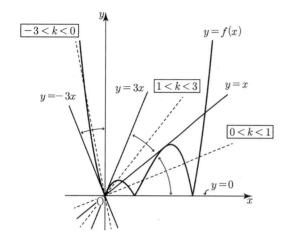

㉠ $k < -3$일 때 $g(x)$는 $y=-x(x-1)(x-3)$과 $y=kx$의 원점이 아닌 교점과 $x=0, 1, 3$에서 미분 가능하지 않으므로 $h(k)=4$이다.

㉡ $-3 \le k \le 0$일 때 $g(x)$는 $x=0, 1, 3$에서 미분 가능하지 않으므로 $h(k)=3$

㉢ $0 < k < 1$일 때 $g(x)$는 $y=x(x-1)(x-3)$과 $y=kx$의 교점 3개, $y=x(x-1)(x-3)$과 $y=kx$의 교점 3개에서 원점이 중복되므로 총 5개의 교점에서 미분 가능하지 않으므로 $h(k)=5$

㉣ $1 \le k < 3$일 때 $h(k)=3$

㉤ $k \ge 3$일 때 $h(k)=2$

㉠~㉤에서 $y=h(k)$는 다음 그림과 같다.

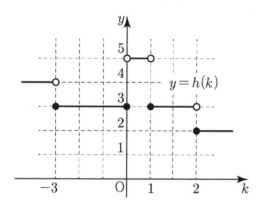

따라서
$m(k)\,h(k)$가 실수 전체의 집합에서 연속이도록 하는 최고차항의 계수가 1인 사차함수 $m(k)$는 $(k+3)$, k, $(k-1)$, $(k-3)$을 인수로 갖는다.
따라서 $m(k)=(k+3)k(k-1)(k-3)$
$m(4)=7 \times 4 \times 3 \times 1 = 84$
$h(4)=2$
따라서 $m(4)h(4)=168$이다.

75 정답 ①

(가)에서 극값을 3개 가지려면 이차함수의 꼭짓점의 x좌표인 $x=-\dfrac{a}{2}$가 $x < 0$에서 나와야 하므로 $a > 0$이다.

x축과 두 점에서 만나고 $x=2$에서 최솟값을 갖는 경우는 다음과 같이 2가지로 생각할 수 있다.

(i) $x \le 0$에서 이차함수가 x축에 접하고 $x > 0$에서 삼차함수가 $x=2$에서 접하는 경우

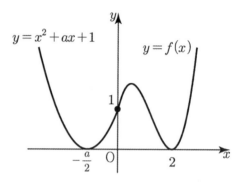

$x^2+ax+1=0$의 $D=a^2-4=0$이므로 $a=2$
따라서 삼차함수 $f(x)$의 최고차항의 계수는 2이다.
또한 $f(2)=0$, $f'(2)=0$이므로 $f(x)=2(x-2)^2(x-k)$라 둘 수 있다.
$g(x)$가 $x=0$에서 연속이므로 $f(0)=-8k=1$에서 $k=-\dfrac{1}{8}$이다.
따라서 $f(x)=2(x-2)^2\left(x+\dfrac{1}{8}\right)$
$\therefore\ f(4)=33$

(ii) $x \le 0$에서 이차함수가 x축과 만나지 않고 $x > 0$에서 삼차함수의 최솟값인 $f(2) < 0$인 경우

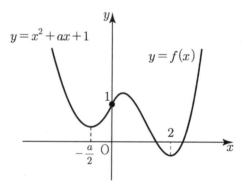

$x^2+ax+1=0$의 $D=a^2-4 < 0$이므로 $-2 < a < 2$
$a > 0$이므로 $0 < a < 2$에서 정수 a는 $a=1$
따라서 삼차함수 $f(x)$의 최고차항의 계수는 1이다.
$g(x)$가 $x=0$에서 연속이므로
$f(x)=x^3+bx^2+cx+1$라 두면
$f'(x)=3x^2+2bx+c$에서 $f'(2)=0$이므로
$4b+c=-12$이다.
$f(4)=64+16b+4c+1=65+4(4b+c)=65-48=17$

따라서 $f(4)=17$

(i),(ii)에서 모든 $f(4)$의 값은 $33+17=50$

76 정답 4

$h(x)=-\dfrac{1}{3}x-\dfrac{2}{3}\ (-2\le x\le 1)$에서 함수 $h(x)$는

$(-2,0)$, $(1,-1)$을 지난다.

$a\ge t+2$일 때, $\dfrac{h(a)-h(t)}{a-t}$는 함수 $y=h(x)$의 그래프

위의 두 점 $(t,h(t))$, $(a,h(a))$를 잇는 직선의 기울기…㉠와

같으므로 $k(t)$는 직선의 기울기의 최댓값이다.

방정식 $k(t)=0$을 만족하는 t의 의미는 ㉠의 기울기의

최댓값이 0을 만족하는 t값들이다.

$k(-2)=0$이므로 $(-2,0)$에서 $(a,h(a))$에 그은 직선의

기울기가 0이기 위해서는 다음 그림과 같이 이차항의 계수가

음수인 이차함수 $g(x)$의 꼭짓점이 x축 위에 있어야 한다.

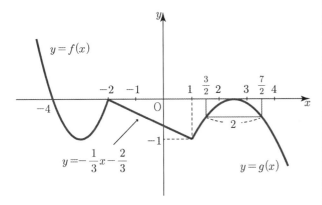

한편, $k\left(\dfrac{3}{2}\right)=0$이므로 이차함수 $g(x)$는 $g\left(\dfrac{3}{2}\right)=g\left(\dfrac{3}{2}+2\right)$을

만족해야 한다.

따라서 $g(x)$의 축은 $x=\dfrac{5}{2}$이므로 꼭짓점의 좌표는

$\left(\dfrac{5}{2},0\right)$이다.

그러므로 $g(x)=p\left(x-\dfrac{5}{2}\right)^2$이고 함수 $h(x)$가 실수 전체에서

연속이므로 $g(1)=-1$을 만족하므로 $p=-\dfrac{4}{9}$이다. 따라서

$g(x)=-\dfrac{4}{9}\left(x-\dfrac{5}{2}\right)^2$이다.

또한 $k(-4)=0$이므로 함수 $h(x)$는 $(-4,0)$을 지나야 한다.

즉, $f(-4)=0$

함수 $h(x)$가 실수 전체에서 연속이므로 $f(-2)=0$을

만족한다. 또한

$f(x)$의 이차항의 계수가 1이므로 $f(x)=(x+4)(x+2)$이다.

따라서

함수 $h(x)$는 다음과 같다.

$h(x)=\begin{cases}(x+4)(x+2) & (x<-2)\\ -\dfrac{1}{3}x-\dfrac{2}{3} & (-2\le x\le 1)\\ -\dfrac{4}{9}\left(x-\dfrac{5}{2}\right)^2 & (x>1)\end{cases}$

$h(-3)=-1$, $h(4)=-1$

$\{h(-3)+h(4)\}^2=(-2)^2=4$

77 정답 17

[출제자 : 서태욱T]

조건 (가)에 의하여 $g'(x)=(x^3-3x)f(x)$의 부호변화가

단 한 번 발생해야 한다.

이때 곡선 $y=x^3-3x=x(x+\sqrt{3})(x-\sqrt{3})$은

아래 그림과 같이 $x=-\sqrt{3}$과 $x=0$과 $x=\sqrt{3}$의

좌우에서 부호가 총 3번 바뀌게 된다.

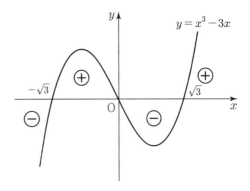

그러므로 $g'(x)=(x^3-3x)f(x)$의 부호가 오직 한 번만

변하기 위해서는 아래 두 가지의 경우가 발생한다.

(ⅰ) $f(x)=\begin{cases}\dfrac{3}{\sqrt{3}-1}(x+1)+3 & (x\le -1)\\ -\dfrac{3}{\sqrt{3}+1}(x+1)+3 & (x>-1)\end{cases}$ 인 경우

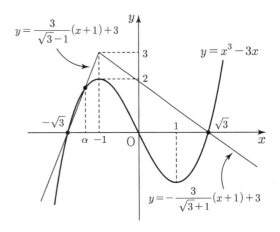

(단, α는 곡선 $y=x^3-3x$와 직선 $y=\dfrac{3}{\sqrt{3}-1}(x+1)+3$의

교점 중 $x=-\sqrt{3}$이 아닌 점의 x좌표이다.)

x^3-3x, $f(x)$의 부호를 나타내면 다음과 같다.

x	$\cdots$	$-\sqrt{3}$	$\cdots$	0	$\cdots$	$\sqrt{3}$	$\cdots$
$g'(x)$	$+$	0	$+$	0	$-$	0	$-$
x^3-3x	$-$	0	$+$	0	$-$	0	$+$
$f(x)$	$-$	0	$+$	$+$	$+$	0	$-$

즉 함수 $g(x)$는 $x=0$에서 유일하게 극값을 갖는다.

이제 $h(x)=f(x)-x^3+3x$라 하고

함수 $|h(x)|=|f(x)-(x^3-3x)|$의 미분가능성을
조사하자.

우선 함수 $f(x)$와 곡선 $y=x^3-3x$가 동시에
미분가능하면서 만나지 않는 구간에서는
함수 $|h(x)|$가 미분가능하므로　　　…… ㉠
$x=-\sqrt{3}$, α, -1, $\sqrt{3}$를 제외한 모든 실수 x에서는 함수
$|h(x)|$는 미분가능하다.

여기서 $x=-\sqrt{3}$, α, $\sqrt{3}$에서
함수 $f(x)$와 곡선 $y=x^3-3x$이 만나되 접하지 않으므로
함수 $|h(x)|$는 $x=-\sqrt{3}$, α, $\sqrt{3}$에서 미분가능하지 않다.
　　　　…… ㉡
마지막으로 $x=-1$일 때 함수 $|h(x)|$의 미분가능성을
조사하자.

($x=-1$ 근방에서 $h(x)=f(x)-(x^3-3x)>0$이므로
$|h(x)|=h(x)$이다.)

$f_1(x)=\dfrac{3}{\sqrt{3}-1}(x+1)+3$,

$f_2(x)=-\dfrac{3}{\sqrt{3}+1}(x+1)+3$라 두면

$h'(x)=\begin{cases} \left(f_1(x)-x^3+3x\right)' & (\alpha<x<-1) \\ \left(f_2(x)-x^3+3x\right)' & (-1<x<\sqrt{3}) \end{cases}$

$=\begin{cases} \dfrac{3}{\sqrt{3}-1}-3x^2+3 & (\alpha<x<-1) \\ -\dfrac{3}{\sqrt{3}+1}-3x^2+3 & (-1<x<\sqrt{3}) \end{cases}$

따라서

$\displaystyle\lim_{x\to-1-}\frac{h(x)-h(-1)}{x-(-1)}=\lim_{x\to-1-}h'(x)=\frac{3}{\sqrt{3}-1}$

$\displaystyle\lim_{x\to-1+}\frac{h(x)-h(-1)}{x-(-1)}=\lim_{x\to-1+}h'(x)=-\frac{3}{\sqrt{3}+1}$

이고 $\dfrac{3}{\sqrt{3}-1}\ne-\dfrac{3}{\sqrt{3}+1}$이므로

함수 $|h(x)|$는 $x=-1$에서 미분가능하지 않다.

즉 함수 $|h(x)|$는 $x=-\sqrt{3}$, α, -1, $\sqrt{3}$에서
미분가능하지 않고 미분가능하지 않은 점이 4개이므로
조건 (나)에 모순이다.

(ⅱ) $f(x)=\begin{cases} \dfrac{3}{\sqrt{3}-1}(x+1)+3 & (x\le-1) \\ -3x & (x>-1) \end{cases}$ 인 경우

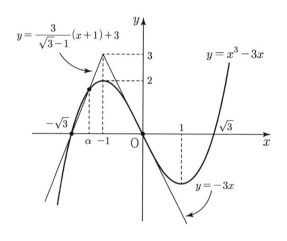

x^3-3x, $f(x)$의 부호를 나타내면 다음과 같다.

x	$\cdots$	$-\sqrt{3}$	$\cdots$	0	$\cdots$	$\sqrt{3}$	$\cdots$
$g'(x)$	$+$	0	$+$	0	$+$	0	$-$
x^3-3x	$-$	0	$+$	0	$-$	0	$+$
$f(x)$	$-$	0	$+$	0	$-$	$-$	$-$

즉 함수 $g(x)$는 $x=\sqrt{3}$에서 유일하게 극값을 갖는다.

이제 함수 $|h(x)|=|f(x)-(x^3-3x)|$의 미분가능성을
조사하자.

우선 ㉠에서와 같은 이유로 함수 $|h(x)|$는
$x=-\sqrt{3}$, α, -1, 0을 제외한 모든 실수 x에서는
미분가능하다.

여기서 ㉡에서와 같은 이유로 함수 $|h(x)|$는
$x=-\sqrt{3}$, α에서 미분가능하지 않다.

또한, 함수 $f(x)$와 곡선 $y=x^3-3x$이 $x=0$에서 접하기
때문에 ($\because$ $(-1, 3)$에서 함수 $f(x)$에 그은 접선의 방정식이
$y=-3x$) 함수 $|h(x)|$는 $x=0$에서 미분가능하다.

마지막으로 $x=-1$일 때 함수 $|h(x)|$의 미분가능성을
조사하자.

($x=-1$ 근방에서 $h(x)=f(x)-(x^3-3x)>0$이므로
$|h(x)|=h(x)$이다.)

$f_1(x)=\dfrac{3}{\sqrt{3}-1}(x+1)+3$,

$f_3(x)=-3x$라 두면

$h'(x)=\begin{cases} \left(f_1(x)-x^3+3x\right)' & (\alpha<x<-1) \\ \left(f_3(x)-x^3+3x\right)' & (-1<x<0) \end{cases}$

$=\begin{cases} \dfrac{3}{\sqrt{3}-1}-3x^2+3 & (\alpha<x<-1) \\ -3x^2 & (-1<x<\sqrt{3}) \end{cases}$

따라서

$\displaystyle\lim_{x\to-1-}\frac{h(x)-h(-1)}{x-(-1)}=\lim_{x\to-1-}h'(x)=\frac{3}{\sqrt{3}-1}$

$\displaystyle\lim_{x\to-1+}\frac{h(x)-h(-1)}{x-(-1)}=\lim_{x\to-1+}h'(x)=-3$

이고 $\dfrac{3}{\sqrt{3}-1} \neq -3$이므로

함수 $|h(x)|$는 $x=-1$에서 미분가능하지 않다.

즉 함수 $|h(x)|$는 $x=-\sqrt{3}$, α, -1에서

미분가능하지 않고 미분가능하지 않은 점이 3개이므로

조건 (나)를 만족시킨다.

$$g(1)-g(0)=g(1)$$

$$=\int_0^1 (t^3-3t)(-3t)\,dt$$

$$=\int_0^1 (-3t^4+9t^2)\,dt$$

$$=\left[-\dfrac{3}{5}t^5+3t^3\right]_0^1$$

$$=\dfrac{12}{5}$$

$$\therefore\ p+q=17$$

78 정답 324

함수 $f(x)$는 다음 그림과 같다.

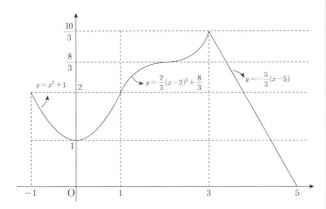

우선 함수 $f(x)$의 경계가 되는 $x=1$과 $x=3$에서

미분가능성을 따져 보면 $x=1$에서는 미분가능하고

$x=3$에서는 미분가능하지 않다.

따라서 $|f(x)-t|$는 t값에 관계없이 미분가능하지 않는 점이

1개 이상이다.

$y=f(x)$와 $y=t$의 교점에서 미분가능하지 않는다. 그런데

$x=0$에서는 x^2을 $x=2$에서는

$(x-2)^3$의 항을 가지므로 $|f(x)-1|$은 $x=0$에서

미분 가능하고 마찬가지로 $\left|f(x)-\dfrac{8}{3}\right|$은

$x=2$에서 미분 가능하다.

따라서 $y=|f(x)-t|$의 t값에 따른 미분 가능하지

않는 점의 개수는 다음 그림과 같다.

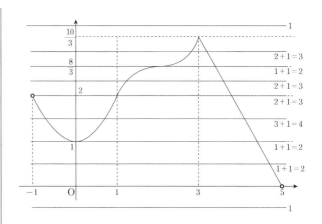

따라서 $y=g(t)$ 그래프는 다음과 같다.

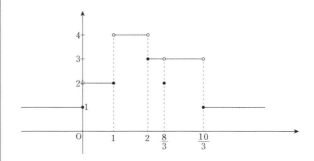

따라서 $g(1)=a=2$, $g\left(\dfrac{8}{3}\right)=b=2$, $g(3)=c=3$

함수 $h(g(t))$가 실수 전체에서 연속이므로

$h(1)=h(2)=h(3)=h(4)\cdots$㉠이 성립하고

$h(x)$는 최고차항의 계수가 1인 사차함수이므로

$h(x)=(x-1)(x-2)(x-3)(x-4)+d$라 할 수 있다.

$\therefore\ h(a+3)-h(b+2)+100c$

$=h(5)-f(4)+300=(24+d)-d+300$

$=324$

[랑데뷰팁]-㉠설명

$t=0$일 때 $h(g(t))$가 연속이기 위해서는 $g(t)$의 좌극한

1, 함숫값 1, 우극한 2이 모두 같아야 하므로 $t=0$에서

연속일 조건은 $h(1)=h(2)$이다.

$t=1$일 때 $h(g(t))$가 연속이기 위해서는 $g(t)$의 좌극한

2, 함숫값 2, 우극한 4이 모두 같아야 하므로 $t=1$에서

연속일 조건은 $h(2)=h(4)$이다.

$t=2$일 때 $h(g(t))$가 연속이기 위해서는 $g(t)$의

좌극한 4, 함숫값 3, 우극한 3이 모두 같아야 하므로

$t=2$에서 연속일 조건은 $h(4)=h(3)$이다.

$t=\dfrac{8}{3}$, $t=\dfrac{10}{3}$에서도 마찬가지이다.)

$$h(x)=\begin{cases} -\dfrac{1}{x+1} & (x \geq 0) \\ -\dfrac{1}{-x+1} & (x < 0) \end{cases}$$ 이라 할 때, $y=h(x)$의 그래프

개형은 다음과 같다.

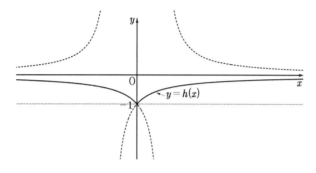

함수 $h(x)$의 치역은 $\{y \,|\, -1 \leq y < 0\}$이다.
따라서
$-1 \leq h(x) < 0$이므로 $k-1 \leq g(x) < k \cdots \bigcirc$
한편,
$f(f(x))=x$을 만족하는 실수 a가 존재하면 $f(f(a))=a$가 성립한다.
이때 $f(a)$가 될 수 있는 값은 a이거나 a가 아닌 어떤 수 b로 생각할 수 있다.

(i) $f(a)=a$이면 $f(f(a))=f(a)=a$이므로 항상 성립한다. ⇨ (a, a)는 $y=x$ 위의 점이다.

(ii) $f(a)=b$이면 $f(f(a))=f(b)=a$에서 $f(b)=a$가 성립해야 한다.
⇨ (a, b)와 (b, a)는 $y=x$에 대칭인 점이다.
(단, $a \neq b$)

(i), (ii)에서 $f(f(x))=x$을 만족하는 실수
a는 $y=f(x)$와 $y=x$의 교점 또는 그것의 $y=x$에 대칭인 함수 $x=f(y)$의 교점의 x좌표임을 알 수 있다.
따라서
$y=x^2+g(t)$와 $y=x$가 접할 때는 $f(f(x))=x$의 실근의 개수는 1이다.
$x^2+g(t)=x \rightarrow x^2-x+g(t)=0 \rightarrow D=1-4g(t)=0$에서
$g(t)=\dfrac{1}{4}$

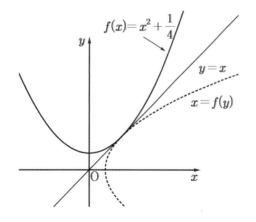

따라서 $f(f(x))=x$의 실근의 개수는 2이기 위해서는
$g(t)<\dfrac{1}{4}$이다. $\cdots \bigcirc$

$g(t)<0$일 때, $y=x^2+g(t)$와 $y=x$의 교점 중 x좌표가 음수인 점에서 $y=x^2+g(t)$의 접선의 기울기가 -1이면 $y=x^2+g(t)$와 그것의 $y=x$에 대칭인 그래프 $x=y^2+g(t)$는 그 교점에서 접하게 된다.
$y=x^2+g(t) \rightarrow y'=2x \rightarrow 2x=-1 \rightarrow x=-\dfrac{1}{2}$
즉, 교점 $\left(-\dfrac{1}{2}, -\dfrac{1}{2}\right)$에서 $y=x^2+g(t)$와 $x=y^2+g(t)$의 그래프는 접한다.

$-\dfrac{1}{2}=\left(-\dfrac{1}{2}\right)^2+g(t)$에서 $g(t)=-\dfrac{3}{4}$일 때

$f(f(x))=x$의 실근의 개수가 2개가 된다. $\cdots \boxdot$

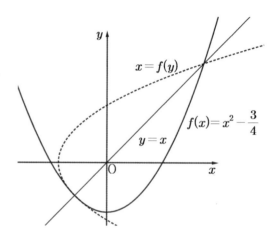

따라서 $\bigcirc$, $\boxdot$에서
$f(f(x))=x$의 실근의 개수가 2가 되기 위해서는
$-\dfrac{3}{4} \leq g(t) < \dfrac{1}{4}$이다.

$\bigcirc$의 $k-1 \leq g(x) < k$에서 $k=\dfrac{1}{4}$이면 모든 실수 t에 대하여 $f(f(x))=x$의 실근의 개수가 2가 된다.
따라서 $k=\dfrac{1}{4}$ $\therefore$ $100k=25$

[랑데뷰팁]

다음 그림과 같이 $g(t)<-\dfrac{3}{4}$인 경우
예를 들어 $g(t)=-1$인 경우
즉, $f(x)=x^2-1$이면 $f(f(x))=x$의 실근의 개수는 4이다.

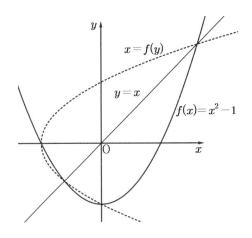

80 정답 104

$x > 4$에서

$y = \dfrac{ax+7}{x-4} = \dfrac{a(x-4)+4a+7}{x-4} = \dfrac{4a+7}{x-4} + a$에서 점근선이

$x = 4$, $y = a$이다.

따라서 $g(x) = t$의 근이 $t \le -2$에서 두 개가 나오려면
분수함수의 점근선인 a값이 -2가 되어야 한다.

따라서 $f(x) = \dfrac{-1}{x-4} - 2 \ (x > 4)$

그림 삼차함수는 다음과 같은 개형이 되어야 조건을 만족할
수 있다.

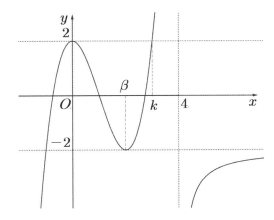

$f(x) = x^2(x-k) + 2$에서 극댓값이 2 극솟값이 -2이므로
삼차함수 $y = ax^3 + bx^2 + cx + d$와
그 도함수 $y' = 3a(x-\alpha)(x-\beta)$에서

극댓값$-$극솟값$= \dfrac{|a|}{2}(\beta-\alpha)^3$임을 이용하면

$a = 1$, $\alpha = 0$이므로

$2 - (-2) = \dfrac{1}{2}(\beta - 0)^3$

따라서 $\beta = 2$

$\alpha = 0$, $\beta = 2$이므로 삼차 함수 비율 관계에서

$k = \beta + 1 = 3$이다.

따라서 $f(x) = x^2(x-3) + 2$

$g(x) = \begin{cases} x^2(x-3)+2 & (x \le 4) \\ \dfrac{-2x+7}{x-4} & (x > 4) \end{cases}$

$(g \circ g)(5) = g(-3) = -54 + 2 = -52$

$a = -2$이므로 $a \times (g \circ g)(5) = -2 \times (-52) = 104$

81 정답 ①

[그림 : 최성훈T]

함수 $g(x)$는 $x = n$에서 미분가능하지 않다. 실수 t에 대하여
함수 $g(t)$를

$h(t) = \left| \displaystyle\lim_{h \to 0+} \dfrac{g(t+2h) - g(t-h)}{h} \right|$ 라 하자.

(i) $t \ne n$일 때, 함수 $f(x)$는 $x = t$에서 미분가능하므로
$n \le x < n+1$일 때, $g'(x) = f'(x-n)$

이때

$h(t) = \left| \displaystyle\lim_{h \to 0+} \dfrac{g(t+2h) - g(t-h)}{h} \right|$

$= \left| \displaystyle\lim_{h \to 0+} \dfrac{g(t+2h) - g(t)}{h} - \lim_{h \to 0+} \dfrac{g(t-h) - g(t)}{h} \right|$

$= |2g'(t) - \{-g'(t)\}|$

$= |3g'(t)|$

$= |3f'(t-n)|$

$= 3|2(t-n) - 1|$

$= |6(t-n) - 3|$이다.

(ii) $t = n$일 때, $g(x)$는 미분가능하지 않으므로

$g(t) = \begin{cases} f(t-n+1) & (n-1 \le t < n) \\ f(t-n) & (n \le t < n+1) \end{cases}$에서

$h > 0$일 때,

$\dfrac{g(t+2h) - g(t-h)}{h}$

$= \dfrac{g(n+2h) - g(n-h)}{h}$

$= \dfrac{f(2h) - f(-h+1)}{h}$

$= \dfrac{(4h^2 - 2h) - (h^2 - h)}{h} = \dfrac{3h^2 - h}{h} = 3h - 1$

이므로

$\left| \displaystyle\lim_{h \to 0+} \dfrac{g(t+2h) - g(t-h)}{h} \right| = \left| \lim_{h \to 0+} (3h-1) \right| = 1$

(i), (ii)에서 함수 $g(t)$는

$h(t) = \begin{cases} |6(t-n) - 3| & (t \ne n) \\ 1 & (t = n) \end{cases}$이다.

$y = h(t)$의 그래프는 다음 그림과 같다.

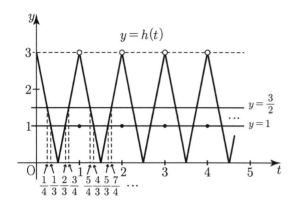

$h(t)=k$에서

$k=\dfrac{3}{2}$일 때, $t_1=\dfrac{1}{4}$, $d=\dfrac{1}{2}$인 등차수열을 이룬다.

$k=1$일 때, $t_1=\dfrac{1}{3}$, $d=\dfrac{1}{3}$인 등차수열을 이룬다.

따라서 $S=\dfrac{3}{2}+1=\dfrac{5}{2}$

82 정답 17

[그림 : 이정배T]

(i) 사차함수 $f(x)$의 최고차항의 계수가 양수일 때,

$x \le 0$일 때, $g(x)=x^2(ax+b)$이고 a, b가 양수이므로 곡선 $y=g(x)$은 $x<0$에서 극댓값을 $x=0$에서 극솟값 0을 갖는 그래프 개형이다.

(가)에서 $y=x^2(ax+b)$의 극댓값이 2이고 방정식 $x^2(ax+b)=2$의 음수해를 $x=-\alpha$라 하면 $x>0$인 사차함수 $f(x)$는 $y=2$와 한 점에서 만나고 $f(x)=2$의 해는 $x=\alpha$가 되어야 한다.

($\because$ 두 실근의 합이 0)

(나)에서 함수 $|g(x)-2|$가 실수 전체의 집합에서 미분가능하기 위해서는 $x=0$에서 미분가능해야 하므로 $f'(0)=0$이다.

또한 $f'(\alpha)=0$이어야 한다.

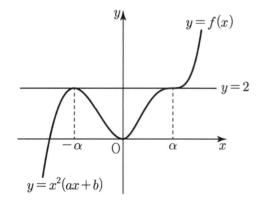

(다)에서

$g(g(x))=g(x)$

$g(x)=t$라 두면

$g(t)=t$이고

$y=g(x)$와 $y=x$의 그래프가 다음 그림과 같이 교점의 x좌표가 5개일 때,

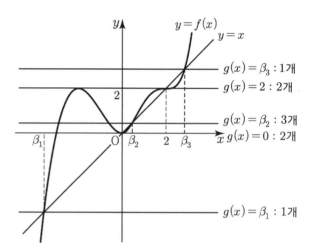

β_1, 0, β_2, 2, β_3 ($\beta_1<0<\beta_2<2<\beta_3$)

$g(x)=\beta_1$의 해의 개수 1

$g(x)=0$의 해의 개수 2

$g(x)=\beta_2$의 해의 개수 3

$g(x)=2$의 해의 개수 2

$g(x)=\beta_3$의 해의 개수 1

로 $g(g(x))=g(x)$의 해의 개수는 9이다.

따라서

$f(x)=(cx+d)(x-2)^3+2$에서 $\cdots$㉠

$f(0)=0$이므로 $-8d+2=0$, $d=\dfrac{1}{4}$

$f'(0)=0$이므로 $f'(x)=c(x-2)^3+3\left(cx+\dfrac{1}{4}\right)(x-2)^2$

$f'(0)=-8c+3=0$, $c=\dfrac{3}{8}$

$f(x)=\left(\dfrac{3}{8}x+\dfrac{1}{4}\right)(x-2)^3+2$

따라서 $f(x)=\dfrac{3}{8}\left(x+\dfrac{2}{3}\right)(x-2)^3+2$

한편,

$x \le 0$일 때, $g(-2)=2$, $g'(-2)=0$이므로$\cdots$㉡

$g(x)=x^2(ax+b)$

$g(-2)=4(-2a+b)=2$

$-2a+b=\dfrac{1}{2}$

$g'(x)=2x(ax+b)+ax^2$

$g'(-2)=-4(-2a+b)+4a=0$

$3a-b=0$

따라서 $a=\dfrac{1}{2}$, $b=\dfrac{3}{2}$이다.

$g(x)=x^2\left(\dfrac{1}{2}x+\dfrac{3}{2}\right)$

그러므로

$$g(x) = \begin{cases} \dfrac{1}{2}x^2(x+3) & (x \le 0) \\[2mm] \dfrac{3}{8}\left(x+\dfrac{2}{3}\right)(x-2)^3+2 & (x>0) \end{cases}$$

$g(-1)=1$, $g(4)=16$

$g(-1)+f(4)=g(-1)+g(4)=17$

(ii) 사차함수 $f(x)$의 최고차항의 계수가 음수일 때,
(i)과 같은 과정으로 $-f(x)=\dfrac{3}{8}\left(x+\dfrac{2}{3}\right)(x-2)^3+2$임을 알

수 있다. 따라서 $f(x)=-\dfrac{3}{8}\left(x+\dfrac{2}{3}\right)(x-2)^3-2$

$$g(x) = \begin{cases} \dfrac{1}{2}x^2(x+3) & (x \le 0) \\[2mm] -\dfrac{3}{8}\left(x+\dfrac{2}{3}\right)(x-2)^3+2 & (x>0) \end{cases}$$

$g(-1)=1$, $g(4)=-16$

$g(-1)+f(4)=g(-1)+g(4)=-15$

(i), (ii)에서 $g(-1)+f(4)$의 최댓값은 17이다.

[랑데뷰팁]-㉠, ㉡ 설명
사차함수 비율로
$f(x)=c\left(x+\dfrac{2}{3}\right)(x-2)^3+2$

$f(0)=0$이므로 $c=\dfrac{3}{8}$

따라서 $f(x)=\dfrac{3}{8}\left(x+\dfrac{2}{3}\right)(x-2)^3+2$

마찬가지로 삼차함수 비율로 $x \le 0$일 때,
$g(x)=x^2\left(\dfrac{1}{2}x+\dfrac{3}{2}\right)$임을 알 수 있다.

또한, $g(-1)$의 값은 고정값이므로 $f(4)$의 값이
최대이기 위해서는 사차함수 $f(x)$의 최고차항의 계수가
양수임을 알 수 있다.

적분법

83 정답 ⑤

[출제자 : 이소영T]
[그림 : 서태욱T]
$|g(x)|=|x(x-1)|$ $(0 \le x \le 1)$이고 x축과 이루는 영역의
넓이가 최소가 될 때의 함수 $g(x)$가 $h(x)$, $k(x)$이고
$h(x) \ge k(x)$이므로 다음과 같다.

$$h(x) = \begin{cases} -x(x-1) & (0 \le x \le 1) \\ 0 & (x \le 0 \text{또는} x \ge 1), \end{cases}$$

$$k(x) = \begin{cases} x(x-1) & (0 \le x \le 1) \\ 0 & (x \le 0 \text{또는} x \ge 1) \text{이다.} \end{cases}$$

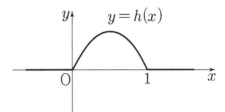

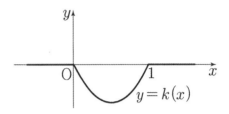

증가함수 $p(x)$와 두 함수 $h(x)$, $k(x)$는

$\displaystyle \int_1^x p(t)h(t)dt \ge 0$, $\displaystyle \int_0^x k(t-1)p(t)dt \le 0$을 만족해야

하므로 구간별 함수 $p(x)$의 부호를 생각해 보자.

$\displaystyle \int_1^x p(t)h(t)dt \ge 0$에서 $x \le 0$ 또는 $x \ge 1$에서는

$h(t)=0$이므로 항상 성립하므로 함수 $p(t)$의 부호는 알 수
없고, $0 \le x \le 1$에서 함수 $p(x)$는 $p(x) \le 0$이 되어야
조건을 만족한다. …… ㉠

$\displaystyle \int_0^x k(t-1)p(t)dt \le 0$에서 함수 $k(x-1)$은 함수 $k(x)$를

x축 방향으로 1만큼 평행이동한 함수이므로 $x < 1$ 또는
$x > 2$에서 $k(x-1)=0$이고 $1 \le x \le 2$에서
$k(x-1) \le 0$이다.

따라서 함수 $p(t)$의 부호는 알 수 없고, $1 \le x \le 2$에서
함수 $p(x)$는 $p(x) \ge 0$가 되어야 조건을 만족한다. ……
㉡

㉠, ㉡에서 $p(1)=0$이다.

$f(1) \ne 0$이므로 $p(x) = \begin{cases} f(x) & (x \ge \alpha) \\ l(x) & (x < \alpha) \end{cases}$ 에서 $l(1)=0$임을

알 수 있다.

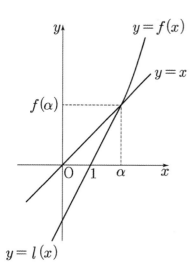

$$y = f(x)$$
$$y = x$$
$$f(\alpha)$$
$$y = l(x)$$

최고차항의 계수가 1인 삼차함수 $f(x)$의 그래프와 직선 $y = x$가 만나는 점 $\mathrm{P}(\alpha, f(\alpha))$에서의 접선의 방정식은 $f(\alpha) = \alpha$, $f'(\alpha) = 2$이므로

$y - \alpha = 2(x - \alpha)$

$l(x) = 2(x - \alpha) + \alpha$

$l(1) = 0$이므로 $2(1 - \alpha) + \alpha = 0$에서 $\alpha = 2$이다.

따라서 $l(x) = 2x - 2$

$$p(x) = \begin{cases} f(x) & (x \geq 2) \\ 2x - 2 & (x < 2) \end{cases}$$

따라서 $y = 2x - 2$이 $y = f(x)$와 $x = 2$에서 접하고 함수 $p(x)$는 증가함수이므로 $x \geq 2$의 범위에서 $f'(x) \geq 0$이어야 한다.

$f(x) - 2x + 2 = (x - 2)^2(x - \beta)$

$f(x) = (x - 2)^2(x - \beta) + 2x - 2 \ \cdots\cdots \ ㉢$

$f'(x) = 2(x - 2)(x - \beta) + (x - 2)^2 + 2$

$f'(x) = 2\{x^2 - (2 + \beta)x + 2\beta\} + x^2 - 4x + 6$

$f'(x) = 3x^2 + (-8 - 2\beta)x + 4\beta + 6$

$y = f'(x)$의 대칭축은 $x = -\dfrac{-8 - 2\beta}{6} = \dfrac{4 + \beta}{3}$이다.

만약 대칭축 $\dfrac{4 + \beta}{3} \geq 2$라면 $D/4 \leq 0$이 되어야 하므로

$\beta \geq 2$이고, $D/4 = (\beta + 4)^2 - 3(4\beta + 6) \leq 0$

$\beta^2 - 4\beta - 2 \leq 0$

$2 - \sqrt{6} \leq \beta \leq 2 + \sqrt{6}$이다.

따라서 $2 \leq \beta \leq 2 + \sqrt{6}$이다.

$\dfrac{4 + \beta}{3} < 2$라면 $f'(2) \geq 0$가 되어야 한다.

$\beta < 2$이고, $f'(2) = 12 - 16 - 4\beta + 4\beta + 6 \geq 0$이므로 항상 성립한다.

따라서 만족하는 $\beta \leq 2 + \sqrt{6}$이다.

㉢에서 $p(3) = f(3) = 3 - \beta + 4 = 7 - \beta \geq 5 - \sqrt{6}$이다.

따라서 $p(3)$의 최솟값은 $5 - \sqrt{6}$이다.

84 정답 ②

함수 $f(x)$의 도함수 $f'(x)$가 실수 전체의 집합에서 연속이므로 $g(-1) = \lim\limits_{x \to -1-} f'(x) = -a + 1$,

$g(1) = \lim\limits_{x \to 1+} f'(x) = -a + 1$이다.

$g(-1) = g(1)$이므로 $f'(-1) = f'(1) = -a + 1$이다.

한편, (나)에서

$-1 \leq x_1 < x_2 \leq 1$인 임의의 두 실수 x_1, x_2에 대하여 $f'(x_1) \leq f'(x_2)$이고 $f'(-1) = f'(1)$이므로

$-1 \leq x \leq 1$에서 $f'(x) = -a + 1$이다.

따라서

$$f'(x) = \begin{cases} ax + 1 & (x < -1) \\ -a + 1 & (-1 \leq x \leq 1) \\ -ax^2 + x & (x > 1) \end{cases}$$

이고 $f(0) = 0$이므로

$$f(x) = \begin{cases} \dfrac{1}{2}ax^2 + x + C_1 & (x < -1) \\ (-a + 1)x & (-1 \leq x \leq 1) \\ -\dfrac{1}{3}ax^3 + \dfrac{1}{2}x^2 + C_2 & (x > 1) \end{cases}$$

이다.

함수 $f(x)$가 $x = -1$에서 연속이므로

$\dfrac{1}{2}a - 1 + C_1 = a - 1$

$\therefore \ C_1 = \dfrac{1}{2}a$

$\displaystyle\int_{-2}^{1} f(x)\,dx = \dfrac{11}{6}$이므로

$\displaystyle\int_{-2}^{-1}\left(\dfrac{1}{2}ax^2 + x + \dfrac{1}{2}a\right)dx + \int_{-1}^{1}(-a + 1)x\,dx$

$= \displaystyle\int_{-2}^{-1}\left(\dfrac{1}{2}ax^2 + x + \dfrac{1}{2}a\right)dx + 0$

$= \left[\dfrac{1}{6}ax^3 + \dfrac{1}{2}x^2 + \dfrac{1}{2}ax\right]_{-2}^{-1}$

$= \dfrac{7}{6}a - \dfrac{3}{2} + \dfrac{1}{2}a$

$= \dfrac{5}{3}a - \dfrac{3}{2} = \dfrac{11}{6}$

$\dfrac{5}{3}a = \dfrac{10}{3}$

$\therefore \ a = 2$이고 $C_1 = 1$이다.

그러므로

$$f(x) = \begin{cases} x^2 + x + 1 & (x < -1) \\ -x & (-1 \leq x \leq 1) \\ -\dfrac{2}{3}x^3 + \dfrac{1}{2}x^2 + C_2 & (x > 1) \end{cases}$$

함수 $f(x)$가 $x = 1$에서 연속이므로

$$-1 = -\frac{2}{3} + \frac{1}{2} + C_2$$

$$\therefore \; C_2 = -\frac{5}{6}$$

$$f(x) = \begin{cases} x^2 + x + 1 & (x < -1) \\ -x & (-1 \le x \le 1) \\ -\frac{2}{3}x^3 + \frac{1}{2}x^2 - \frac{5}{6} & (x > 1) \end{cases}$$

따라서

$$f(2) = -\frac{16}{3} + 2 - \frac{5}{6} = \frac{-32 + 12 - 5}{6} = -\frac{25}{6}$$

85 정답 25

$\{f(x)\}^2 + 2x^2 f(x) - 3x^4 = \{f(x) - x^2\}\{f(x) + 3x^2\}$

이므로

$\big[\{f(x)\}^2 + 2x^2 f(x) - 3x^4\big]\big[\{f'(x)\}^2 - 1\big]$

$= \{f(x) - x^2\}\{f(x) + 2x^2\}\{f'(x) + 1\}\{f'(x) - 1\} = 0$

에서 함수 $f(x)$는 모든 실수 x에 대하여

$f(x) = x^2$ 또는 $f(x) = -2x^2$ 또는 $f'(x) = -1$ 또는 $f'(x) = 1$

을 만족시킨다.

(나)에서 $f(1) = 1$이므로

$0 \le x \le 1$에서 함수 $f(x)$는 $f(x) = x^2$ 또는 $f(x) = x$가

가능하다.

정적분 값이 최소가 되기 위해서는 $f(x) = x^2$일 때,

$f'(x) = 2x = 1$에서 $x = \frac{1}{2}$이므로

$0 \le x \le \frac{1}{2}$일 때는 $f(x) = x - \frac{1}{4}$

$\frac{1}{2} \le x \le 1$일 때는 $f(x) = x^2$

이어야 한다.

$1 \le x \le 2$일 때는 기울기가 -1인 직선이 $(1, 1)$을 지나는

함수이어야 한다.

따라서 $1 \le x \le 2$일 때 $f(x) = -x + 2$

한편, $-3x^2 = x - \frac{1}{4}$

$12x^2 + 4x - 1 = 0$

$(2x + 1)(6x - 1) = 0$

$x = -\frac{1}{2}$이므로

$y = -3x^2$과 $y = x - \frac{1}{4}$의 제3사분면의 교점의 x좌표는

$x = -\frac{1}{2}$이다.

그러므로 $\displaystyle\int_{-2}^{2} f(x)\,dx$의 값이 최소가 되기 위해서는 함수

$f(x)$는 다음 그림과 같다.

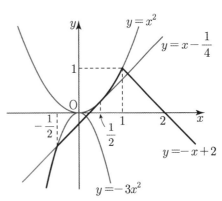

$$\int_{-2}^{2} f(x)\,dx$$

$$\ge \int_{-2}^{-\frac{1}{2}} (-3x^2)\,dx + \int_{-\frac{1}{2}}^{\frac{1}{2}} \left(x - \frac{1}{4}\right)dx$$

$$\qquad + \int_{\frac{1}{2}}^{1} x^2\,dx + \int_{1}^{2} (-x + 2)\,dx$$

$$= \Big[-x^3\Big]_{-2}^{-\frac{1}{2}} + 2\Big[-\frac{1}{4}x\Big]_{0}^{\frac{1}{2}} + \Big[\frac{1}{3}x^3\Big]_{\frac{1}{2}}^{1} + \Big[-\frac{1}{2}x^2 + 2x\Big]_{1}^{2}$$

$$= -\frac{63}{8} - \frac{1}{4} + \frac{7}{24} + \frac{1}{2}$$

$$= \frac{-189 - 6 + 7 + 12}{24}$$

$$= -\frac{176}{24}$$

$$= -\frac{22}{3}$$

따라서 $p = 3$, $q = 22$이므로 $p + q = 25$이다.

86 정답 36

[그림 : 배용제T]

[검토 : 이지훈T]

(가)에서 $a \ge 0$인 실수 a에 대하여 $\displaystyle\lim_{t \to a-} g(t) = 1$이고

$\displaystyle\lim_{t \to a+} g(t) = 2a + 3$이므로 곡선 $y = f(x)$와 직선 $y = f(a)$는

접한다.

또한 $\displaystyle\lim_{t \to a+} g(t) = 2a + 3 = a + (a + 3)$에서 곡선 $y = f(x)$와

직선 $y = f(a)$는 $x = a + 3$에서 접해야 한다.

따라서 삼차함수 비율에서 함수 $f(x)$의 그래프는 다음과

같다.

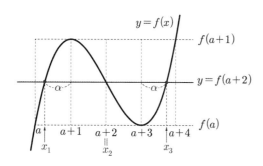

즉, 함수 $g(t)$는 $t=a$와 $t=a+4$에서 불연속이다.
(나)에서 함수 $f(x)$가 $(a+2, f(a+2))$에 대칭이므로
$y=f(x)$와 $y=f(a+2)$가 만나는 세 점의 x좌표는 양수
α에 대하여 $x_1=(a+1)-\alpha$, $x_2=a+2$, $x_3=(a+3)+\alpha$라
할 수 있다.
따라서 가장 큰 근과 가장 작은 근의 합은
$x_1+x_3=2a+4$이다.
$2a+4=6$에서 $a=1$이다.
따라서 함수 $f(x)=(x-1)(x-4)^2+f(1)$이라 할 수 있다.
$\int_0^6 f'(x)dx$
$=f(6)-f(0)$
$=(20+f(1))-(-16+f(1))$
$=36$

87 정답 8

[출제자 : 김종렬T]

[그림 : 이정배T]

[검토자 : 김상호T]

$f(3)=0$에 의하여 이차함수 $y=f(x)$가 점 $(3, 0)$을
지나므로 방정식 $f(x)=0$은 $x=3$를 포함하여 중근 또는
서로 다른 두 실근을 갖는다. 방정식 $f(x)=0$의 실근을
$x=3$, $x=\alpha$라고 하자. ($\alpha=3$이면 중근이고 $\alpha \neq 3$이면
서로 다른 두 실근)
이때 α의 범위에 따라 경우를 나누면 다음과 같다.

(i) $a<3$인 경우

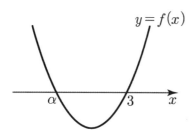

$\alpha < x < 3$일 때, $f(x)<0$이고 $\int_x^3 f(t)dt<0$이므로

$\int_3^x f(t)dt=-\int_x^3 f(t)dt>0$이다.
따라서 조건 (나)를 만족시키지 못한다.

(ii) $\alpha=3$인 경우

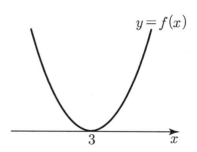

$x<3$일 때, $\int_3^x f(t)dt=-\int_x^3 f(t)dt<0$

$x=3$일 때, $\int_3^x f(t)dt=0$

$x>3$일 때, $\int_3^x f(t)dt>0$

이므로 방정식 $\int_3^x f(t)dt \le 0$의 실근은 $x \le 3$이다.

(iii) $\alpha>3$인 경우

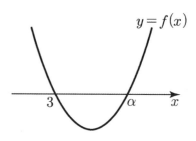

$3<x<\alpha$일 때 $f(x)<0$이고 $\int_3^x f(t)dt<0$이다.

그러므로 $x>3$인 어떤 x에 대하여 $\int_3^x f(t)dt \le 0$인 경우가

있으므로

부등식 $\int_3^x f(t)dt \le 0$의 실근이 $x \le 3$라고 할 수 없다.

따라서 조건 (나)를 만족시키지 못한다.
(i), (ii), (iii)에 의하여 이차함수 $y=f(x)$는 직선 $x=3$에
대칭인 함수이므로 $f(x)=k(x-3)^2$ (단, k는 상수)로 놓을
수 있다.
함수 $f(x)$와 x축 및 y축으로 둘러싸인 부분의 넓이가
18이므로 $\int_0^3 f(x)dx=k\int_0^3 (x-3)^2 dx=18$에서

$k\left[\dfrac{1}{3}(x-3)^3\right]_0^3=\dfrac{27k}{3}=18$이므로 $k=2$이다.

따라서 $f(x)=2(x-3)^2$에서 $f(5)=8$이다.

88 정답 ④

[그림 : 배용제T]

시각 $t=\alpha$ $(0<\alpha\leq 2)$에서 두 점 P, Q의 위치가 같으면
$$\int_0^\alpha v_1(t)dt=\int_0^\alpha v_2(t)dt$$이다.

$$\int_0^\alpha \{v_1(t)-v_2(t)\}dt=0$$

$v_1{}'(t)=2at-2a$에서 $v_1{}'(0)=-2a$이고 $-1<a<-\dfrac{1}{2}$이므로

$1<v_1{}'(0)<2$이므로 두 함수 $y=v_1(t)$, $y=v_2(t)$의
그래프가 다음 그림과 같이 서로 다른 네 점에서 만난다.

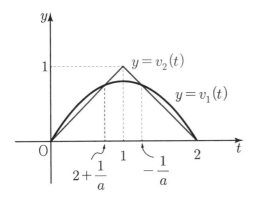

$0<t<1$일 때, $at(t-2)=t$에서 $t=2+\dfrac{1}{a}$

$1<t<2$일 때, $at(t-2)=-t+2$에서 $t=-\dfrac{1}{a}$

점 P의 위치를 $x_1(t)$, 점 Q의 위치를 $x_2(t)$라 하고
$x(t)=x_1(t)-x_2(t)=\displaystyle\int_0^t \{v_1(x)-v_2(x)\}dx$라 하면

$x'(t)=v_1(t)-v_2(t)$이므로

함수 $x(t)$의 그래프는 $x(0)=0$이고 $t=2+\dfrac{1}{a}$에서 양의

극댓값을 갖고 $t=-\dfrac{1}{a}$에서 극솟값을 갖는다.

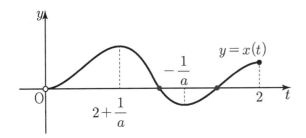

따라서 $0<t\leq 2$에서 두 점 P, Q가 두 번 만나기 위해서는
$x\left(-\dfrac{1}{a}\right)<0$, $x(2)\geq 0$이어야 한다.

(i) $x\left(-\dfrac{1}{a}\right)<0$에서

$x\left(-\dfrac{1}{a}\right)$

$=\displaystyle\int_0^{-\frac{1}{a}}\{v_1(t)-v_2(t)\}dt$

$=\displaystyle\int_0^{-\frac{1}{a}}v_1(t)dt-\int_0^{-\frac{1}{a}}v_2(t)dt$

$=\displaystyle\int_0^{-\frac{1}{a}}a(t^2-2t)dt-\left\{\int_0^1 t\,dt+\int_1^{-\frac{1}{a}}(-t+2)dt\right\}$

$=a\left[\dfrac{1}{3}t^3-t^2\right]_0^{-\frac{1}{a}}-\left\{\dfrac{1}{2}+\left[-\dfrac{1}{2}t^2+2t\right]_1^{-\frac{1}{a}}\right\}$

$=a\left(-\dfrac{1}{3a^3}-\dfrac{1}{a^2}\right)-\left\{\dfrac{1}{2}-\dfrac{1}{2}\left(\dfrac{1}{a^2}-1\right)+2\left(-\dfrac{1}{a}-1\right)\right\}$

$=-\dfrac{1}{3a^2}-\dfrac{1}{a}-\left(-\dfrac{1}{2a^2}-\dfrac{2}{a}-1\right)$

$=\dfrac{1}{6a^2}+\dfrac{1}{a}+1<0$

양변에 $6a^2$을 곱하면 $6a^2+6a+1<0$에서
$$\dfrac{-3-\sqrt{3}}{6}<a<\dfrac{-3+\sqrt{3}}{6}$$

(ii) $x(2)\geq 0$에서
$x(2)=2x(1)$이므로 $x(1)\geq 0$이면 된다.
$x(1)$

$=\displaystyle\int_0^1\{v_1(t)-v_2(t)\}dt$

$=\displaystyle\int_0^1 v_1(t)dt-\int_0^1 v_2(t)dt$

$=\displaystyle\int_0^1 a(t^2-2t)dt-\int_0^1 t\,dt$

$=a\left[\dfrac{1}{3}t^3-t^2\right]_0^1-\dfrac{1}{2}$

$=a\left(\dfrac{1}{3}-1\right)-\dfrac{1}{2}$

$=-\dfrac{2}{3}a-\dfrac{1}{2}\geq 0$

$a\leq -\dfrac{3}{4}$

(i), (ii)에서 $\dfrac{-3-\sqrt{3}}{6}<a\leq -\dfrac{3}{4}$

89 정답 7

$x^2=t$라면
$f(t)=\left|t^2-at\right|$ $(0\leq t\leq 1)$
(i) $a\leq 0$ 일때

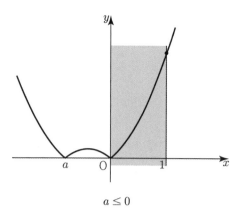

$$a \le 0$$

$g(a) = f(1) = |1-a| = 1-a$

(ii) $0 < a < 2\sqrt{2}-2$ 일 때 $\left(1 > \dfrac{1+\sqrt{2}}{2}a\right)$

[설명 : $0 < a < 1$일 때,

$f(t) = -t^2 + at = -\left(t-\dfrac{a}{2}\right)^2 + \dfrac{a^2}{4}$ 이고

$f(1) = |1-a| = 1-a$ 이므로

$\dfrac{a^2}{4} = 1-a$, $a^2 + 4a - 4 = 0$, $a = -2 + 2\sqrt{2}$]

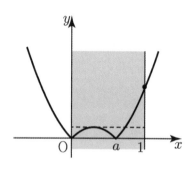

$$0 < a < 2\sqrt{2}-2$$

$g(a) = f(1) = |1-a| = 1-a$

(iii) $a = 2\sqrt{2}-2$ 일 때 $\left(\dfrac{1+\sqrt{2}}{2}a = 1\right)$

$t^2 - at = \dfrac{a^2}{4}$ 에서 $t = \dfrac{1+\sqrt{2}}{2}a$

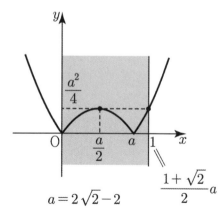

$$a = 2\sqrt{2}-2$$

(iv) $2\sqrt{2}-2 \le a < 2$ 일 때 $\left(\dfrac{a}{2} < 1 \le \dfrac{1+\sqrt{2}}{2}a\right)$

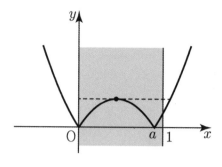

$$2\sqrt{2}-2 \le a < 2$$

$g(a) = \dfrac{a^2}{4}$

(v) $a \ge 2$일 때 $\left(\dfrac{a}{2} \ge 1\right)$

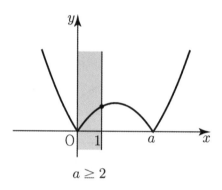

$$a \ge 2$$

$g(a) = f(1) = |1-a| = a-1$

정리하면

$g(a) = \begin{cases} 1-a & (a < 2\sqrt{2}-2) \\ \dfrac{a^2}{4} & (2\sqrt{2}-2 \le a < 2) \\ a-1 & (a \ge 2) \end{cases}$

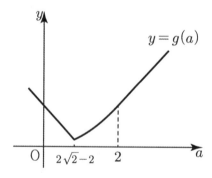

따라서

$2\sqrt{2}-2 < 1$이므로

$12\displaystyle\int_1^2 g(a)\,da = 12\displaystyle\int_1^2 \dfrac{a^2}{4}\,da = \left[\ a^3\ \right]_1^2 = 8-1 = 7$

90 정답 ⑤

[검토자 : 오세준T]

$f(x) = \int_a^x t(t-n)(t-7)dt$에서

$f(a)=0$, $f'(x)=x(x-n)(x-7)$이다.

(가)에서 n이 자연수이므로

$f'(2)<0$, $f'(4)<0$, $f'(6)<0$이거나

$f'(2)>0$, $f'(4)>0$, $f'(6)<0$이다.

함수 $f(x)$는 최고차항의 계수가 $\frac{1}{4}$인 사차함수이므로 극솟값

중에 최솟값이 있다.

(나)에서 극솟값이 0이다.

(i) $f'(2)<0$, $f'(4)<0$, $f'(6)<0$일 때,

$n=1$이고 $f'(x)=x(x-1)(x-7)$이므로 사차함수 $f(x)$는

$x=0$과 $x=7$에서 극솟값을 갖고 $x=1$에서 극댓값을

갖는다.

$f(0)>f(7)$이므로 $f(7)=0$이다.

따라서 $a=7$

$f(x)=\int_6^x t(t-1)(t-7)dt$이고 극댓값은 $f(1)$이므로

$f(1)=\int_7^1 t(t-1)(t-7)dt$

$\quad =-\int_1^7 t(t-1)(t-7)dt$

$\quad =\dfrac{2\times 1\times 6^3 + 6^4}{12}$ (랑데뷰 TacTic 거리곱 참고)

$\quad =144$

(ii) $f'(2)>0$, $f'(4)>0$, $f'(6)<0$일 때,

$n=5$이고 $f'(x)=x(x-5)(x-7)$이므로 사차함수 $f(x)$는

$x=0$과 $x=7$에서 극솟값을 갖고 $x=5$에서 극댓값을

갖는다.

$f(0)<f(7)$이므로 $f(0)=0$이다.

따라서 $a=0$

$f(x)=\int_0^x t(t-5)(t-7)dt$이고 극댓값은 $f(5)$이므로

$f(5)=\int_0^4 t(t-5)(t-7)dt$

$\quad =\dfrac{5^4+2\times 5^3\times 2}{12}$ (랑데뷰 TacTic 거리곱 참고)

$\quad =\dfrac{375}{4}$

(i), (ii)에서 극댓값의 최댓값은 144이다.

91 정답 ⑤

[그림 : 서태욱T]

$f(x)=x-k$라 하고 $h(x)=\int_1^x f(t)dt$라 하면

$h(x)=\int_1^x (t-k)dt$

$\quad =\left[\dfrac{1}{2}t^2 - kt\right]_1^x = \dfrac{1}{2}x^2 - kx - \dfrac{1}{2} + k$

$\quad =\dfrac{1}{2}(x-k)^2 - \dfrac{1}{2}k^2 + k - \dfrac{1}{2}$ ...... ㉠

$x \le k$일 때, $f(x) \le 0$이므로 $g(x) \le h(x)$이다.

$x \ge k$일 때, $f(x) \ge 0$이므로 $g(x) \ge h(x)$이다.

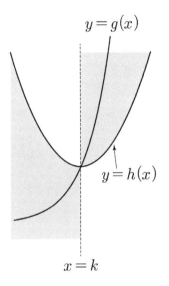

㉠에서 함수 $h(x)$는 대칭축이 $x=k$이고 최솟값이

$-\dfrac{1}{2}k^2 + k - \dfrac{1}{2}$인 이차함수이다.

함수 $g(x)$의 최솟값이 0보다 크거나 같고, $\int_{-2}^2 g(x)dx$의

값이 최소가 되기 위해서는

$h(x)$의 최솟값이 0일 때다.

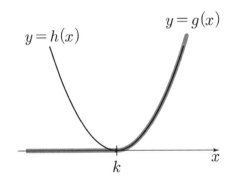

따라서

$-\dfrac{1}{2}k^2 + k - \dfrac{1}{2} = 0$

$k^2 - 2k + 1 = 0$

$(k-1)^2 = 0$

$\therefore k=1$

㉠에서 $h(x)=\dfrac{1}{2}(x-1)^2$이므로

$g(x)=\begin{cases} 0 & (x \le 1) \\ \dfrac{1}{2}(x-1)^2 & (x>1) \end{cases}$ 일 때, 조건을 만족시키고

$\int_{-2}^{2} g(x)dx$의 값이 최소이다.

그러므로

$\int_{-2}^{2} g(x)dx$

$= \int_{-2}^{1} 0\,dx + \int_{1}^{2}\left\{\dfrac{1}{2}(x-1)^2\right\}dx$

$= \left[\dfrac{1}{6}(x-1)^3\right]_{1}^{2} = \dfrac{1}{6}$

92 정답 ②

[그림 : 배용제T]

$g(x) = \begin{cases} f(x) & (x < 3) \\ -f(x-3)+3 & (x \geq 3) \end{cases}$에서

$g'(x) = \begin{cases} f'(x) & (x < 3) \\ -f'(x-3) & (x > 3) \end{cases}$이고

(가)에서 $g'(0)=0$이므로 $g'(3)=0$이다.

또한 $\lim\limits_{x\to 3-} g'(x) = \lim\limits_{x\to 3+} g'(x)$에서 $f'(3)=-f'(0)$이므로

$f'(0)=0$이다.

함수 $-f(x-3)+3$은 함수 $f(x)$을 x축 대칭이동한 뒤 x축의 방향으로 3만큼, y축의 방향으로 3만큼 평행이동한 그래프이다.

(가)에서 $g'(x)=0$의 해가 3이므로 $x < 3$에서 방정식 $f'(x)=0$의 해의 개수가 1이고 $x > 3$에서 방정식 $f'(x)=0$의 해의 개수는 0이어야 한다.

따라서 사차함수 $f(x)$는 사차함수 비율에서 양수 k와 실수 m에 대하여 $f(x)=kx^3(x-4)+m$ 또는 $f(x)=k(x+1)(x-3)^3+m$의 그래프 개형을 갖는다.

(i) $f(x)=kx^3(x-4)+m$일 때,

$x \geq 0$에서 함수 $g(x)$의 최댓값은 $g(6)$이므로 (나)조건에 모순이다.

(ii) $f(x)=k(x+1)(x-3)^3+m$일 때,

$x \geq 0$에서 함수 $g(x)$의 최댓값은 $g(3)$이다.

따라서 함수 $f(x)$는

$f(x)=k(x+1)(x-3)^3+m$이다.

$g(x) = \begin{cases} f(x) & (x < 3) \\ -f(x-3)+3 & (x \geq 3) \end{cases}$에서

$g(x)$가 $x=3$에서 연속이므로

$\lim\limits_{x\to 3-} g(x) = \lim\limits_{x\to 3+} g(x)$이어야 한다.

$\lim\limits_{x\to 3-} g(x)=f(3)=m$, $\lim\limits_{x\to 3+} g(x)=-f(0)+3$이고

$f(0)=-27k+m$이므로

$m=27k-m+3$

$27k-2m=-3 \cdots \bigcirc$

또한

$f(6)=189k+m=9 \cdots \bigcirc$

$\bigcirc$, $\bigcirc$에서 $k=\dfrac{1}{27}$, $m=2$이다.

따라서

$f(x)=\dfrac{1}{27}(x+1)(x-3)^3+2$이므로 $a=0$, $b=6$이고 함수 $g(x)$의 그래프는 그림과 같다.

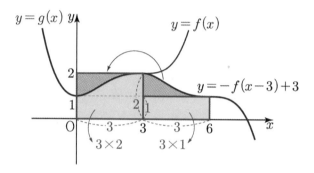

그러므로

$\int_{a}^{b} g(x)dx = \int_{0}^{6} g(x)dx = 3\times 2 + 3\times 1 = 9$이다.

[다른 풀이]–김상호T

$g(x) = \begin{cases} f(x) & (x < 3) \\ -f(x-3)+3 & (x \geq 3) \end{cases}$에서

$g'(x) = \begin{cases} f'(x) & (x < 3) \\ -f'(x-3) & (x > 3) \end{cases}$

실수 전체에서 미분가능한 함수 $g(x)$는 $g(x) \leq g(3)$이므로 $y=g(x)$는 $x=3$에서 극댓값을 갖고 $g'(3)=0$이다. 따라서 $f'(0)=f'(3)=0$이고 $g'(0)=g'(3)=0$임을 알 수 있으므로 $a=0$이다.

$y=f(x)$가 $x=3$에서 극댓값을 가지거나 $x=0$에서 극솟값 한 개만 갖는 경우이면 된다.

또한 함수 $y=-f(x-3)+3$는 $y=f(x)$를 x축 대칭이동한 뒤 x축의 방향으로 3만큼, y축의 방향으로 3만큼 평행이동한 그래프이다. $\cdots\cdots$ $\bigcirc$

(i) $x=3$에서 극댓값을 가지려면 $y=f'(x)$의 다른 한 근이 $x > 3$에서 존재하는데 이 값을 $k(k>3)$라 하면 $y=-f(x-3)+3$은 $x=3$, 6, $3+k$에서 극값을 갖게 된다. 그러면 $y=g(x)$ $x=0$, 3, 6, $3+k$에서 극값을 가지므로 (가) 조건에 어긋난다.

(ii) $x=0$에서 극솟값 한 개만 갖는 경우에 $f'(3)=0$이면서 $x=3$에서 극값은 가지지 않아야 하므로

$f'(x)=4kx(x-3)^2=4kx^3-24kx^2+36kx$ (단, k는 상수)

$f(x)=k(x^4-8x^3+18x^2)+C$ (단, C는 적분상수)

$f(3)=-f(0)+3$이므로

$27k+C=-C+3$

$27k+2C=3$ $\cdots\cdots$ $\bigcirc$

$f(6)=9$이므로

$216k+C=9$ $\cdots\cdots$ $\bigcirc$

ⓛ, ⓒ을 연립하여 풀면 $k = \dfrac{1}{27}$, $C = 1$

따라서 $f(x) = \dfrac{1}{27}(x^4 - 8x^3 + 18x^2) + 1$

93 정답 48

[그림 : 배용제T]

함수 $f(x)$는 실수 전체의 집합에서 증가하고
도함수 $f'(x)$가 $f'(-x) = f'(x)$을 만족시키므로 함수
$f(x)$는 $(0, a)$에 대칭인 함수이다.
$y = f(x-2) + 4$는 $y = f(x)$을 x축의 방향으로 2만큼, y축의
방향으로 4만큼 평행이동한 함수이다.
$f(x) = f(x-2) + 4$이므로 $-1 \le x \le 1$에서 $y = f(x)$의
그래프 개형은 다음과 같다.

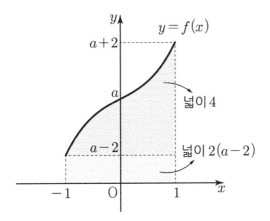

$f(0) = a$이므로 $f(-1) = a - 2$이다.

따라서 $a \ge 2$일 때, $\displaystyle\int_{-1}^{1} f(x)dx = 2 \times (a-2) + 4$이다.

$\displaystyle\int_{-1}^{1} f(x)dx = 4$이므로 $a = 2$이다.

$a < 2$이면 $\displaystyle\int_{-1}^{1} f(x)dx < 4$이므로 모순이다.

그러므로 함수 $f(x)$의 그래프는 다음과 같다.

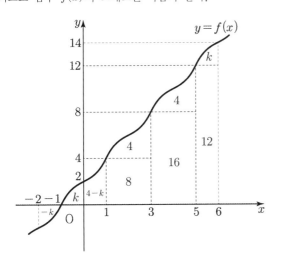

양수 k에 대하여 $\displaystyle\int_{-1}^{0} f(x)dx = k$라 하면

$\displaystyle\int_{-2}^{-1} f(x)dx = -k$이고 $\displaystyle\int_{5}^{6} f(x)dx = 12 + k$이다.

$\displaystyle\int_{-1}^{1} f(x)dx = 4$

$\displaystyle\int_{1}^{3} f(x)dx = 8 + 4 = 12$

$\displaystyle\int_{3}^{5} f(x)dx = 16 + 4 = 20$

그러므로

$\displaystyle\int_{-2}^{6} f(x)dx$

$= (-k) + 4 + 12 + 20 + (12 + k) = 48$

94 정답 16

[그림 : 서태욱T]

삼차함수 $f(x)$를 미분한 이차함수 $f'(x)$가
$f'(-x) = f'(x)$을 만족시키므로
$f'(x) = 3x^2 + k$꼴이다.
따라서 $f(x) = x^3 + kx + C$ 이고 $f(0) = 1$이므로 $C = 1$
$f(x) = x^3 + kx + 1$이다.
계산 편의상 양수 a에 대하여 $k = -a^2$이라 하면
$f(x) = (x+a)x(x-a) + 1$
그러므로 함수 $g(x)$의 그래프는 다음 그림과 같다.

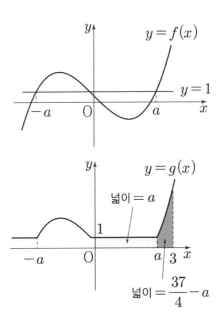

$\displaystyle\int_{0}^{3} g(x)dx = \dfrac{37}{4} > 3$이므로 $a < 3$이다.

$\displaystyle\int_{0}^{3} g(x)dx = \int_{0}^{a} g(x)dx + \int_{a}^{3} g(x)dx$

$\qquad\qquad = a + \int_{a}^{3} f(x)dx$

따라서

$$\int_a^3 (x^3 - a^2 x + 1)dx = \frac{37}{4} - a$$

$$\left[\frac{1}{4}x^4 - \frac{1}{2}a^2 x^2 + x\right]_a^3 = \frac{37}{4} - a$$

$$\left(\frac{81}{4} - \frac{9}{2}a^2 + 3\right) - \left(\frac{1}{4}a^4 - \frac{1}{2}a^4 + a\right) = \frac{37}{4} - a$$

$$\frac{1}{4}a^4 - \frac{9}{2}a^2 - a + \frac{93}{4} = \frac{37}{4} - a$$

$$\frac{1}{4}a^4 - \frac{9}{2}a^2 + 14 = 0$$

$$a^4 - 18a^2 + 56 = 0$$

$$(a^2 - 4)(a^2 - 14) = 0$$

$$a^2 = 4 \quad (\because 0 < a < 3)$$

$$a = 2$$

따라서 $k = -4$

$$f(x) = x^3 - 4x + 1$$

$$f(3) = 27 - 12 + 1 = 16$$

95 정답 19

$f(x) = ax^3 + bx^2 + cx + d$ 라 하면

(나)에서 $b = 9$이다.

$f(x) = ax^3 + 9x^2 + cx + d$에서

$f'(x) = 3ax^2 + 18x + c$

(가)에서 $f'(x) = 0$의 판별식이 $D \le 0$이다.

따라서 $D/4 = 81 - 3ac \le 0 \cdots$ ㉠

$f'(f^{-1}(x)) = 3a\{f^{-1}(x)\}^2 + 18f^{-1}(x) + c$,

$f'(0) = c$ 이므로

(다)에서

$$\lim_{x \to 0} \frac{3f^{-1}(x)\{af^{-1}(x) + 6\}}{x} = 18$$

$f^{-1}(x)$을 $g(x)$라 두면

$$\lim_{x \to 0} \frac{3g(x)\{ag(x) + 6\}}{x}$$ 이 수렴하기 위해서는

$$g(0) = 0 \text{ 또는 } g(0) = -\frac{6}{a}$$

(i) $g(0) = 0$일 때

$$\lim_{x \to 0} \frac{3g(x)}{x}\{ag(x) + 6\} = 3g'(0) \times 6 = 18$$

따라서 $g'(0) = 1$이다.

따라서 함수 $g(x)$는 원점을 지나고 $y = x$에 접하는 곡선이다.

함수 $f(x)$는 $g(x)$와 $y = x$에 대칭이므로 마찬가지로 $f(0) = 0, f'(0) = 1$이 된다.

따라서 $d = 0, c = 1$이다. ㉠에서 $a \ge 27$

$$f(x) = ax^3 + 9x^2 + x$$

$$f(x) - x = ax^2\left(x + \frac{9}{a}\right)$$

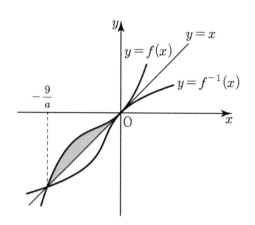

$$\int_{-\frac{9}{a}}^0 \{f(x) - f^{-1}(x)\}dx = 2\int_{-\frac{9}{a}}^0 \{f(x) - x\}dx$$

$$= 2a\int_{-\frac{9}{a}}^0 \left\{x^2\left(x + \frac{9}{a}\right)\right\}dx$$

$$= 2a\frac{\left(\frac{9}{a}\right)^4}{12} = \frac{3}{2} \times \left(\frac{9}{a}\right)^3$$

$a = 27$일 때 최댓값 $\frac{3}{2} \times \left(\frac{9}{27}\right)^3 = \frac{1}{18}$ 을 갖는다.

(ii) $g(0) = -\frac{6}{a}$일 때

$$\lim_{x \to 0} \frac{3g(x)\{ag(x) + 6\}}{x}$$

$$= \lim_{x \to 0} 3ag(x)\frac{g(x) - g(0)}{x} = 3a \times \left(-\frac{6}{a}\right)g'(0) = 18$$

따라서 $g'(0) = -1$

그런데 $f(x)$가 증가함수이므로 모순이다.

(i), (ii)에서 $p + q = 19$

96 정답 ④

[랑데뷰세미나 세미나(128) 참고]

$0 < x < 2$에서 $f'(x) = 2(x-1)$이므로

(나)에서 $f'\left(2 + \frac{1}{2}x\right) = f'(2 - x)$를 만족하는 구간

$(2, 3)$에서의 함수 $f'(x)$의 그래프는 다음과 같다.

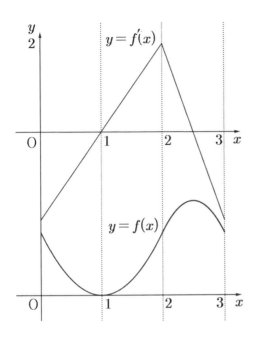

따라서 구간 $(0, 3)$에서의 함수 $f(x)$의 그래프는 위의 그림과 같다.

따라서

$$\int_0^2 (x-1)^2 dx = \left[\frac{1}{3}(x-1)^3 \right]_0^2 = \frac{2}{3}$$ 이므로

$y=1$과 $y=(x-1)^2$으로 둘러싸인 부분의 넓이는

$2 - \frac{2}{3} = \frac{4}{3}$ 이다.

따라서 구간 $[2, 3]$에서 $y=1$과 $y=f(x)$로 둘러싸인 부분의

넓이는 $\frac{4}{3} \times \frac{1}{4} = \frac{1}{3}$ 이다.

(카발리에리의 원리 : 가로 부분과 세로 부분이 모두

$\frac{1}{2}$ 배이므로 전체 넓이는 $\frac{1}{4}$ 이다.)

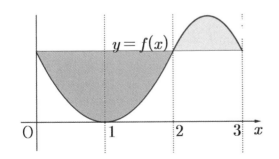

그러므로

$$\int_0^3 f(x)dx = \frac{2}{3} + 1 + \frac{1}{3} = 2$$

[다른 풀이] 1

구간 $(2, 3)$에서 $f(x)$는 꼭짓점이 $\left(\frac{5}{2}, \frac{3}{2} \right)$이고 $(2, 1)$ 또는

$(3, 1)$을 지나므로

$f(x) = -2\left(x - \frac{5}{2} \right)^2 + \frac{3}{2}$ 이다.

$$\int_0^3 f(x)dx$$

$$= \int_0^2 (x-1)^2 dx + \int_2^3 \left\{ -2\left(x - \frac{5}{2} \right)^2 + \frac{3}{2} \right\} dx$$

$$= \frac{2}{3} + \frac{4}{3} = 2$$

[다른 풀이] 2

(나)에서 $0 < x < 2$일 때, $f'\left(2 + \frac{1}{2}x \right) = f'(2-x)$의 양변

적분하면

$2f\left(2 + \frac{1}{2}x \right) = -f(2-x) + C_1$ 이고 (C_1은 적분상수이다.)

$2 + \frac{1}{2}x = t$라 두면 $x = 2t-4$이므로

$\therefore 2f(t) = -f(6-2t) + C_1 \quad (2 < t < 3)$

따라서

$$f(x) = \begin{cases} (x-1)^2 & (0 \le x \le 2) \\ -\frac{1}{2}f(6-2x) + C & (2 < x < 3) \end{cases}$$

$x=2$에서 연속이므로 $f(2)=1=-\frac{1}{2}f(2)+C$ (C는

적분상수이다.)에서 $C = \frac{3}{2}$

$$f(x) = \begin{cases} (x-1)^2 & (0 \le x \le 2) \\ -\frac{1}{2}f(6-2x) + \frac{3}{2} & (2 < x < 3) \end{cases}$$

$$\int_0^3 f(x)dx$$

$$= \int_0^2 (x-1)^2 dx + \int_2^3 \left\{ -\frac{1}{2}f(6-2x) + \frac{3}{2} \right\} dx$$

$$= \frac{2}{3} - \frac{1}{2} \int_2^3 f(6-2x)dx + \frac{3}{2}$$

$$= \frac{13}{6} - \frac{1}{4} \int_0^2 f(s)ds \quad (\Leftarrow s=6-2x \text{일 때})$$

$$= \frac{13}{6} - \frac{1}{4} \times \frac{2}{3} = 2$$

97 정답 ①

$$\lim_{h \to 0} \frac{h^2 \int_{-1}^h f(x)dx - \int_{-1}^h x^2 f(x)dx}{h^2} = 1$$에서 (분모)→0이므로

(분자)→0이어야 한다. 따라서 $\int_{-1}^0 x^2 f(x)dx = 0 \cdots \ominus$

$h \neq 0$일 때, $g(h) = h\int_{-1}^h f(x)dx - \frac{1}{h}\int_{-1}^h x^2 f(x)dx$라 두면

$$\lim_{h \to 0} g(h) = -\lim_{h \to 0} \frac{\int_{-1}^h x^2 f(x)dx}{h}$$ 이다.

$F(h)=\int_{-1}^{h}x^2f(x)dx$라 두면 ㉠에서 $F(0)=0$

$F'(h)=h^2f(h)$이므로

$$\lim_{h\to 0}g(h)=-\lim_{h\to 0}\frac{F(h)}{h}$$

$$=-\lim_{h\to 0}\frac{F(h)-F(0)}{h}=-F'(0)$$

$$=-\lim_{h\to 0}\left(h^2f(h)\right)=0$$이다.

따라서 $\lim_{h\to 0}g(h)=0$

$h\,g(h)=h^2\int_{-1}^{h}f(x)dx-\int_{-1}^{h}x^2f(x)dx$에서 … ㉡

$$\lim_{h\to 0}\frac{h^2\displaystyle\int_{-1}^{h}f(x)dx-\displaystyle\int_{-1}^{h}x^2f(x)dx}{h^2}$$

$$=\lim_{h\to 0}\frac{h\,g(h)}{h^2}$$

$$=\lim_{h\to 0}\frac{g(h)}{h}$$

$$=g'(0)=1 \quad\cdots ㉢$$

㉡의 양변을 h에 대하여 미분하면

$$g(h)+h\,g'(h)=2h\int_{-1}^{h}f(x)dx+h^2f(h)-h^2f(h)$$

$$g(h)+h\,g'(h)=2h\int_{-1}^{h}f(x)dx$$

$$g'(h)=2\int_{-1}^{h}f(x)dx-\frac{g(h)}{h}$$

$$\lim_{h\to 0}g'(h)=2\lim_{h\to 0}\int_{-1}^{h}f(x)dx-\lim_{h\to 0}\frac{g(h)}{h}$$

$$g'(0)=2\int_{-1}^{0}f(x)dx-g'(0)$$

$$2g'(0)=2\int_{-1}^{0}f(x)dx$$

따라서 ㉢에서

$$\therefore\ g'(0)=\int_{-1}^{0}f(x)dx=1$$

$f(-x)=f(x)$이므로 $\int_{0}^{1}f(x)dx=1$

또한 $x^2f(x)$는 y축 대칭함수이고 ㉠에서

$\int_{-1}^{0}x^2f(x)dx=0$이므로 $\int_{0}^{1}x^2f(x)dx=0$이다.

한편, 함수 $xf(x)$는 원점 대칭함수이므로

$\int_{-1}^{1}xf(x)dx=0$이다.

그러므로

$$\int_{-1}^{1}(x+1)^2f(x)dx$$

$$=\int_{-1}^{1}(x^2+2x+1)f(x)dx$$

$$=\int_{-1}^{1}x^2f(x)dx+2\int_{-1}^{1}xf(x)dx+\int_{-1}^{1}f(x)dx$$

$$=2\int_{0}^{1}f(x)dx=2$$

[다른 풀이]–로피탈 정리 이용

$$\lim_{h\to 0}\frac{1}{h^2}\int_{-1}^{h}(h^2-x^2)f(x)dx$$

$$=\lim_{h\to 0}\frac{h^2\displaystyle\int_{-1}^{h}f(x)dx-\displaystyle\int_{-1}^{h}x^2f(x)dx}{h^2}\quad\cdots㉠$$

$$=\lim_{h\to 0}\frac{2h\displaystyle\int_{-1}^{h}f(x)dx+h^2f(h)-h^2f(h)}{2h}\quad(\text{by 로피탈 정리})$$

$$=\int_{-1}^{0}f(x)dx=1$$

$$\therefore\ \int_{-1}^{0}f(x)dx=1$$

이하 동일

[다른 풀이] 2– 롤의 정리 이용 –김진성T

$g(h)=h^2\int_{-1}^{h}f(x)dx-\int_{-1}^{h}x^2f(x)dx$라 두고

구간 $(h,\,0)$ 또는 $(0,\,h)$에서

$k(x)=g(x)h^2-g(h)x^2$라 하면

$k(0)=k(h)=0$이고 $k'(x)=g'(x)h^2-2g(h)x$에서

롤의 정리에 의해

$k'(c)=g'(c)h^2-2g(h)c$인 c가 $h<c<0$ 또는 $0<c<h$에 존재한다.

따라서

$$\frac{g(h)}{h^2}=\frac{g'(c)}{2c}=\frac{2c\displaystyle\int_{-1}^{c}f(x)dx}{2c}=\int_{-1}^{c}f(x)dx$$

$h\to 0$이면 $c\to 0$이므로

$$\lim_{h\to 0}\frac{g(h)}{h^2}=\lim_{h\to 0}\frac{h^2\displaystyle\int_{-1}^{h}f(x)dx-\displaystyle\int_{-1}^{h}x^2f(x)dx}{h^2}$$

$$=\lim_{c\to 0}\int_{-1}^{c}f(x)dx$$

$$=\int_{-1}^{0}f(x)dx=1$$

이하 동일

98 정답 289

[그림 : 이현일T]

$f(1)=0$에서 $g(1)=0$, $g\left(\dfrac{a}{2}\right)=0$이고 $f(x)$가 최고차항의 계수가 $\dfrac{2}{3}$인 삼차함수이므로 $g(x)$는 최고차항의 계수가 $\dfrac{4}{3}$인 사차함수이다.

조건 (가)에서 $g(\alpha)=0$, $g'(\alpha)=0$을 만족하는 α가

존재하므로 함수 $g(x)$는 x축이 접선이 되는 접점이 존재한다. 즉, $g(x)$가 사차함수이므로 사차방정식 $g(x)=0$은 중근 또는 삼중근을 갖는다.

그래프 개형과 삼차함수, 다항함수 비율로 문제를 풀어보자.

[세미나(92),(93),(173),(174) 참고]

$f(x)$의 피적분함수 $y=(x-a)(2x-a)$와 x축과의 교점의

x좌표는 $\dfrac{a}{2}$, a이다.

$f(1)=0$이므로

(i) $\dfrac{a}{2}=1$, 즉 $a=2$일 때,

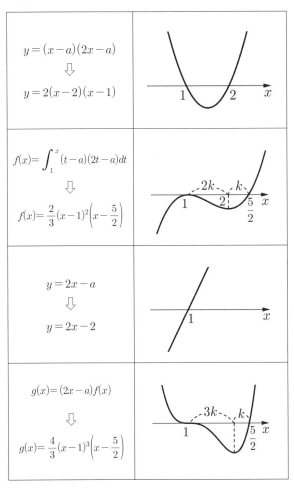

$y=|g(x)|$는 $y=k$와의 교점의 최대 개수는 4이다.

따라서 $g(0)=\dfrac{4}{3}\times(-1)\times\left(-\dfrac{5}{2}\right)=\dfrac{10}{3}$

(ii) $a=1$일 때,

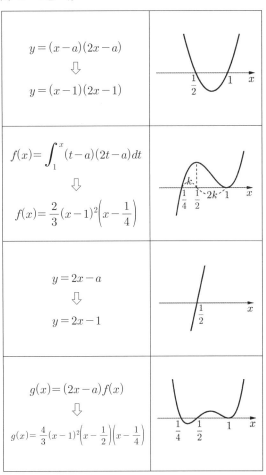

$y=|g(x)|$는 $y=k$와의 교점의 최대 개수는 6이다. (모순)

(iii) $0 < a < 1$

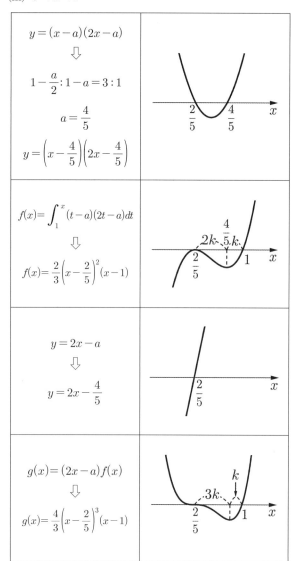

(iv) $a > 2$

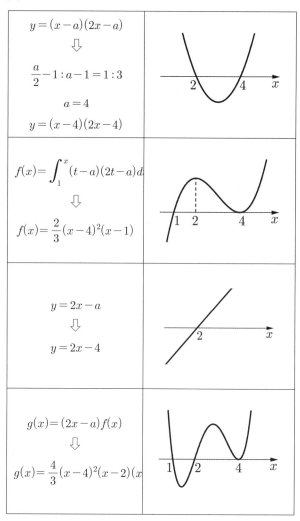

$y = |g(x)|$ 는 $y = k$ 와의 교점의 최대 개수는 4이다.

따라서 $g(0) = \dfrac{4}{3} \times \left(-\dfrac{8}{125} \right) \times (-1) = \dfrac{32}{375}$

$y = |g(x)|$ 는 $y = k$ 와의 교점의 최대 개수는 6이다. (모순)

(i)~(iv)에서 $M = \dfrac{10}{3}$, $m = \dfrac{32}{375}$ 이다.

$M \times m = \dfrac{10}{3} \times \dfrac{32}{375} = \dfrac{64}{225}$

$p = 225$, $q = 64$

$p + q = 289$

99 정답 24

[풀이 : 유승희T]

삼차함수 $f(x)$ 의 그래프는 조건 (가)에서 점 $(1, 0)$ 에 대하여 대칭인 모양임을 알 수 있다.

또한, $g(x) = \displaystyle\int_{a}^{x} f(t) dt$ 에서 $g'(x) = f(x)$ 이므로

사차함수 $g(x)$ 의 그래프는 직선 $x = 1$ 에 대하여 대칭인 함수이다.

조건 (나)를 고려하면 x 축과 서로 다른 두 점에서 만나므로 곡선 $y = g(x)$ 의 개형은 다음과 같은 경우가 있다.

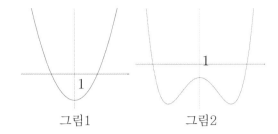

그림1   그림2

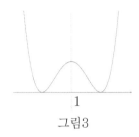

그림3

$\lim\limits_{t\to 1-}h(t)-\lim\limits_{t\to 1+}h(t)=2$에서 곡선 $y=|g(x)-t|$가

$t=1$의 좌극한에서 미분가능하지 않은 점의 개수 $\lim\limits_{t\to 1-}h(t)$이

$t=1$의 우극한에서 미분가능하지 않은 점의 개수 $\lim\limits_{t\to 1+}h(t)$

보다 2개 더 있다.

따라서 만족하는 그래프 개형은 그림3에서 극댓값이 1이면
가능하다.

그림1, 그림2는 $t>0$인 t에 대하여 미분가능하지 않은 점이
항상 2개로

$\lim\limits_{t\to 1}h(t)=2$이므로 조건을 만족하지 않는다.

곡선 $y=g(x)$가 $x=1$에 대하여 대칭이고 삼차함수 $f(x)$의
최고차항의 계수가 4이므로

$g'(x)=f(x)$에서 사차함수 $g(x)$의 최고차항의 계수는
1이다.

이제 $g(x)=\{x-(1-c)\}^2\{x-(1+c)\}^2$ ($c>0$인 상수)라
놓으면

$\lim\limits_{t\to 1-}h(t)-\lim\limits_{t\to 1+}h(t)=2$에서 $y=g(x)$의 극댓값이 1이므로

$g(1)=c^4=1$에서

$\therefore c=1$

$\therefore g(x)=x^2(x-2)^2=x^4-4x^3+4x^2$

$f(x)=g'(x)=4x^3-12x^2+8x$

$\therefore f(3)=24$

[참고]

(1) $h(t)=\begin{cases} 0 & (t\leq 0) \\ 4 & (0<t<1) \\ 2 & (t\geq 1) \end{cases}$

(2) t의 범위에 따른 $y=g(x)-t$와 $y=|g(x)-t|$의
그래프이다.

   (i) $t\leq 0$일 때,

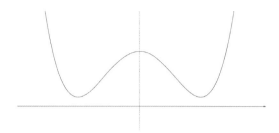

(ii) $0<t<1$일 때,

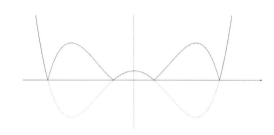

(iii) $t\geq 1$일 때,

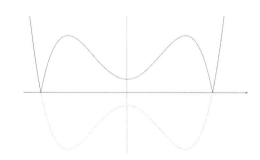

100 정답 ①

점 P에서의 접선의 기울기가 $f'(t)$이므로 직선 l의 방정식은
다음과 같다.

$$y=-\dfrac{1}{f'(t)}(x-t)+f(t)$$

$f'(t)=m$ $(m\geq 0)$이라 하고 정리하면

$x+my-t-mf(t)=0$

(나)에서 O$(0,0)$, Q$(t, a+f(t))$와 직선 l까지의 거리가
같으므로

$\dfrac{|-t-mf(t)|}{\sqrt{1+m^2}}=\dfrac{|t+ma+mf(t)-t-mf(t)|}{\sqrt{1+m^2}}$에서

$a>0$, $t>0$, $f(t)>0$이므로

$\Rightarrow t+mf(t)=ma$

$\Rightarrow m(a-f(t))=t$

따라서 $f'(t)=\dfrac{t}{a-f(t)}$

(가)에서 $f'(1)=\dfrac{1}{a-f(1)}=\dfrac{1}{4}$이므로

$a - f(1) = 4 \cdots \bigcirc$

$f'(2) = \dfrac{2}{a - f(2)} = 2$이므로 $a - f(2) = 1 \cdots \bigcirc$

$\bigcirc$, $\bigcirc$에서 $f(2) - f(1) = 3$

따라서

$$\int_1^2 f'(x)dx = \Big[f(x) \Big]_1^2 = f(2) - f(1) = 3$$

101 정답 329

$f'(x) = 3(x - x_1)(x - x_2)(x - x_3)$이다.

다음 그림과 같이 양수 a, b, c에 대하여

$$\left| \int_0^{x_1} f'(x)\,dx \right| = a, \quad \left| \int_{x_1}^{x_2} f'(x)\,dx \right| = b,$$

$$\left| \int_{x_2}^{x_3} f'(x)\,dx \right| = c$$라 하자.

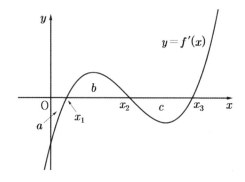

(가)에서

$$\int_0^{x_2} |f'(x)|\,dx = \frac{3}{2} \int_0^{x_2} f'(x)dx$$

$$\rightarrow a + b = \frac{3}{2}(-a + b) \rightarrow 2a + 2b = -3a + 3b$$

$$\rightarrow b = 5a \cdots \bigcirc$$

(나)에서

$$\int_0^{x_3} |f'(x)|\,dx = -11 \int_0^{x_3} f'(x)\,dx$$

$$\rightarrow a + b + c = -11(-a + b - c)$$

$$\rightarrow 6a + c = -11(4a - c)$$

$$\rightarrow 6a + c = -44a + 11c$$

$$\rightarrow 50a = 10c \rightarrow c = 5a \cdots \bigcirc$$

$\bigcirc$, $\bigcirc$에서 $b = c$이므로 사차함수 $f(x)$는 $x = x_1$과 $x = x_3$에서 같은 극솟값을 갖는다. 즉, $f(x_1) = f(x_3)$이다.

$\left| \int_0^{x_1} f'(x)\,dx \right| = a$이므로 $\int_0^{x_1} f'(x)dx = -a$이고 $f(x)$가

$f(0) = 0$을 만족하므로

$f(x) = (x - x_1)^2 (x - x_3)^2 - a$라 할 수 있다.

함수 $f(x)$는 $x = x_2$에서 극댓값을 갖고

$$\int_0^{x_2} f'(x)dx = -a + b = -a + 5a = 4a$$이므로

$f(x_2) = 4a$이다.

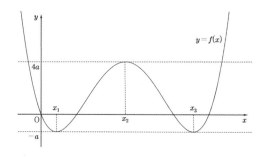

$$\therefore f(x_2) = 3^2 \times 3^2 - a = 4a$$

$5a = 81$에서 $a = \dfrac{81}{5}$이다.

따라서 $f(x_2) = 4a = \dfrac{324}{5}$

$p = 5$, $q = 324$이므로 $p + q = 329$

102 정답 ①

[그림 : 최성훈T]

함수 $f(x)$의 그래프는 다음 그림과 같다.

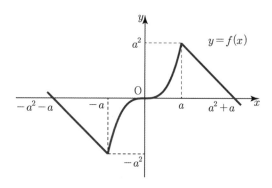

함수 $y = f(x)$의 그래프와 x축 및 $x = 2$, $x = -2$으로 둘러싸인 부분의 넓이를 S라 하자.

(i) $a \geq 2$일 때,

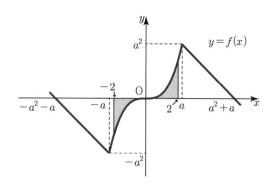

$$S=\int_{-2}^{2}|f(x)|\,dx$$

$$=2\int_{0}^{2}\left(\frac{x^3}{a}\right)dx$$

$$=2\left[\frac{1}{4a}x^4\right]_{0}^{2}$$

$$=\frac{8}{a}=4$$

따라서 $a=2$이다.

그러므로 $a^2=4$

(ii) $a<2\le a^2+a$일 때,

$a^2+a-2\ge 0 \Rightarrow (a-1)(a+2)\ge 0 \Rightarrow a\le -2$ 또는 $a\ge 1$

즉, $1\le a<2$일 때,

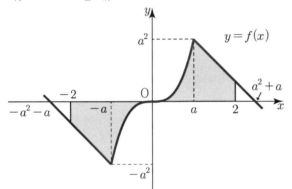

$$S=\int_{-2}^{2}|f(x)|\,dx$$

$$=2\int_{0}^{2}f(x)dx$$

$$=2\left\{\int_{0}^{a}\left(\frac{x^3}{a}\right)dx+\int_{a}^{2}(-x+a+a^2)dx\right\}$$

$$=2\left\{\left[\frac{1}{4a}x^4\right]_{0}^{a}+\left[-\frac{1}{2}x^2+(a+a^2)x\right]_{a}^{2}\right\}$$

$$=2\left\{\frac{a^3}{4}-2+2(a+a^2)+\frac{a^2}{2}-(a+a^2)a\right\}$$

$$=2\left(-\frac{3}{4}a^3+\frac{3}{2}a^2+2a-2\right)=4$$

에서

$$-\frac{3}{4}a^3+\frac{3}{2}a^2+2a-2=2$$

$$-3a^3+6a^2+8a-16=0$$

$$3a^3-6a^2-8a+16=0$$

$$(a-2)(3a^2-8)=0$$

따라서 $a=\sqrt{\dfrac{8}{3}}$ 이다.

그러므로 $a^2=\dfrac{8}{3}$

(iii) $a^2+a<2$일 때,

$a^2+a-2<0$

$(a-1)(a+2)<0$

$-2<a<1$

$a\ge 1$이라는 조건에 모순이다.

(i), (ii), (iii)에서 a^2의 값의 합은 $4+\dfrac{8}{3}=\dfrac{20}{3}$이다.

103 정답 25

[그림 : 이호진T]

(나)에서 $x=0$을 대입하면 $-5a|g(0)|=0$에서 $g(0)=0$

따라서 $g(5a)=0$, $g(0)=0$이고 함수 $(x-5a)|g(x)|$가 실수 전체의 집합에서 미분가능하므로 함수 $g(x)$는 x^n $(2\le n\le 3)$ 을 인수로 갖는다.

또한 (가)에서 극솟값이 음수이어야 하므로 $n=3$이다.

따라서 $g(x)=\dfrac{1}{25}x^3(x-5a)$이다.

$(x-5a)g(x)=\dfrac{1}{25}x^3(x-5a)^2$에서

$$\{(x-5a)g(x)\}'=\frac{3}{25}x^2(x-5a)^2+\frac{2}{25}x^3(x-5a)$$

$$=\frac{1}{25}x^2(x-5a)\{3(x-5a)+2x\}$$

$$=\frac{1}{5}x^2(x-5a)(x-3a)$$

이므로

(i) $g(x)\ge 0$일 때 $\dfrac{1}{25}x^3(x-5a)^2=\displaystyle\int_{0}^{x}(t-3a)f(t)dt$의 양변을 미분하면

$$\frac{1}{5}x^2(x-5a)(x-3a)=(x-3a)f(x)$$

$$f(x)=\frac{1}{5}x^2(x-5a)$$

$g(x)\ge 0$일 때, $x\le 0$ 또는 $x\ge 5a$이고 $f(x)=\dfrac{1}{5}x^2(x-5a)$이다.

(ii) $g(x)<0$일 때 $-\dfrac{1}{25}x^3(x-5a)^2=\displaystyle\int_{0}^{x}(t-3a)f(t)dt$의 양변을 미분하면

$$-\frac{1}{5}x^2(x-5a)(x-3a)=(x-3a)f(x)$$

$$f(x)=-\frac{1}{5}x^2(x-5a)$$

$g(x)<0$일 때, $0<x<5a$이고, $f(x)=-\dfrac{1}{5}x^2(x-5a)$이다.

(i), (ii)에서

$$f(x)=\begin{cases}\dfrac{1}{5}x^2(x-5a) & (x\le 0,\, x\ge 5a)\\[2mm]-\dfrac{1}{5}x^2(x-5a) & (0<x<5a)\end{cases}$$

$g(x)=\dfrac{1}{25}x^3(x-5a)=0$의 해는 $x=0$ 또는 $x=5a$뿐이므로

(다)에서 $g(3a-f(x))=0$의 해는

$3a-f(x)=0$ 또는 $3a-f(x)=5a$

즉, $f(x)=3a$와 $f(x)=-2a$의 해와 같다.

방정식 $f(x)=-2a$에서 곡선 $y=f(x)$와 직선 $y=-2a$의

교점의 개수는 1이므로

$g(3a-f(x))=0$의 해의 개수가 3이기 위해서는 $f(x)=3a$의

해의 개수가 2이어야 한다.

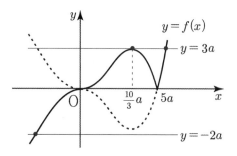

즉, $3a$는 함수 $y=f(x)$의 극댓값이어야 한다.

함수 $f(x)$의 극댓값은 $0<x<5a$에서 나타나고 삼차함수

비율에서 $x=\dfrac{10}{3}a$일 때 이므로

$f\left(\dfrac{10}{3}a\right)=-\dfrac{1}{5}\times\left(\dfrac{10}{3}a\right)^2\times\left(-\dfrac{5}{3}a\right)=\dfrac{100}{27}a^3$

$\dfrac{100}{27}a^3=3a$

$a^2=\dfrac{81}{100}$

$a=\dfrac{9}{10}\ (\because a>0)$이다.

$f(x)=\begin{cases}\dfrac{1}{5}x^2\left(x-\dfrac{9}{2}\right) & \left(x\le 0,\ x\ge\dfrac{9}{2}\right)\\[3mm] -\dfrac{1}{5}x^2\left(x-\dfrac{9}{2}\right) & \left(0<x<\dfrac{9}{2}\right)\end{cases}$

$f\left(-\dfrac{5}{9}a\right)=f\left(-\dfrac{1}{2}\right)=\dfrac{1}{5}\times\dfrac{1}{4}\times(-5)=-\dfrac{1}{4}$

따라서 $-100\times f\left(-\dfrac{1}{2}\right)=25$

104 정답 6

(가)에서 $f(0)=0$, $\displaystyle\lim_{x\to 3-}f(x)=-3a$이고

(나)에서 $\displaystyle\lim_{x\to 3+}f(x)=f(0)+1=1$이다.

$f(x)$가 $x=3$에서 연속이므로 $-3a=1$에서 $a=-\dfrac{1}{3}$이므로

$f(x)=-\dfrac{1}{3}x(x-4)\ (0\le x<3)\cdots\text{㉠}$

(나)에서 구간 $[3,6)$의 $f(x)$는 ㉠의 $f(x)$을 x축으로 3만큼,

y축으로 1만큼 평행이동한 그래프이고 같은 방식으로 연속된

함수 $f(x)$의 그래프를 생각할 수 있다.

(다)에서 $f(x)$가 y축 대칭이므로 $f(x)$ 그래프는 다음 그림과

같다.

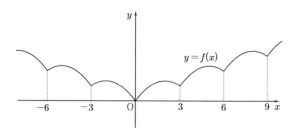

양의 실수 x에서 $g(x)\ge f(x)$이고 $|f(x)-g(|x|)|$가

$x\ne 3n$인 모든 실수 x에 관해 미분 가능하고 직선

$g(x)$의 기울기 m이 최소일 때, $\displaystyle\int_{-12}^{12}h(x)dx$의 값이 최소인

상황은 다음 그림과 같이 직선 $g(x)$가 $f(x)$와 만나는 모든

점에서 접할 때이다.

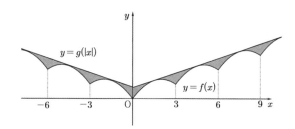

$(0,0)$, $(3,1)$, $(6,2)$, $\cdots$을 지나는 직선의 기울기가

$\dfrac{1}{3}$이므로

㉠의 함수에 접하고 기울기가 $\dfrac{1}{3}$인 직선의 방정식을 구해보면

$f(x)=-\dfrac{1}{3}x(x-4)\to f'(x)=-\dfrac{2}{3}x+\dfrac{4}{3}=\dfrac{1}{3}$

$-\dfrac{2}{3}x=-1$에서 $x=\dfrac{3}{2}$

$f\left(\dfrac{3}{2}\right)=-\dfrac{1}{3}\times\dfrac{3}{2}\times\left(-\dfrac{5}{2}\right)=\dfrac{5}{4}$

따라서 기울기가 $\dfrac{1}{3}$이고 점 $\left(\dfrac{3}{2},\dfrac{5}{4}\right)$을 지나는 직선의

방정식은

$g(x)=\dfrac{1}{3}x+\dfrac{3}{4}$

따라서

$\displaystyle\int_{-12}^{12}h(x)dx\ge 2\int_{0}^{12}h(x)dx$

$\displaystyle=2\times 4\times\int_{0}^{3}h(x)dx=8\times\int_{0}^{3}|f(x)-g(x)|\,dx$

$\displaystyle=8\times\int_{0}^{3}\left\{\left(\dfrac{1}{3}x+\dfrac{3}{4}\right)-\left(-\dfrac{1}{3}x^2+\dfrac{4}{3}x\right)\right\}dx$

$\displaystyle=8\times\int_{0}^{3}\left\{\dfrac{1}{3}x^2-x+\dfrac{3}{4}\right\}dx$

$\displaystyle=8\times\left[\dfrac{1}{9}x^3-\dfrac{1}{2}x^2+\dfrac{3}{4}x\right]_{0}^{3}$

$$= 8 \times \left(3 - \frac{9}{2} + \frac{9}{4}\right) = 6$$

105 정답 4

$n = 0$일 때, $g(x) = f(x) = x(x-1)$ $(0 \leq x \leq 1)$

$n = 1$일 때,

$g(x) = -f(x-1)$ $(0 \leq x - 1 \leq 1)$

$\quad = -(x-1)(x-2)$ $(1 \leq x \leq 2)$

$n = 2$일 때,

$g(x) = f(x-2)$ $(0 \leq x - 2 \leq 1)$

$\quad = (x-2)(x-3)$ $(2 \leq x \leq 3)$

$\qquad \vdots \qquad\qquad \vdots$

따라서

함수 $g(x)$의 그래프는 다음 그림과 같다.

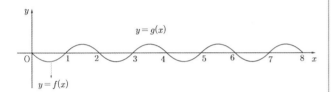

그러므로 함수 $h(x)$는

$h(x) = \begin{cases} 2g(x) & (0 \leq x \leq 1, 2 \leq x \leq 3) \\ -2g(x) & (4 \leq x \leq 5, 6 \leq x \leq 7) \\ 0 & (1 \leq x \leq 2, 3 \leq x \leq 4, 5 \leq x \leq 6, 7 \leq x \leq 8) \end{cases}$

이므로 그래프는 다음과 같다.

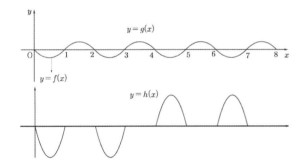

따라서 $\displaystyle\int_{\alpha}^{x} h(t)\,dt \leq 0$ 을 만족하는 α는

$\alpha = 0$ 또는 $7 \leq \alpha \leq 8$이다.

따라서 $a = 0$, $A = 8$

$\displaystyle\int_{\beta}^{x} h(t)\,dt \geq 0$ 을 만족하는 β는

$3 \leq \beta \leq 4$이다.

따라서 $b = 3$, $B = 4$

그러므로 $\dfrac{A+B}{a+b} = \dfrac{8+4}{0+3} = 4$

[랑데뷰팁]

$0 \leq k \leq 8$인 k에 대하여 $y = \displaystyle\int_{k}^{x} h(t)\,dt$의 그래프의

개형은 다음 그림과 같다.

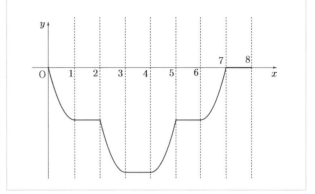

106 정답 32

[풀이 : 유승희T]

$f(x) = k(x-b)$라 두면

$g(x) = \displaystyle\int_{1}^{x} f(t+a)f(t-a)\{|f(t)| - 2a\}dt$에서

$g(1) = 0$이고

$g'(x) = f(x+a)f(x-a)\{|f(x)| - 2a\}$

$\quad = k^2(x+a-b)(x-a-b)\{|k(x-b)| - 2a\}$

$g'(x) = 0$의 실근은

$x = -a+b,\ a+b,\ \dfrac{2a}{k}+b,\ -\dfrac{2a}{k}+b$

위의 4개의 실근 중 나머지 세 개의 근과 다른 한 근이 존재한다면 그 값에서 $g(x)$는 극값을 갖는다.

따라서, $\dfrac{2a}{k} = a$, $\dfrac{2a}{k} = -a$이다. 즉, $k = 2$ 또는 -2

(i) $k = 2$일 때,

$g'(x) = 8(x+a-b)(x-a-b)(|x-b| - a)$

$\quad = 8\{(x-b)^2 - a^2\}(|x-b| - a)$

$\quad = 8(|x-b| - a)^2(|x-b| + a) \geq 0$

$g(x)$는 증가함수이다.

(나)에서 함수 $g(x)$가 $(1, 0)$에 대하여 대칭함수이므로

$g'(x)$는 $x = 1$에 대하여 대칭함수이다.

$g'(x) = 8(|x-b| - a)^2(|x-b| + a)$이므로

$\therefore\ b = 1$

$\therefore\ f(x) = 2(x-1)$,

$\quad g'(x) = 8(|x-1| - a)^2(|x-1| + a)$

또한, $g(0) + g(2) = 0$이고

(다)에서 $|g(0)| + |g(2)| = \dfrac{20}{3}$이므로

$g(0) = -\dfrac{10}{3}$이고 $g(2) = \dfrac{10}{3}$ ($\because g(x)$는 증가함수)

$$g(x)=\int_1^x f(t+a)f(t-a)\{|f(t)|-2a\}dt$$

$$=8\int_1^x (|t-1|-a)^2(|t-1|+a)\,dt$$

따라서,

$$g(2)=8\int_1^2 (|t-1|-a)^2(|t-1|+a)\,dt$$

$$=8\int_1^2 (t-1-a)^2(t-1+a)\,dt$$

$$=8\int_0^1 (t-a)^2(t+a)\,dt$$

$$=8\int_0^1 (t^3-at^2-a^2t+a^3)\,dt$$

$$=8a^3-4a^2-\frac{8}{3}a+2=\frac{10}{3}$$

에서 인수분해하면

$$(a-1)\!\left(8a^2+4a+\frac{4}{3}\right)=0$$

$$\therefore \ a=1$$

$f(x)=2(x-1)$ 에서

$$\therefore \ f(3a)=f(3)=4$$

(ii) $k=-2$ 일 때,

$$g'(x)=8(x+a-b)(x-a-b)(|x-b|-a)$$

$$=8\{(x-b)^2-a^2\}(|x-b|-a)$$

$$=8(|x-b|-a)^2(|x-b|+a)\geq 0$$

$g(x)$ 는 증가함수이다.

(나)에서 함수 $g(x)$ 가 $(1,0)$ 에 대하여 대칭함수이므로

$g'(x)$ 는 $x=1$ 에 대하여 대칭함수이다.

$g'(x)=8(|x-b|-a)^2(|x-b|+a)$ 이므로

$$\therefore \ b=1$$

$$\therefore \ f(x)=-2(x-1),$$

$$g'(x)=8(|x-1|-a)^2(|x-1|+a)$$

또한, $g(0)+g(2)=0$ 이고

(다)에서 $|g(0)|+|g(2)|=\dfrac{20}{3}$ 이므로

$g(0)=-\dfrac{10}{3}$ 이고 $g(2)=\dfrac{10}{3}$ ($\because g(x)$ 는 증가함수)

$$g(x)=\int_1^x f(t+a)f(t-a)\{|f(t)|-2a\}dt$$

$$=8\int_1^x (|t-1|-a)^2(|t-1|+a)\,dt$$

따라서,

$$g(2)=8\int_1^2 (|t-1|-a)^2(|t-1|+a)\,dt$$

$$=8\int_1^2 (t-1-a)^2(t-1+a)\,dt$$

$$=8\int_0^1 (t-a)^2(t+a)\,dt$$

$$=8\int_0^1 (t^3-at^2-a^2t+a^3)\,dt$$

$$=8a^3-4a^2-\frac{8}{3}a+2=\frac{10}{3}$$

에서 인수분해하면

$$(a-1)\!\left(8a^2+4a+\frac{4}{3}\right)=0$$

$$\therefore \ a=1$$

$f(x)=-2(x-1)$ 에서

$$\therefore \ f(3a)=f(3)=-4$$

(i), (ii)에서 $M=4$, $m=-4$ 이다.

$$M^2+m^2=16+16=32$$

107 정답 81

[그림 : 최성훈T]

$$g(x)=\int_k^x \{f'(t+3a)\times f'(t-a)\}dt$$ 에서

$g(k)=0$, $g'(x)=f'(x+3a)\times f'(x-a)$ 이다.

최고차항의 계수가 1인 삼차함수 $f(x)$ 의 도함수 $f'(x)$ 는 최고차항의 계수가 3인 이차함수이다. 함수 $g(x)$ 의 도함수는 함수 $f'(x)$ 를 x축의 방향으로 $-3a$ 만큼 평행이동한 함수 $f'(x+3a)$ 와 함수 $f'(x)$ 를 x축의 방향으로 a 만큼 평행이동한 함수 $f'(x-a)$ 의 곱함수이다. 따라서 함수 $g'(x)$ 는 최고차항의 계수가 9인 사차함수이다.

함수 $g(x)$ 의 극값은 2개이므로 방정식 $f'(x+3a)\times f'(x-a)=0$ 의 실근 중 근의 좌우에서 부호가 바뀌는 실근은 2개여야 한다.

따라서 세 함수 $f'(x+3a)$, $f'(x)$, $f'(x-a)$ 의 그래프 개형은 다음과 같다.

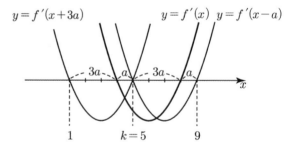

그림에서

$$3a+a+3a+a=9-1$$

$$8a=8$$

$$\therefore \ a=1$$

따라서 방정식 $f'(x)=0$ 의 해는 $1+3a$, $9-a$

즉, $x=4$, $x=8$ 이다.

따라서

$f'(x)=3(x-4)(x-8)$ 이다.

한편,

$$f'(x+3)=3(x-1)(x-5)$$

$$f'(x-1)=3(x-5)(x-9)$$ 에서

$f'(x+3) \times f'(x-1) = 9(x-1)(x-5)^2(x-9)$

따라서

$g(x) = \displaystyle\int_k^x \{f'(t+3a) \times f'(t-a)\}dt$

$\quad = 9\displaystyle\int_k^x (t-1)(t-5)^2(t-9)dt$

$g(x)$의 피적분함수 $y = (x-1)(x-5)^2(x-9)$에서
$g(k)=0$이므로 $k=5$일 때, 함수 $g(x)$의 그래프 개형은
다음과 같다.

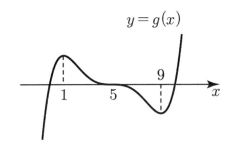
$y = g(x)$

따라서 함수 $g(x)$를 x축의 방향으로 -5만큼 평행이동하면
함수 $g(x+5)$는 원점 대칭함수이므로 함수 모든 실수 α에
대하여

$\displaystyle\int_{-\alpha}^{\alpha} g(x+5)dx = 0$이 성립한다.

그러므로 $k=5$이다.
$f'(x) = 3(x-4)(x-8)$에서
$f'(5) = 3 \times 1 \times (-3) = -9$
$\{f'(k)\}^2 = 81$

108 정답 3

$n=1$일 때
$f(2a+2) = k \times f(a+1) \quad (0 \le a < 1)$
이므로 $2a+2 = x$라 하면

$f(x) = k \times f\left(\dfrac{x}{2}\right)$

$\quad = k \times \left(\dfrac{x}{2}-1\right)\left(\dfrac{x}{2}-2\right)$

$\quad = k \times \dfrac{1}{4}(x-2)(x-4) \quad (2 \le x < 4)$

$n=2$일 때
$f(2a+4) = k \times f(a+2) \quad (0 \le a < 2)$
이므로 $2a+4 = x$라 하면

$f(x) = k \times f\left(\dfrac{x}{2}\right)$

$\quad = k^2 \times \dfrac{1}{4} \times \left(\dfrac{x}{2}-2\right)\left(\dfrac{x}{2}-4\right)$

$\quad = k^2 \times \dfrac{1}{4^2}(x-4)(x-8) \quad (4 \le x < 8)$

마찬가지로

$8 \le x < 16$일 때 $f(x) = k^3 \times \dfrac{1}{4^3}(x-8)(x-16)$

$16 \le x < 32$일 때 $f(x) = k^4 \times \dfrac{1}{4^4}(x-16)(x-32)$

$\cdots \quad \cdots \quad \cdots$

따라서

$2^n \le x < 2^{n+1}$일 때 $f(x) = \left(\dfrac{k}{4}\right)^n (x-2^n)(x-2^{n+1})$

한편, $1 \le x < 2$일 때
$f(x) = (x-1)(x-2) = x^2 - 3x + 2$에서
$f'(x) = 2x - 3$이므로 $\displaystyle\lim_{x \to 2-} f'(x) = 1$

$2 \le x < 4$일 때
$f(x) = \dfrac{k}{4} \times (x-2)(x-4) = \dfrac{k}{4}(x^2-6x+8)$에서

$f'(x) = \dfrac{k}{4}(2x-6)$이므로 $\displaystyle\lim_{x \to 2+} f'(x) = -\dfrac{k}{2}$

따라서 $-\dfrac{k}{2} = 1$

$\therefore \ k = -2$

따라서

$2^n \le x < 2^{n+1}$일 때

$f(x) = \left(-\dfrac{1}{2}\right)^n (x-2^n)(x-2^{n+1})$이다.

그러므로

$f(x) = \begin{cases} (x-1)(x-2) & (1 \le x < 2) \\ -\dfrac{1}{2}(x-2)(x-4) & (2 \le x < 4) \\ \dfrac{1}{4}(x-4)(x-8) & (4 \le x < 8) \\ \cdots & \cdots \end{cases}$

따라서 $x \ge 1$일 때 $y = f(x)$의 그래프는 다음 그림과 같다.

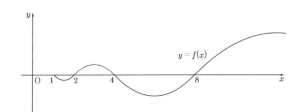
$y = f(x)$

한편 $\displaystyle\int_1^2 f(x)dx = -\dfrac{1}{6}$이고

$\displaystyle\int_{2^n}^{2^{n+1}} f(x)dx = -\left(-\dfrac{1}{2}\right)^n \dfrac{(2^{n+1}-2^n)^3}{6}$

$\qquad\qquad = (-1)^{n+1} \times \dfrac{1}{2^n} \times \dfrac{(2^n)^3}{6}$

$\qquad\qquad = (-1)^{n+1} \dfrac{4^n}{6}$에서

$\displaystyle\int_2^4 f(x)dx = \dfrac{4}{6} = \dfrac{2}{3}$

$\displaystyle\int_4^8 f(x)dx = -\dfrac{16}{6} = -\dfrac{8}{3}$

$$\int_8^{16} f(x)dx = \frac{64}{6} = \frac{32}{3}$$

$\cdots \cdots$

$f(x)$의 한 부정적분을 $F(x)$라 하면

$$\int_t^s f(x)dx = 0 \to \int_1^s f(x)dx - \int_1^t f(x)dx = 0$$

$$\to F(s) = \int_1^s f(x)dx, \ F(t) = \int_1^t f(x)dx$$라 하면

$\int_t^s f(x)dx = 0$을 만족하는 양의 실수 s의 개수는

$y = F(s)$와 $y = F(t)$의 교점의 개수와 같다.

$F(1) = 0$

$$F(2) = \int_1^2 f(x)dx = -\frac{1}{6}$$

$$F(4) = \int_1^4 f(x)dx = -\frac{1}{6} + \frac{2}{3}$$

$$F(8) = \int_1^8 f(x)dx = -\frac{1}{6} + \frac{2}{3} - \frac{8}{3}$$

$$F(16) = \int_1^{16} f(x)dx = -\frac{1}{6} + \frac{2}{3} - \frac{8}{3} + \frac{32}{3}$$

따라서 $F(2^n)$은 첫째항이 $-\frac{1}{6}$이고 공비가 -4이고

항의개수가 n인 등비수열의 합과 같다.

$$F(2^n) = \frac{-\frac{1}{6}\{1 - (-4)^n\}}{1 - (-4)} = \frac{(-4)^n - 1}{30}$$

따라서 $y = F(x) \ (1 \leq x \leq 2^{10})$의 그래프 개형은 다음 그림과 같다.

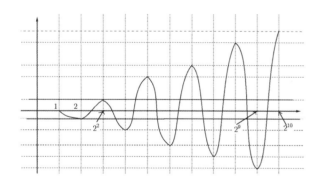

$F(t) = \int_1^t f(x)dx$에서 $t = 2$일 때,

$y = F(x)$와 $y = F(t)$의 교점의 개수는 9이므로

$t_9 = 2$

따라서 $F(t_9) = F(2) = -\frac{1}{6}$

$t = 4$일 때,

$y = F(x)$와 $y = F(t)$의 교점의 개수는

8이므로 $t_8 = 4$

따라서 $F(t_8) = F(4) = -\frac{1}{6} + \frac{2}{3} = \frac{1}{2}$

$$\therefore \left| \frac{F(t_8)}{F(t_9)} \right| = \left| \frac{\frac{1}{2}}{-\frac{1}{6}} \right| = 3$$

109 정답 110

(가)에서 함수 $f(x)$가 $0 \leq x \leq 2$에서 $x = 1$에 대칭이므로

$0 \leq x \leq 2$에서 함수 $F(x)$는 $(1, F(1))$에 대칭이다. $\cdots \bigcirc$

(나)에서 함수 $F(t)$의 한 부정적분을 $G(t)$라 하면

좌변→

$$\frac{d}{dx}\int_0^x F(t+2)dt = \frac{d}{dx}\left\{\left[G(t+2)\right]_0^x\right\}$$

$$= \frac{d}{dx}\{G(x+2) - G(0)\} = F(x+2)$$

우변→

$$\lim_{h \to 0} \frac{1}{h} \int_x^{x+h} F(t)dt = \lim_{h \to 0} \frac{\left[G(t)\right]_x^{x+h}}{h} =$$

$$\lim_{h \to 0} \frac{G(x+h) - G(x)}{h} = G'(x) = F(x)$$

따라서 $F(x+2) = F(x)$이므로 함수 $F(x)$는 주기가 2인 함수이다.

$F(x)$가 연속함수이므로

$0 \leq x \leq 2$에서

$$F(x) = \int f(x)dx = \frac{1}{3}x^3 - x^2 + ax + C$$ 이므로

$F(0) = F(2)$에서 $C = -\frac{4}{3} + 2a + C$

따라서 $a = \frac{2}{3}$이다.

$$F(x) = \frac{1}{3}x^3 - x^2 + \frac{2}{3}x + C$$

$\bigcirc$에서 $0 \leq x \leq 2$에서 함수 $F(x)$의 개형은 다음 그림과 같다.

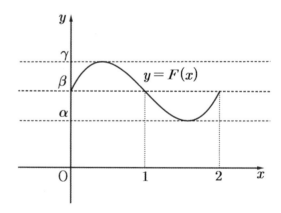

$\alpha < \beta < \gamma$이므로 $\alpha + \gamma = 2\beta$이고 $\alpha + \beta + \gamma = 3 \to 3\beta = 3$에서 $\beta = 1$

$F(0) = F(1) = F(2) = \beta$이므로 $F(0) = C = 1$이다.

$\therefore C = 1$

따라서

$0 \le x \le 2$에서 $F(x) = \dfrac{1}{3}x^3 - x^2 + \dfrac{2}{3}x + 1$

다음 그림과 같이 $\displaystyle\int_0^2 F(x)\,dx$의 값은 $F(x)$가 $(1, 1)$에

대칭이고 $F(0) = F(2) = 1$이므로

가로의 길이가 2, 세로의 길이가 1인 직사각형의 넓이 2이다.

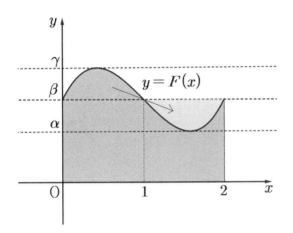

따라서

$$\int_0^{2n} F(x)\,dx = 2n\text{이므로}$$

$$\sum_{n=1}^{10} \int_0^{2n} F(x)\,dx$$

$$= \sum_{n=1}^{10} 2n = 2 \times 55 = 110$$

[랑데뷰팁]

$y = F(x)$의 그래프는 다음 그림과 같다.

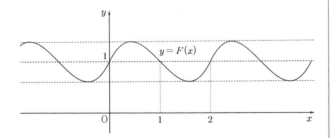

110 정답 ②

$g(x) = a(x+2)(x-2)$ $(a > 0)$ 으로 놓으면 두 곡선

$y = (x+2)^2(x-2)$, $g(x) = a(x+2)(x-2)$ 가 세 점

에서 만나고, 세 교점의 x 좌표가 $-2, t, 2$이므로

방정식 $f(x) = g(x)$의 세 근이 $-2, t, 2$이다.

즉,

$f(x) - g(x)$
$= (x+2)^2(x-2) - a(x+2)(x-2)$
$= (x+2)(x-2)(x+2-a)$

또한,

$f(x) - g(x)$
$= (x+2)(x-2)(x-t)$
$= x^3 - tx^2 - 4x + 4t$

따라서 $2 - a = -t$

$a = t + 2 \cdots$ ㉠

두 곡선 $y = f(x)$, $y = g(x)$로 둘러싸인 두 부분의 넓이의

합을 $S(t)$ 라 하면

$$S(t) = \int_{-2}^{t} (x^3 - tx^2 - 4x + 4t)\,dx - \int_{t}^{2} (x^3 - tx^2 - 4x + 4t)\,dx$$

$$= \left[\frac{1}{4}x^4 - \frac{t}{3}x^3 - 2x^2 + 4tx \right]_{-2}^{t} - \left[\frac{1}{4}x^4 - \frac{t}{3}x^3 - 2x^2 + 4tx \right]_{t}^{2}$$

$$= 2\left(\frac{1}{4}t^4 - \frac{t}{3}t^3 - 2t^2 + 4t^2 \right) - \left(4 + \frac{8t}{3} - 8 - 8t \right)$$

$$- \left(4 - \frac{8t}{3} - 8 + 8t \right)$$

$$= 2\left(-\frac{1}{12}t^4 + 2t^2 \right) - \left(-\frac{16}{3}t - 4 \right) - \left(\frac{16}{3}t - 4 \right)$$

$$= -\frac{1}{6}t^4 + 4t^2 + 8$$

$$= -\frac{1}{6}(t^2 - 12)^2 + 32$$

이고, $0 \le t^2 \le 1$이므로

$S(t)$ 는 $t^2 = 0$, 즉 $t = 0$일 때 최소이고, $t^2 = 1 \Rightarrow t = \pm 1$ 일

때 최대이다.

(i)

$t = -1$일 때, ㉠에서 $a = 1$이므로

$g_1(x) = x^2 - 4$이고 $g_1(1) = -3$

$t = 1$일 때, ㉠에서 $a = 3$이므로

$g_1(x) = 3x^2 - 12$이고 $g_1(1) = -9$

(ii)

$t = 0$일 때, ㉠에서 $a = 2$이므로

$g_2(x) = 2x^2 - 8$이고 $g_2(1) = -6$

(i), (ii)에서

$g_1(1) + g_2(1) = -9$ 또는 $g_1(1) + g_2(1) = -15$이다.

따라서 $g_1(1) + g_2(1)$의 최솟값은 -15이다.

111 정답 40

[출제자 : 김진성T]

조건 (가)에서 $x = k$에서 $\displaystyle\int_{3k}^{k} (t-k)f(t)\,dt = 0$ 이고

$x = 3k$에서

$2kg(3k) = 0$ 임을 이용하자.

좌변이 $(x-k)g(x) = (x-k)(x-3k)(x^2 + ax + b)$인 4차

함수이므로

우변 $\left| \displaystyle\int_{3k}^{x} (t-k)f(t)\,dt \right|$이 미분가능한 4차 함수의 꼴이

되어야 한다.

$P(x) = \displaystyle\int_{3k}^{x} (t-k)f(t)\,dt$ 라고 하면

$\int_{3k}^{k}(t-k)f(t)dt=0$이므로

$P(k)=0$ 이고 $P'(x)=(x-k)f(x)$에서 $P'(k)=0$ 와

$P(3k)=\int_{3k}^{3k}(t-k)f(t)dt=0$ 을 이용하면

$P(x)=(x-k)^2(x-3k)(x-\alpha)$를 얻을 수 있다. 그런데

좌변 $(x-k)g(x)$가 미분가능한 4차 함수이므로

우변 $\left|\int_{3k}^{x}(t-k)f(t)dt\right|=|P(x)|$도 미분가능한 4차

함수가 되기 위해서는 $\alpha=3k$ 이어야 한다.

따라서 $P(x)=(x-k)^2(x-3k)^2$ 또는

$P(x)=-(x-k)^2(x-3k)^2$ 이다.

$\therefore~P'(x)=4(x-k)(x-2k)(x-3k)$

또는 $P'(x)=-4(x-k)(x-2k)(x-3k)$ 가 되어서

$P'(x)=(x-k)f(x)$을 이용하면

$\therefore~f(x)=4(x-2k)(x-3k)$ 또는

$f(x)=-4(x-2k)(x-3k)$

조건 (나)에서 방정식 $g(f(x))=0$의 해는

방정식 $f(x)=k$ 또는 방정식 $f(x)=3k$ 의 해와 같다.

방정식 $f(x)=k$이 서로 다른 4개의 해를 가지고,

방정식 $f(x)=3k$이 서로 다른 3개의 해를 가지는 경우만

총 7개의 서로 다른 해를 갖고 연속함수 $f(x)$는

$$f(x)=\begin{cases}4(x-2k)(x-3k) & (x<2k)\\-4(x-2k)(x-3k) & (2k\le x<3k)\\4(x-2k)(x-3k) & (3k\le x)\end{cases}$$

이고 $f\left(\dfrac{5}{2}k\right)=3k$ 인 경우이다.

$\therefore~k=3$

$$f(x)=\begin{cases}4(x-6)(x-9) & (x<6)\\-4(x-6)(x-9) & (6\le x<9)\\4(x-6)(x-9) & (9\le x)\end{cases}$$

그러므로

$f(5)+f(7)+f(10)=16+8+16=40$

112 정답 ①

$f^{-1}(x)=x$의 해를 구해보면

$\dfrac{1}{4}x^2+\dfrac{1}{2}x=x\to x^2+2x=4x\to x(x-2)=0$에서

$x=0,\ x=2$이다.

따라서 $y=f^{-1}(x)$와 $y=f(x)$의 교점은 $(0,0)$과 $(2,2)$이다.

$g'(x)=f(x)+(x-1)f'(x)-f(x)$
$~~~~~~~=(x-1)f'(x)$에서 $g'(1)=0$이므로

함수 $g(x)$는 $x=1$에서 극솟값을 갖는다.

$g(0)=-f(0)=0$

$g(2)=f(2)-\displaystyle\int_0^2 f(t)dt$이고 다음 그림과 같으므로

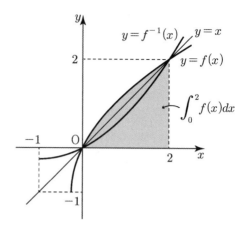

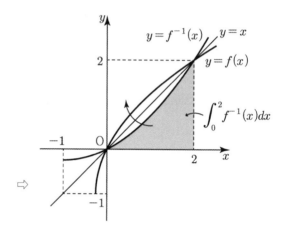

⇨

$=2-\left(2\times 2-\displaystyle\int_0^2 f^{-1}(t)dt\right)$

$=-2+\displaystyle\int_0^2\left(\dfrac{1}{4}t^2+\dfrac{1}{2}t\right)dt$

$=-2+\left[\dfrac{1}{12}t^3+\dfrac{1}{4}t^2\right]_0^2$

$=-2+\dfrac{2}{3}+1=-\dfrac{1}{3}$

따라서 함수 $g(x)$는 $(0,0)$, $\left(2,-\dfrac{1}{3}\right)$을 지나며

$x=1$에서 극솟값을 가지므로

$g(x)=mx$에서 원점을 지나는 직선 $y=mx$가 $(0,0)$,

$\left(2,-\dfrac{1}{3}\right)$을 지날 때 m이 최대가 된다.

따라서 $m\le\dfrac{-\dfrac{1}{3}}{2}=-\dfrac{1}{6}$

113 정답 ⑤

$g'(x)=|f'(x)|\ge 0$으로 함수 $g(x)$는 증가함수이다.

$g(a)=0$에서 방정식 $g(x)=0$은 하나의 실근 $x=a$를 갖는다.

(가)에서 방정식 $f(x)g(x)=0$의 한 실근이 $x=a$이므로

$x=-a$가 다른 실근이어야 한다.

따라서 $f(-a)=0$이다.

그러므로 최고차항의 계수가 1인 이차함수 $f(x)$는
$f(x)=(x+a)^2$ 또는 $f(x)=(x-a)(x+a)=x^2-a^2$이다.

(i) $f(x)=(x+a)^2$일 때,
$f'(x)=2x+2a$이므로
$$|f'(x)|=\begin{cases}2x+2a & (x\geq -a)\\-2x-2a & (x<-a)\end{cases}$$
따라서
$$g(2a)=\int_a^{2a}(2x+2a)dx$$
$$=\Big[\,x^2+2ax\,\Big]_a^{2a}=5a^2$$
$$g(-a)=\int_a^{-a}(2x+2a)dx$$
$$=-\Big[\,x^2+2ax\,\Big]_{-a}^a=-4a^2$$
따라서 $g(2a)-g(-a)=9a^2$
(나)에서 $10\leq 9a^2\leq 20$
$\dfrac{10}{9}\leq a^2\leq \dfrac{20}{9}$으로 만족하는 정수 a가 존재하지 않는다.
(모순)

(ii) $f(x)=x^2-a^2$일 때,
$f'(x)=2x$이므로
$$|f'(x)|=\begin{cases}2x & (x\geq 0)\\-2x & (x<0)\end{cases}$$
따라서
$$g(2a)=\int_a^{2a}2x\,dx$$
$$=\Big[\,x^2\,\Big]_a^{2a}=3a^2$$
$$g(-a)=\int_a^{-a}|f'(x)|dx=-\int_{-a}^a|f'(x)|dx$$
$$=-\int_{-a}^0-2x\,dx-\int_0^a2x\,dx$$
$$=\int_{-a}^0 2x\,dx-\int_0^a2x\,dx$$
$$=\Big[\,x^2\,\Big]_{-a}^0-\Big[\,x^2\,\Big]_0^a$$
$$=-a^2-a^2=-2a^2$$
따라서 $g(2a)-g(-a)=5a^2$
(나)에서 $10\leq 5a^2\leq 20$
$2\leq a^2\leq 4$으로 만족하는 양의 정수 a는 $a=2$이다.
(i), (ii)에서
$f(x)=x^2-4$이다.

[랑데뷰팁]-그래프를 이용하면
(i) $f(x)=(x+a)^2$일 때, $|f'(x)|=|2x+2a|$

$g(2a)-g(-a)$는 밑변의 길이가 $3a$이고 높이가 $6a$인
직각삼각형의 넓이를 의미하므로 $9a^2$이다.
(i) $f(x)=x^2-a^2$일 때, $|f'(x)|=|2x|$
$g(2a)-g(-a)$는 y축 왼쪽 부분은 밑변의 길이가 a이고
높이가 $2a$인 직각삼각형 넓이를 의미하므로 a^2, y축
오른쪽 부분은 밑변의 길이가 $2a$이고 높이가 $4a$인
직각삼각형의 넓이를 의미하므로 $4a^2$이다. 따라서
$a^2+4a^2=5a^2$이다.

114 정답 14

$$g(x)=\begin{cases}f(x) & (x<-2)\\-\dfrac{1}{2}\displaystyle\int_1^x|f'(t)|dt & (x\geq -2)\end{cases}$$
에서 $g(1)=0$이고 함수 $g(x)$를 미분하면
$$g'(x)=\begin{cases}f'(x) & (x<-2)\\-\dfrac{1}{2}|f'(x)| & (x>-2)\end{cases}$$
에서 함수 $|f'(x)|$는 0이상의 함숫값만을 가지므로
$x>-2$에서 $g'(x)\leq 0$이므로 함수 $g(x)$는 $x>-2$에서
감소한다.
$0=g(1)<g(a)=2$이므로
$$-2<a<1$$
임을 알 수 있다.
(나)에서 $\displaystyle\lim_{x\to-2-}f(x)=g(-2)=4$이므로 삼차함수
$f(x)$는 $(-2,4)$을 지난다.

$g(x)$가 $x>-2$일 때 감소하므로 (나)에서 $(-2,4)$는
극대점이고 조건 (나)를 만족시키기 위해서는
$$\lim_{x\to-2-}g'(x)=\lim_{x\to-2+}g'(x)=0\Rightarrow$$
$f'(-2-)=-\dfrac{1}{2}|f'(-2+)|$에서
$f'(-2)=0$이어야 한다.$\cdots\bigcirc$
따라서 함수 $f(x)$ 또한 $x=-2$에서 극댓값 4을 갖는
최고차항의 계수는 양수인 삼차함수 임을 알 수 있다.
(다)에서 $g'(a)=-\dfrac{1}{2}|f'(a)|=0$이므로 $f'(a)=0$이다.$\cdots\bigcirc\!\!\!\!\bigcirc$

$\bigcirc$, $\bigcirc\!\!\!\!\bigcirc$에서
삼차함수 $f(x)$의 최고차항의 계수를 k라 두면
$f'(x)=3k(x+2)(x-a)$ $(k>0,\ -2<a<1)$
$-2<x<a$일 때, $f'(x)<0$, $a<x$일 때,
$f'(x)>0$ 이다.
$g(a)=-\dfrac{1}{2}\displaystyle\int_1^a|f'(x)|dx=2$ 이므로 $\displaystyle\int_a^1 f'(x)dx=4$이다.
$g(-2)=-\dfrac{1}{2}\displaystyle\int_1^{-2}|f'(x)|dx=4$이므로

$$\int_{-2}^{1}|f'(x)|\,dx=8$$

$$\int_{-2}^{1}|f'(x)|\,dx=\int_{-2}^{a}-f'(x)dx+\int_{a}^{1}f'(x)dx=8$$

에서

$$\int_{-2}^{a}f'(x)dx=-4\cdots\text{ⓒ}$$

따라서 $\displaystyle\int_{-2}^{a}f'(x)dx=-\int_{a}^{1}f'(x)dx$ 이므로

$$\int_{-2}^{a}f'(x)dx+\int_{a}^{1}f'(x)dx=0$$

$$\therefore\ \int_{-2}^{1}f'(x)dx=0$$

$$\int_{-2}^{1}f'(x)dx=[f(x)]_{-2}^{1}=f(1)-f(-2)=0\rightarrow$$

$f(1)=f(-2)=4$이다.

ⓒ에서 $\displaystyle\int_{-2}^{a}f'(x)dx=-4\rightarrow f(a)-f(-2)=-4$에서

$$f(a)=0$$

$$\int_{-2}^{1}f'(x)dx=0\qquad\rightarrow k\int_{-2}^{1}(x+2)(x-a)dx$$

$$=k\left[\frac{1}{3}x^3+\frac{1}{2}(2-a)x^2-2ax\right]_{-2}^{1}=0$$

$$\rightarrow\frac{1}{3}+\frac{2-a}{2}-2a-\left(-\frac{8}{3}+4-2a+4a\right)=0$$

$$\rightarrow\frac{4}{3}-\frac{5}{2}a-\left(2a+\frac{4}{3}\right)=0\rightarrow\ \therefore\ a=0$$

(i) $-2<x<0$일 때,

$$g(x)=-\frac{1}{2}\int_{1}^{x}|f'(x)|\,dx$$

$$=-\frac{1}{2}\left\{\int_{1}^{0}f'(t)\,dt+\int_{0}^{x}-f'(t)dt\right\}$$

$$=-\frac{1}{2}\{f(0)-f(1)-f(x)+f(0)\}$$

$$=-\frac{1}{2}\{-f(x)-f(1)+2f(0)\}=\frac{1}{2}f(x)+2$$

(ii) $x>0$일 때,

$$g(x)=-\frac{1}{2}\int_{1}^{x}f'(t)\,dt$$

$$=-\frac{1}{2}\{f(x)-f(1)\}=-\frac{1}{2}f(x)+2$$

(i), (ii)에서

$$g(x)=\begin{cases}f(x)&(x<-2)\\\dfrac{1}{2}f(x)+2&(-2\le x<0)\\-\dfrac{1}{2}f(x)+2&(x\ge0)\end{cases}$$

따라서

$$\int_{a}^{-2}\left\{\frac{1}{2}f(x)-g(x)\right\}dx=\int_{0}^{-2}\left\{\frac{1}{2}f(x)-\frac{1}{2}f(x)-2\right\}dx$$

$$=\int_{-2}^{0}\{2\}dx=2\times2=4$$

$$\int_{a}^{5}\left\{\frac{1}{2}f(x)+g(x)\right\}dx=\int_{0}^{5}\left\{\frac{1}{2}f(x)-\frac{1}{2}f(x)+2\right\}dx$$

$$=\int_{0}^{5}\{2\}dx=5\times2=10$$

이므로

$$\int_{a}^{-2}\left\{\frac{1}{2}f(x)-g(x)\right\}dx+\int_{a}^{5}\left\{\frac{1}{2}f(x)+g(x)\right\}dx=$$

$4+10=14$

[랑데뷰팁]

$f'(x)=3k(x+2)(x-a)\ \ (k>0)$에서 $a=0$이므로
$$f'(x)=3kx(x+2)$$
따라서 $f(x)=kx^3+3kx^2+C$ 이고 $f(a)=0$,
즉 $f(0)=0$에서 $C=0$이다.
또한 $f(1)=f(-2)=4$에서 $4k+0=4$에서 $k=1$
$$\therefore\ f(x)=x^3+3x^2$$

따라서

$$g(x)=\begin{cases}x^3+3x^2&(x<-2)\\\dfrac{1}{2}x^3+\dfrac{3}{2}x^2+2&(-2\le x<0)\\-\dfrac{1}{2}x^3-\dfrac{3}{2}x^2+2&(x\ge0)\end{cases}$$

$y=g(x)$의 그래프 개형은 다음과 같다.

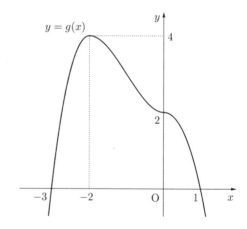

115 정답 8

조건 (나)

$\displaystyle\int_{x}^{x+a}f(t)dt=-3x^2-6x$ 에서 양변을 x에 대하여 미분하면

$f(x+a)-f(x)=-6x-6\ \cdots\text{ⓐ}$

이 식의 양변에 $x=-\dfrac{a}{2}$를 대입하면

$$f\left(\dfrac{a}{2}\right)-f\left(-\dfrac{a}{2}\right)=-6\left(-\dfrac{a}{2}\right)-6$$

조건 (가)에서 의해

$f\left(\dfrac{a}{2}\right)=f\left(-\dfrac{a}{2}\right)$이므로 좌변은 0이다. 따라서 $3a=6 \Rightarrow \therefore$
$a=2$

㉠에서 양변을 x에 대하여 미분하면

$$f'(x+a)-f'(x)=-6$$

이 식에 $x=-\dfrac{a}{2}$를 대입하면

$$f'\left(\dfrac{a}{2}\right)-f'\left(-\dfrac{a}{2}\right)=-6$$

$a=2$이고 $f'\left(-\dfrac{a}{2}\right)=-f'\left(\dfrac{a}{2}\right)$이므로

$2f'(1)=-6$에서 $f'(1)=-3$

구간 $[0,\ 1]$에서 $f(x)=bx^2+c$이므로 $f'(x)=2bx$
$f'(1)=2b=-3$

따라서 $b=-\dfrac{3}{2}$ $\cdots$ ㉡

한편 $\displaystyle\int_{x}^{x+a}f(t)dt=-3x^2-6x$의 양변에 $x=-\dfrac{a}{2}$를

대입하면

$$\int_{-\frac{a}{2}}^{\frac{a}{2}}f(t)dt=-3\left(-\dfrac{a}{2}\right)^2-6\left(-\dfrac{a}{2}\right)$$

조건 (가)에서 함수 $f(x)$의 그래프는 y축에 대하여 대칭이고

$a=2$, $f(x)=-\dfrac{3}{2}x^2+c$이므로

$$2\int_{0}^{1}\left(-\dfrac{3}{2}t^2+c\right)dt=3\Rightarrow \int_{0}^{1}\left(-\dfrac{3}{2}t^2+c\right)dt=\dfrac{3}{2}$$

$$\Rightarrow\left[-\dfrac{1}{2}t^3+ct\right]_{0}^{1}=\dfrac{3}{2}\Rightarrow-\dfrac{1}{2}+c=\dfrac{3}{2}$$

따라서 $c=2\cdots$ ㉢

한편, ㉠ $f(x+a)-f(x)=-6x-6$에서
$f(x+2)=f(x)-6x-6$

$-1\le x\le 1$에서 $f(x)=-\dfrac{3}{2}x^2+2$이므로$\cdots$㉣

$$f(x+2)=\left(-\dfrac{3}{2}x^2+2\right)-6x-6 \ (-1\le x\le 1)$$

$$=-\dfrac{3}{2}x^2-6x-4 \ (-1\le x\le 1)$$

이고 양변에 x대신 $x-2$을 대입하면

$$f(x)=-\dfrac{3}{2}(x-2)^2-6(x-2)-4 \ (-1\le x-2\le 1)$$

$$=-\dfrac{3}{2}x^2+2 \ (1\le x\le 3)\cdots㉤$$

따라서

$$f(x+2)=\left(-\dfrac{3}{2}x^2+2\right)-6x-6 \ (1\le x\le 3)$$

$$=-\dfrac{3}{2}x^2-6x-4 \ (1\le x\le 3)$$

이고 양변에 x대신 $x-2$을 대입하면

$$f(x)=-\dfrac{3}{2}(x-2)^2-6(x-2)-4 \ (1\le x-2\le 3)$$

$$=-\dfrac{3}{2}x^2+2 \ (3\le x\le 5)\cdots㉥$$

㉣, ㉤, ㉥에서와 같이 함수 $f(x)$는 실수 전체에서 정의되는
$f(x)=-\dfrac{3}{2}x^2+2$이다.

따라서 $f(x)$의 최댓값 M은 2이다.

㉠, ㉡, ㉢에서 $a=2$, $b=-\dfrac{3}{2}$, $c=2$이므로

$a\times b\times c=-6$
따라서 $M-abc=2-(-6)=8$

[랑데뷰팁]

(나) $\displaystyle\int_{x}^{x+a}f(t)dt=-3x^2-6x$에서

양변에 $x=0$대입하면 $\displaystyle\int_{0}^{a}f(t)dt=0$

양변에 $x=-a$대입하면 $\displaystyle\int_{-a}^{0}f(t)dt=-3a^2+6a$

$-3a^2+6a=0$에서 $a=2$

---

116 정답 ③

[출제자 : 김진성T]

$0\le x\le 2$에서

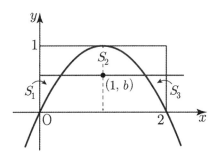

[그림1]

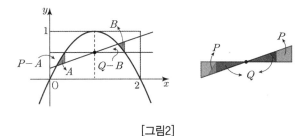

[그림2]

[그림1]에서 [그림2]로 바뀔 때 S_2의 변화를 보면

$S_2 + (A+Q) - (Q-B) = S_2 + A + B = S_2{}'$ 으로 바뀌고
$S_1 + S_3$ 의 변화를 보면
$S_1 + S_3 - (P-A) + (P+B) = S_1 + S_3 + A + B = S_1{}' + S_3{}'$
으로 바뀐다.

직선 $y = mx + n$이 점 $(1,b)$을 지나면서 움직일 때 S_2와 $S_1 + S_3$의 차이는 항상 일정하다. 따라서 [그림1]처럼 놓고 생각해도 된다. $S_2 \geq S_1 + S_3$ 이므로 $S_2 - (S_1 + S_3) \geq 0$ 이용해보자.

$$S_2 - (S_1 + S_3) = \int_0^2 ((-x^2 + 2x) - b)\,dx = \frac{4}{3} - 2b \geq 0$$

$$\therefore b \leq \frac{2}{3}$$

117 정답 ③

조건 (가)에서
$$f(t) + g(t) = -3t^2 - 3t - 6 = -3(t+1)^2 + 3(t-1)$$
$$f(t)g(t) = -3(t+1)^2 \times 3(t-1)$$
이므로
적당한 집합 A에 대하여
$$f(t) = \begin{cases} -3(t+1)^2 & (x \in A) \\ 3t-3 & (x \in A^C) \end{cases}$$
$$g(t) = \begin{cases} 3t-3 & (x \in A) \\ -3(t+1)^2 & (x \in A^C) \end{cases}$$
이다.
이때 두 함수 $f(x)$, $g(x)$가 모든 실수 x에 대하여 연속이고,
조건 (나)에서 함수 $f(x)$가 극솟값을 가져야 하므로
$$f(x) = \begin{cases} 3x-3 & (x \leq -3, \ x \geq 0) \\ -3(x+1)^2 & (-3 < x < 0) \end{cases}$$
$$g(x) = \begin{cases} -3(x+1)^2 & (x \leq -3, \ x \geq 0) \\ 3x-3 & (-3 < x < 0) \end{cases}$$

또는
$$f(x) = \begin{cases} 3x-3 & (x \geq 0) \\ -3(x+1)^2 & (x < 0) \end{cases}$$
$$g(x) = \begin{cases} -3(x+1)^2 & (x \geq 0) \\ 3x-3 & (x < 0) \end{cases}$$
가 되어야 한다.

(i) $g(x) = \begin{cases} -3(x+1)^2 & (x \leq -3, \ x \geq 0) \\ 3x-3 & (-3 < x < 0) \end{cases}$ 인 경우

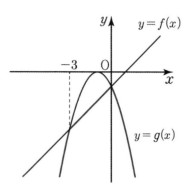

$$\int_{-4}^0 g(x)\,dx = \int_{-4}^{-3} g(x)\,dx + \int_{-3}^0 g(x)\,dx$$
$$= \int_{-4}^{-3} -3(x+1)^2\,dx + \int_{-3}^0 (3x-3)\,dx$$
$$= \int_{-3}^{-2} -3x^2\,dx + \int_{-3}^0 (3x-3)\,dx$$
$$= \left[-x^3 \right]_{-3}^{-2} + \left[\frac{3}{2}x^2 - 3x \right]_{-3}^0$$
$$= (-(-8)) - (-(-27)) + 0 - \left(\frac{27}{2} - (-9) \right)$$
$$= -19 - \frac{45}{2} = -\frac{83}{2}$$

(ii) $g(x) = \begin{cases} -3(x+1)^2 & (x \geq 0) \\ 3x-3 & (x < 0) \end{cases}$ 인 경우

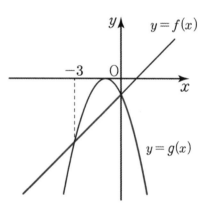

$$\int_{-4}^0 g(x)\,dx = \int_{-4}^0 (3x-3)\,dx$$
$$= \left[\frac{3}{2}x^2 - 3x \right]_{-4}^0$$
$$= 0 - \left(\frac{48}{2} - (-12) \right) = -36$$

(i), (ii)에 의하여 $\int_{-4}^0 g(x)\,dx$ 의 최솟값은 $-\dfrac{83}{2}$ 이다.

118 정답 2

$$g(x) = f(x) + xf'(x) - 5f(x)$$
$$= (xf(x))' - 5f(x)$$

이므로

$$\int_{-5}^{5} g(x)dx = \int_{-5}^{5}\{(xf(x))' - 5f(x)\}dx$$

$$= [xf(x)]_{-5}^{5} - 5\int_{-5}^{5}f(x)dx$$

$$= 5f(5) - (-5)f(-5) - 5\int_{-5}^{5}f(x)dx$$

$$= 5\left\{f(5) + f(-5) - \int_{-5}^{5}f(x)dx\right\}$$

따라서

$$f(5) + f(-5) - \int_{-5}^{5}f(x)dx = \frac{1}{5}\int_{-5}^{5}g(x)dx$$

한편,

$$g(t+1) - g(t) = \frac{\sqrt{2}}{3}t^2 + 2t + \frac{\sqrt{3}}{2} \text{는}$$

$$\int_{t}^{t+1}g(x)dx = \frac{\sqrt{2}}{9}t^3 + t^2 + \frac{\sqrt{3}}{2}t + C\text{을 양변 미분한}$$

식이다.

$$h(t) = \frac{\sqrt{2}}{9}t^3 + t^2 + \frac{\sqrt{3}}{2}t + C \text{라 두면}$$

$$\int_{t}^{t+1}g(x)dx = h(t)\text{에서}$$

$$\int_{-5}^{5}g(x)dx$$

$$= \sum_{t=-5}^{4}h(t)$$

$$= h(-5) + \{h(-4) + h(-3) + \cdots + h(3) + h(4)\} + 10C$$

$$= -\frac{125\sqrt{2}}{9} + 25 - \frac{5\sqrt{3}}{2} + 2(4^2 + 3^2 + 2^2 + 1^2) + 10C$$

$$= -\frac{125\sqrt{2}}{9} + 25 - \frac{5\sqrt{3}}{2} + 60 + 10C \quad \cdots \bigcirc$$

$$\int_{t}^{t+1}g(x)dx = \frac{\sqrt{2}}{9}t^3 + t^2 + \frac{\sqrt{3}}{2}t + C$$

의 양변에 $t = 0$을 대입하면 $\int_{0}^{1}g(x)dx = C$ 이고

$$\int_{0}^{1}g(x)dx = \int_{0}^{1}\{(xf(x))' - 5f(x)\}dx\text{에서}$$

$$C = [xf(x)]_{0}^{1} - 5\int_{0}^{1}f(x)dx$$

$$= f(1) - 5\int_{0}^{1}f(x)dx$$

$$= \frac{\sqrt{3}}{4} + 5 - 5\left(\frac{5}{2} - \frac{5\sqrt{2}}{18}\right)$$

$$= \frac{\sqrt{3}}{4} + \frac{25\sqrt{2}}{18} - \frac{15}{2}$$

따라서 $\bigcirc$에 대입하면

$$\int_{-5}^{5}g(x)dx = -\frac{125\sqrt{2}}{9} + 25 - \frac{5\sqrt{3}}{2} + 60 + 10$$

$$\left(\frac{\sqrt{3}}{4} + \frac{25\sqrt{2}}{18} - \frac{15}{2}\right)$$

$$= 10$$

$$f(5) + f(-5) - \int_{-5}^{5}f(x)dx = \frac{1}{5}\int_{-5}^{5}g(x)dx$$

$$= 2$$

119 정답 35

함수 $f(x)$가 실수 전체에서 연속이므로

$$\lim_{x \to 1-}x^2 = \lim_{x \to 1+}(ax+b)^2, \quad \lim_{x \to 2+}(x-2)^2 = \lim_{x \to 2-}(ax+b)^2\text{이다.}$$

$(a+b)^2 = 1$, $(2a+b)^2 = 0$에서

$a = \pm 1$, $b = \mp 2$ (복호동순)

따라서 $f(x) = \begin{cases} x^2 & (0 \le x < 1) \\ (x-2)^2 & (1 \le x \le 2) \end{cases}$

이고 함수 $f(x)$는 다음 그림과 같이 $x = 2k+1$ (k는 정수)에서 미분 가능하지 않다.

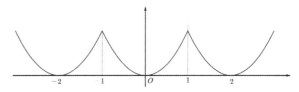

즉, 열린구간 $(-3, 3)$에서 함수 $f(x)$는 $x = -1$와 $x = 1$에서 미분 가능하지 않다.

$$h(x) = f(x) \times \int_{c}^{x}g(t)dt\text{에서}$$

$$h'(x) = f'(x) \times \int_{c}^{x}g(t)dt + f(x)g(x)\text{에서}$$

$f'(-1)$와 $f'(1)$가 존재하지 않으므로

$$\int_{c}^{-1}g(t)dt = 0, \quad \int_{c}^{1}g(t)dt = 0\text{이다.}$$

따라서 $\int_{c}^{1}g(t)dt - \int_{c}^{-1}g(t)dt = 0$ 에서 $\int_{-1}^{1}g(t)dt = 0$이다.

함수 $g(x)$는 $\left(\frac{1}{3}, 1\right)$에 대칭이고 $(1, 4)$를 지나므로

$\left(-\frac{1}{3}, -2\right)$를 지난다.

다음 그림과 같이 $\int_{-1}^{1}g(x)dx = 0$이기 위해서는

$-1 \le x \le -\frac{1}{3}$일 때 $g(x) = -2$이다.

따라서 $1 \le x \le \frac{5}{3}$일 때 $g(x) = 4$이다.

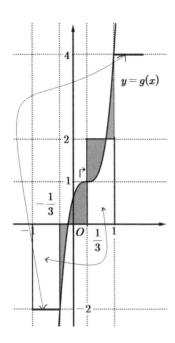

그러므로 $1 \leq x \leq \dfrac{5}{3}$일 때,

$$h(x) = f(x) \times \int_c^x g(t)dt$$

$$= (x-2)^2 \times \left\{ \int_c^1 g(t)dt + \int_1^x 4\,dt \right\}$$

$$= (x-2)^2 \times \int_1^x 4\,dt$$

$$= (x-2)^2 \times 4(x-1)$$

따라서

$h(x) = 4(x-2)^2(x-1)$이다.

$$\int_1^{\frac{5}{3}} h(x)dx$$

$$= 4\int_1^{\frac{5}{3}} (x-2)^2(x-1)dx \quad \Leftarrow x-2=s\text{라 두면}$$

$$= 4\int_{-1}^{-\frac{1}{3}} s^2(s+1)\,ds = 4\int_{-1}^{-\frac{1}{3}} \left(s^3+s^2\right)ds$$

$$= 4\left[\frac{1}{4}s^4 + \frac{1}{3}s^3\right]_{-1}^{-\frac{1}{3}}$$

$$= 4\left\{ \frac{1}{4}\left(\frac{1}{81}-1\right) + \frac{1}{3}\left(-\frac{1}{27}+1\right) \right\}$$

$$= -\frac{80}{81} + \frac{104}{81} = \frac{24}{81} = \frac{8}{27}$$

$p=27, q=8$

따라서 $p+q=35$

[그래프에 대한 추가 설명]–유승희 선생님

$\displaystyle\int_c^{-1} g(t)dt = 0,\ \int_c^1 g(t)dt = 0$이다.

따라서, $\displaystyle\int_{-1}^c g(t)dt = \int_c^{-1} g(t)dt = 0$ 이므로

$\displaystyle\int_{-1}^1 g(t)dt = \int_{-1}^c g(t)dt + \int_c^1 g(t)dt = 0$ 이다.

함수 $g(x)$는 $\left(\dfrac{1}{3}, 1\right)$대칭이고 $(1, 4)$를 지나므로

$\left(-\dfrac{1}{3}, -2\right)$를 지나고, $\displaystyle\int_{-\frac{1}{3}}^1 g(t)dt = \dfrac{2}{3} \times 2 = \dfrac{4}{3}$ 이다.

$\displaystyle\int_{-1}^1 g(t)dt = \int_{-1}^{-\frac{1}{3}} g(t)dt + \int_{-\frac{1}{3}}^1 g(t)dt = 0$ 에서

$\therefore \displaystyle\int_{-1}^{-\frac{1}{3}} g(t)dt = -\dfrac{4}{3}$

$g'(x) \geq 0$이므로 $g(x)$는 감소하지 않는 함수이고

$g\left(-\dfrac{1}{3}\right) = -2$이므로

$-1 \leq x \leq -\dfrac{1}{3}$에서 $g(x) \leq g\left(-\dfrac{1}{3}\right) = -2$이다.

따라서, $\displaystyle\int_{-1}^{-\frac{1}{3}} g(t)dt \leq \int_{-1}^{-\frac{1}{3}} (-2)dt = -\dfrac{4}{3}$이고

$\displaystyle\int_{-1}^{-\frac{1}{3}} g(t)dt = -\dfrac{4}{3}$이므로

$-1 \leq x \leq -\dfrac{1}{3}$에서 $g(x) = -2$ 이다.

또한, $1 \leq x \leq \dfrac{5}{3}$에서 $g(x) = 4$이다.

$g(x)$가 미분 가능하므로 다음 그림과 같은 그래프이다.

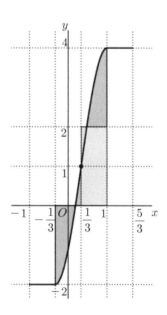

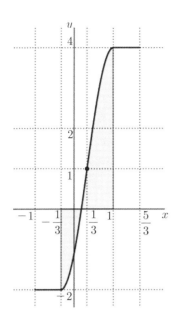

120 정답 24

[출제자 : 김종렬T]

$F(x) = \displaystyle\int_0^{|x|} f(t)dt$ 에서 $F(x) = F(-x)$ 이므로 우함수이고

$x = 0$을 양변에 대입하면 적분구간의 위끝과 아래끝이
같아지므로, $F(0) = 0$ 이다.

또한, 함수 $F(x)$ 가 우함수이면서 미분가능하므로
$F'(0) = 0$ 이다.

$x > 0$ 일 때, $F(x) = \displaystyle\int_0^x f(t)dt$ 이고 $F'(x) = f(x)$ 이다.

$F'(0) = 0$ 이므로 $\displaystyle\lim_{x \to 0} f(x) = f(0) = 0$ 이 된다.

조건 (가)에 의하여 $F(x)$ 는 우함수이므로 $x = 2$ 에서
극솟값을 갖고 $F'(2) = f(2) = 0$ 이다.

따라서 $F'(x)$ 는 $x = 0$ 과 $x = 2$ 에서 실근을 가지고 $F'(x)$ 는
기함수이므로 ($\because$ 우함수를 미분하면 기함수가 된다.)

$x = -2$, $x = 0$, $x = 2$ 적어도 서로 다른 세 실근을 갖는다.

$F'(x)$ 는 함수 $x > 0$ 에서 $f(x)$ 의 그래프와 같고,

$x < 0$ 에서는 $f(x)$ 의 $x > 0$ 일 때의 그래프를 원점 대칭한
그래프이다.

케이스를 나누어 관찰해 보자.

(i) 방정식 $F'(x) = 0$ 이 서로 다른 세 실근을 가질 경우

① $f(x) = x(x-2)^2$ 일 때

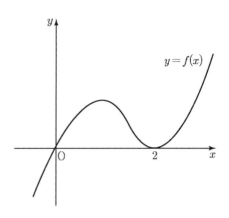

$F(x)$ 가 극값이 생기지 않으므로 모순

② $f(x) = x^2(x-2)$ 일 때

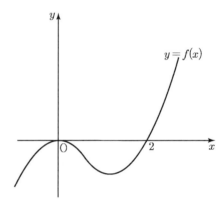

함수 $y = F(x)$ 의 그래프의 개형은 다음 그림과 같다.

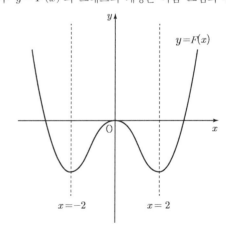

이때 방정식 $F(x) = 0$ 의 서로 다른 실근의 개수는 3 이고,
방정식 $F'(x) = 0$ 의 서로 다른 실근의 개수 역시 3 이므로
조건 (나)를 만족시키지 않는다.

③ $f(x) = x(x^2-4) = x(x-2)(x+2)$ 일 때

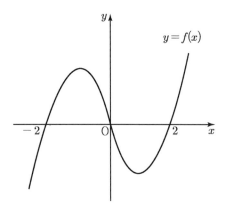

위 ②의 경우와 마찬가지의 이유로 조건 (나)를 만족시키지 않는다.

(ⅱ) 방정식 $F'(x)=0$이 서로 다른 다섯 개의 실근을 가질 경우

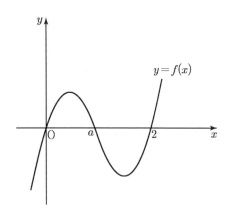

$x=2$에서 함수 $y=F(x)$가 극솟값을 가져야 하므로 함수 $f(x)=x(x-a)(x-2)$ $(0<a<2)$이어야 한다.
이 때 함수 $y=F(x)$의 그래프의 개형은 다음 그림과 같다.

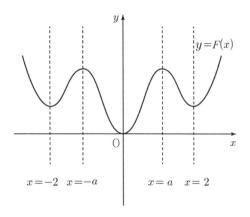

이때 $x>0$에서 더 이상 함수 $y=F(x)$의 그래프와 x축의 교점이 1개 이상 존재하면 안되므로 $F(2)\geq 0$이어야 한다.
따라서 $\displaystyle\int_0^2\{x^3-(2+a)x^2+2ax\}dx\geq 0$이므로

$\left[\dfrac{1}{4}x^4-\dfrac{(2+a)}{3}x^3+ax^2\right]_0^2=\dfrac{4}{3}a-\dfrac{4}{3}\geq 0$ 따라서

$a\geq 1$이다.
그러므로 $f(x)=x(x-a)(x-2)$에서
$f(4)=8(4-a)\leq 8\times 3=24$이므로 $f(4)$의 최댓값은 24이다.

121 정답 128

$f(x)=ax^3+bx^2=x^2(ax+b)$

함수 $f(x)$는 $x=0$에서 x축에 접하고 $x=-\dfrac{b}{a}$에서 x축과 만난다.

상수 a와 b에 따라서 함수 $f(x)$는 다음 그림과 같이 4가지 그래프 개형을 갖는다.

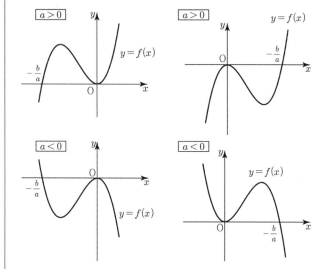

조건 (가)에서 $m(t)=f(-t)$을 만족하기 위해서는
$x<0$일 때
$f(x)<0$이므로 삼차함수 $f(x)$의 그래프 개형은 다음과 같이 두 번째 개형이다.

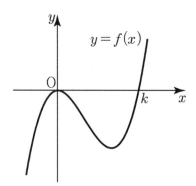

따라서 $f(x)=x^2(ax+b)$에서 $k=-\dfrac{b}{a}$ $(a>0, b<0)$이다.

$$\int_0^k\dfrac{f(t)}{t^2}dt=\int_0^{-\frac{b}{a}}\dfrac{t^2(at+b)}{t^2}dt=\left[\dfrac{1}{2}at^2+bt\right]_0^{-\frac{b}{a}}$$
$$=\dfrac{b^2}{2a}-\dfrac{b^2}{a}=-\dfrac{b^2}{2a}=-\dfrac{9}{2}$$

따라서 $b^2=9a\cdots\unicode{0x1F150}$
또한 $f'(x)=3ax^2+2bx$에서
$f'(1)=3a+2b=-3\cdots\unicode{0x1F151}$

$\bigcirc$, $\bigcirc$에서 $a=1$, $b=-3$

따라서 $f(x)=x^3-3x^2$

$M(4)=f(4)=64-48=16$

$m(4)=f(-4)=-64-48=-112$

$\therefore\ M(4)-m(4)=16-(-112)=128$

122 정답 165

함수 $f(x)$의 그래프는 다음과 같다.

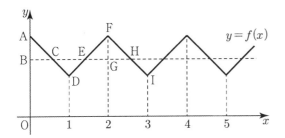

(i) $0 < x \le 1$에서의 $g(x)$는 다음 그림과 같은 삼각형 ABC의 넓이를 나타낸다. 따라서 x가 커짐에 따라 삼각형 ABC의 넓이가 증가하므로 증가함수가 된다.

(ii) $1 < x \le 2$에서의 $g(x)$는 다음 그림과 같은 삼각형 ABC의 넓이와 삼각형 CDE넓이의 합을 나타낸다. x가 커짐에 따라 삼각형 ABC의 넓이는 감소하고 삼각형 CDE는 넓이가 증가한다. 삼각형 ABC와 삼각형 CDE의 넓이의 감소율과 증가율은 각각 $\overline{BC}$와 $\overline{CE}$를 나타낸다. 따라서 x가 커짐에 따라

$$\overline{BC} > \overline{CE} \ \rightarrow \ \overline{BC} = \overline{CE} \ \rightarrow \overline{BC} < \overline{CE}$$

가 되므로 $g(x)$는 감소하다 극소가 된 뒤 다시 증가하는 그래프가 된다. 따라서 극소가 되는 x값은 $\overline{BC} = \overline{CE}$가 성립할 때다.

따라서 대칭성으로

$\overline{BC} = \overline{EG}$이므로 $\overline{BC} = \overline{CE} = \overline{EG} = a$라 두면

$3a=2$에서 $a=\dfrac{2}{3}$

따라서 E의 x좌표는 $2a=\dfrac{4}{3}$이다.

$\therefore\ \alpha_1=1,\ \beta_1=1+\dfrac{1}{3}$

(iii) $2 < x \le 3$에서의 $g(x)$는 세 삼각형 ABC, 삼각형 CDE, 삼각형 EFH의 넓이의 합을 나타낸다. x가 커짐에 따라 삼각형 ABC의 넓이는 증가하고 삼각형 CDE는 넓이가 감소하고 삼각형 EFH는 증가한다.

삼각형 ABC와 삼각형 EFH의 넓이의 증가율은 각각 $\overline{BC}, \overline{EH}$의 길이를 나타내고 삼각형 CDE의 넓이의 감소율은 $\overline{CE}$를 나타낸다. 따라서 x가 커짐에 따라

$$\overline{BC} + \overline{EH} < \overline{CE} \ \rightarrow \ \overline{BC} + \overline{EH} = \overline{CE}$$
$$\rightarrow \overline{BC} + \overline{EH} > \overline{CE}$$

가 되므로 $g(x)$는 감소하다 극소가 된 뒤 다시 증가하는 그래프가 된다. 따라서 극소가 되는 x값을 구하기 위해 $\overline{BC} = a$라 두면 $\overline{EH} = 2a$이다.

또한 $\overline{CE} = b$라 두면 다음이 성립한다.

$b = a+2a,\ a+b+a=2$

두 식을 연립해서 풀면 $a=\dfrac{2}{5}$, $b=\dfrac{6}{5}$

따라서 극소가 되는 점의 x좌표는 $\dfrac{2}{5}+\dfrac{6}{5}+\dfrac{4}{5}=\dfrac{12}{5}$

$\alpha_2=2,\ \beta_2=2+\dfrac{2}{5}$

같은 식으로 $\alpha_n=n,\ \beta_n=n+\dfrac{n}{2n+1}$가 됨을 알 수 있다.

따라서 $g(\alpha_{22})$는 다음 그림의 삼각형 넓이와 같다.

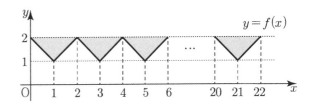

삼각형 넓이의 합은 $1 \times 11 = 11$

$\therefore\ g(\alpha_{22}) = 11$

$g(\beta_5)$는 다음 그림의 삼각형 넓이와 같다.

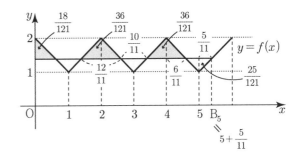

삼각형 넓이의 합은

$$\dfrac{18}{121}+\dfrac{36}{121}\times 2+\dfrac{25}{121}\times 3=\dfrac{165}{121}$$

$\therefore\ g(\beta_5)=\dfrac{165}{121}$

따라서

$$\{g(\alpha_{22})\}^2 g(\beta_5)=11^2\times\dfrac{165}{121}=165$$

123 정답 8

$$h(x) = \begin{cases} f(x) & (0 \le x < 2) \\ \dfrac{1}{2}(x-3)^2 + \dfrac{1}{2} & (2 \le x < 4) \\ g(x) & (4 \le x < 5) \end{cases}$$

$$\Rightarrow h'(x) = \begin{cases} f'(x) & (0 \le x < 2) \\ x-3 & (2 \le x < 4) \\ g'(x) & (4 \le x < 5) \end{cases}$$

(i)

(나)에서 $h(x)$가 실수전체에서 미분 가능하므로
$x = 2$에서 연속이고 미분가능하다.
따라서
$$\lim_{x \to 2-} f(x) = \frac{1}{2}(2-3)^2 + \frac{1}{2} = 1,$$
$$\lim_{x \to 2-} f'(x) = (2-3) = -1 \text{이다.}$$

이차함수 $f(x)$의 이차항의 계수를 a라 하면
$f(x) = ax^2 + bx + c$에서 $f(x)$는 $(2,1)$을 지나고, $x = 2$에서 미분가능하다.
$a(2)^2 + b(2) + c = 1$, $f'(x) = 2ax + b$ 에서
$2a(2) + b = -1$ 을 만족한다.
가감하여 b, c를 a로 표현하면,
$b = -4a - 1$, $c = 4a + 3$ 이고,
$$f(x) = ax^2 + (-4a-1)x + (4a+3)$$
$$= a(x^2 - 4x + 4) - (x-2) + 1$$
$$= a(x-2)^2 - (x-2) + 1$$
즉, $f(x) = a(x-2)^2 - x + 3$,
$f'(x) = 2a(x-2) - 1$이다.

(ii)

$x = 4$에서 미분가능하므로 마찬가지로
조건에서 $x = 4$에서 미분가능하므로, $x = 4$에서 연속이고,
미분가능하다.
$$\lim_{x \to 4-} h(x) = \frac{1}{2}(x-3)^2 + \frac{1}{2} = 1,$$
$$\lim_{x \to 4-} h'(x) = (4-3) = 1 \text{이다.}$$

이차함수 $g(x)$의 이차항의 계수를 b라 하면, $g(x)$는
$(4,1)$을 지나고, $x = 4$에서 미분가능하다.
가감하여 $g(x)$를 표현하면,
$g(x) = b(x-4)^2 + (x-4) + 1$로 둘 수 있다.
즉, $g(x) = b(x-4)^2 + x - 3$, $g'(x) = 2b(x-4) + 1$이다.

$h(5) = h(0) + k \to f(0) + k$ 이므로
$$\lim_{x \to 5-} g(x) = b + 2 = 4a + 3 + k$$
$\therefore b = 4a + 1 + k$이고, $h'(5) = h'(0) = \lim_{x \to 5-} g'(x) = f'(0)$
이므로 $2b + 1 = -4a - 1$
$\therefore b = -2a - 1$이다. 따라서 $k = -6a - 2$이다.

$$h(x) = \begin{cases} a(x-2)^2 - x + 3 & (0 \le x < 2) \\ \dfrac{1}{2}(x-3)^2 + \dfrac{1}{2} & (2 \le x < 4) \\ (-2a-1)(x-4)^2 + x - 3 & (4 \le x < 5) \end{cases}$$

(다)에서
$$\int_0^5 h(x)\,dx$$
$$= \int_0^2 \left\{ a(x-2)^2 - x + 3 \right\} dx + \int_2^4 \left\{ \frac{1}{2}(x-3)^2 + \frac{1}{2} \right\} dx +$$
$$\int_4^5 \left\{ (-2a-1)(x-4)^2 + x - 3 \right\} dx$$
$$= \left[\frac{a}{3}(x-2)^3 - \frac{1}{2}x^2 + 3x \right]_0^2 + \left[\frac{1}{6}(x-3)^3 + \frac{1}{2}x \right]_2^4 +$$
$$\left[\frac{(-2a-1)}{3}(x-4)^3 + \frac{1}{2}x^2 - 3x \right]_4^5$$
$$= \left(\frac{8}{3}a - 2 + 6 \right) + \left(\frac{1}{3} + 1 \right) + \left(\frac{-2a-1}{3} + \frac{9}{2} - 3 \right)$$
$$= 2a + \frac{13}{2} = \frac{35}{6} \quad \therefore a = -\frac{1}{3}$$

따라서 $b = -\dfrac{1}{3}$이고 $k = 0$이다.

$$h(x) = \begin{cases} -\dfrac{1}{3}(x-2)^2 - x + 3 & (0 \le x < 2) \\ \dfrac{1}{2}(x-3)^2 + \dfrac{1}{2} & (2 \le x < 4) \\ -\dfrac{1}{3}(x-4)^2 + x - 3 & (4 \le x < 5) \end{cases}$$

$k = 0$이므로 (가)에서 함수 $h(x)$는 주기가 5인 함수이다.

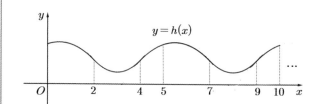

$$\int_0^5 h(x)\,dx = \int_5^{10} h(x)\,dx = \int_{10}^{15} h(x)\,dx = \int_{15}^{20} h(x)\,dx = \cdots$$
$$= \frac{35}{6}$$

따라서 $a_n = \dfrac{35}{6}$

$$\sum_{n=1}^{12} a_n = \sum_{n=1}^{12} \frac{35}{6} = 70$$

따라서 $h\left(\sum_{n=1}^{12} a_n \right) = h(70) = h(0) = f(0) = \dfrac{5}{3}$

따라서 $p = 3$, $q = 5$이므로 $p + q = 8$

124 정답 211

[그림 : 최성훈T]

$n=1$일 때

$f(2a+2)=k \times f(a+1)$ $(0 \le a < 1)$

이므로 $2a+2=x$라 하면

$$f(x)=k \times f\left(\frac{x}{2}\right)$$
$$\quad\quad = k \times \left(\frac{x}{2}-1\right)\left(\frac{x}{2}-2\right)$$
$$\quad\quad = k \times \frac{1}{4}(x-2)(x-4) \quad (2 \le x < 4)$$

$n=2$일 때

$f(2a+4)=k \times f(a+2)$ $(0 \le a < 2)$

이므로 $2a+4=x$라 하면

$$f(x)=k \times f\left(\frac{x}{2}\right)$$
$$\quad\quad = k^2 \times \frac{1}{4} \times \left(\frac{x}{2}-2\right)\left(\frac{x}{2}-4\right)$$
$$\quad\quad = k^2 \times \frac{1}{4^2}(x-4)(x-8) \quad (4 \le x < 8)$$

마찬가지로

$8 \le x < 16$일 때 $f(x)=k^3 \times \dfrac{1}{4^3}(x-8)(x-16)$

$16 \le x < 32$일 때 $f(x)=k^4 \times \dfrac{1}{4^4}(x-16)(x-32)$

 …   …   …

따라서

$2^n \le x < 2^{n+1}$일 때 $f(x)=\left(\dfrac{k}{4}\right)^n(x-2^n)(x-2^{n+1})$

한편, $1 \le x < 2$일 때

$f(x)=(x-1)(x-2)=x^2-3x+2$에서

$f'(x)=2x-3$이므로 $\displaystyle\lim_{x \to 2-}f'(x)=1$

$2 \le x < 4$일 때

$f(x)=\dfrac{k}{4} \times (x-2)(x-4)=\dfrac{k}{4}\left(x^2-6x+8\right)$에서

$f'(x)=\dfrac{k}{4}(2x-6)$이므로 $\displaystyle\lim_{x \to 2+}f'(x)=-\dfrac{k}{2}$

따라서 $-\dfrac{k}{2}=1$

$\therefore\ k=-2$

따라서

$2^n \le x < 2^{n+1}$일 때

$$f(x)=\left(-\frac{1}{2}\right)^n(x-2^n)(x-2^{n+1})$$

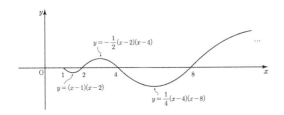

따라서 $n \ge 0$

$$\int_{2^n}^{2^{n+1}} f(x)dx = -\left(-\frac{1}{2}\right)^n \frac{\left(2^{n+1}-2^n\right)^3}{6}$$
$$\quad\quad = (-1)^{n+1} \times \frac{1}{2^n} \times \frac{\left(2^n\right)^3}{6}$$
$$\quad\quad = (-1)^{n+1} \frac{4^n}{6}$$

한편, $\displaystyle\int_1^2 f(x)dx = -\dfrac{1}{6}$이므로

0이상 정수 n에 대해 $\displaystyle\int_{2^n}^{2^{n+1}} f(x)dx = (-1)^{n+1}\dfrac{4^n}{6}$이

성립한다.

그림으로 나타내면 다음과 같다.

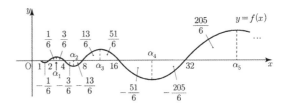

따라서

$$\int_{32}^{\alpha_5} f(x)dx = \frac{205}{6}$$

$p=6$, $q=205$이다.

$\therefore\ p+q=211$

125 정답 287

$g(x)=-2x^3+3x^2$

$g'(x)=-6x^2+6x=-6x(x-1)$

$\Rightarrow g(0)$:극소, $g(1)$:극대

한편, $g\left(\dfrac{1}{2}-x\right)+g\left(\dfrac{1}{2}+x\right)=1$이므로

$y=g(x)$는 $\left(\dfrac{1}{2},\ \dfrac{1}{2}\right)$에 대칭이다.

따라서 $y=g(x)$와 $y=g^{-1}(x)$의 그래프는 다음과 같다.

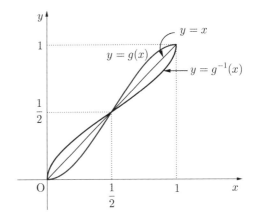

곡선 $g(x)$가 $\left(\dfrac{1}{2}, \dfrac{1}{2}\right)$에 대칭이므로

$\displaystyle\int_0^1 g(t)\,dt = \dfrac{1}{2}$, $\displaystyle\int_0^1 g^{-1}(t)\,dt = \dfrac{1}{2}$이다.

다음 그림과 같이 $t-y$평면에서 $y=g^{-1}(t)$와 상수함수 $y=x$의 교점의 t좌표를 k라 두면

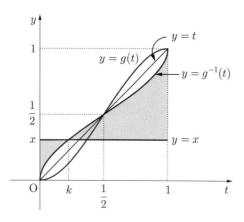

$\displaystyle f(x) = \int_0^k \{x - g^{-1}(t)\}dt + \int_k^1 \{g^{-1}(t) - x\}dt$

$\displaystyle = \int_0^k (x)\,dt + \int_k^1 (-x)dt + \int_0^k (-g^{-1}(t))dt + \int_k^1 (g^{-1}(t))dt$

$\displaystyle = [xt]_0^k + [-xt]_k^1 + \int_0^1 (g^{-1}(t))dt - 2\int_0^k (g^{-1}(t))dt$

$\displaystyle = (2k-1)x + \dfrac{1}{2} - 2\int_0^k (g^{-1}(t))dt \cdots \text{㉠}$

한편, $S = \displaystyle\int_0^k (g^{-1}(t))dt$라 두면 다음 그림의 색칠한 부분의 넓이와 같으므로

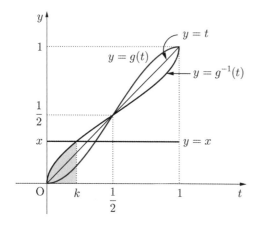

$S = kx - \displaystyle\int_0^x (g(t))dt$

$\quad = kx - \left[-\dfrac{1}{2}t^4 + t^3\right]_0^x$

$\quad = kx + \dfrac{1}{2}x^4 - x^3$

을 ㉠에 대입하면

$f(x) = (2k-1)x + \dfrac{1}{2} - 2\left(kx + \dfrac{1}{2}x^4 - x^3\right)$

$\qquad = -x^4 + 2x^3 - x + \dfrac{1}{2} \quad (0 \le x \le 1)$

$f'(x) = -4x^3 + 6x^2 - 1 = (2x-1)(-2x^2 + 2x + 1)$

이므로 열린구간 $(0, 1)$에서 함수 $f(x)$는 다음 그림과 같은 개형이며 $f\left(\dfrac{1}{2}\right) = \dfrac{3}{16}$인 극솟값을 갖고

$x = \dfrac{1}{2}$에 대칭인 함수이다.

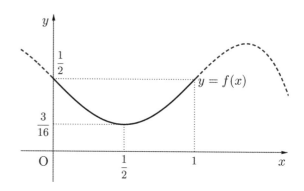

(i) 최솟값 $m(t)$에 대해 알아보자.

① $0 \le t < \dfrac{1}{2}$일 때, $m(t) = \dfrac{3}{16}$

② $\dfrac{1}{2} \le t \le 1$일 때, $m(t) = f(t)$

따라서

$\displaystyle\int_0^1 m(t)\,dt$

$\displaystyle = \int_0^{\frac{1}{2}} \dfrac{3}{16}\,dt + \int_{\frac{1}{2}}^1 f(t)\,dt$

$\displaystyle = \dfrac{3}{32} + \int_{\frac{1}{2}}^1 f(x)\,dx \cdots \text{㉠}$

(ii) 최댓값 $M(t)$에 대해 알아보자.

$y = f(x)$가 $x = \dfrac{1}{2}$에 대칭이므로 $f\left(\dfrac{1}{4}\right) = f\left(\dfrac{3}{4}\right)$이다. 따라서

③ $0 \le t < \dfrac{1}{4}$일 때, $M(t) = f(t)$

④ $\dfrac{1}{4} \le t \le \dfrac{1}{2}$일 때, $M(t) = f\left(t + \dfrac{1}{2}\right)$

⑤ $\dfrac{1}{2} \le t \le 1$일 때, $M(t) = \dfrac{1}{2}$

따라서

$\displaystyle\int_0^1 M(t)\,dt$

$\displaystyle = \int_0^{\frac{1}{4}} f(t)\,dt + \int_{\frac{1}{4}}^{\frac{1}{2}} f\left(t + \dfrac{1}{2}\right)dt + \int_{\frac{1}{2}}^1 \dfrac{1}{2}\,dt$

$\displaystyle = \int_0^{\frac{1}{4}} f(t)\,dt + \int_{\frac{3}{4}}^1 f(s)\,ds + \int_{\frac{1}{2}}^1 \dfrac{1}{2}\,dt$

$\displaystyle = \int_0^{\frac{1}{4}} f(x)\,dx + \int_{\frac{3}{4}}^1 f(x)\,dx + \dfrac{1}{4}$

$$= 2\int_0^{\frac{1}{4}} f(x)\,dx + \frac{1}{4} \cdots \text{ⓛ}$$

ⓐ, ⓛ에서

$$\int_0^1 \{m(t)+M(t)\}dt$$

$$= \frac{3}{32} + \int_{\frac{1}{2}}^1 f(x)\,dx + 2\int_0^{\frac{1}{4}} f(x)\,dx + \frac{1}{4}$$

$$= \frac{11}{32} + \int_{\frac{1}{2}}^1 f(x)\,dx + 2\int_0^{\frac{1}{4}} f(x)\,dx$$

따라서

$$\int_0^1 \{m(t)+M(t)\}dt + 2\int_{\frac{1}{4}}^{\frac{1}{2}} f(x)\,dx$$

$$= \frac{11}{32} + \int_{\frac{1}{2}}^1 f(x)\,dx + 2\int_0^{\frac{1}{4}} f(x)\,dx + 2\int_{\frac{1}{4}}^{\frac{1}{2}} f(x)\,dx$$

$$= \frac{11}{32} + \int_{\frac{1}{2}}^1 f(x)\,dx + 2\int_0^{\frac{1}{2}} f(x)\,dx$$

또한 $\int_0^{\frac{1}{2}} f(x)\,dx = \int_{\frac{1}{2}}^1 f(x)\,dx$ 이므로

$$= \frac{11}{32} + 3\int_0^{\frac{1}{2}} f(x)\,dx$$

$$= \frac{11}{32} + \frac{3}{2}\int_0^1 f(x)\,dx$$

$$= \frac{11}{32} + \frac{3}{2}\int_0^1 \left\{-x^4+2x^3-x+\frac{1}{2}\right\}dx$$

$$= \frac{11}{32} + \frac{9}{20} = \frac{127}{160}$$

따라서 $p=160$, $q=127$이므로 $p+q=287$